元素を知る事典

~先端材料への入門~

村上雅人　編著
（芝浦工業大学村上ゼミ・あいうえお順）
阿部　泰之
尾沢　美紀
梛川　雅明
西村　芳彦
野中　佑記　　著
林　　勇人
廣岡　利紀
福原　　元
藤原　弘行
松本　裕司
矢島　康宏

海鳴社

はじめに

　われわれのまわりは、実に多種多様の材料であふれかえっている。身の回りをふと見渡すと、机、椅子などの家具、コーヒーを飲んでいるカップ、ノート、鉛筆、コンピュータなどがあり、これらは、紙や木やプラスチック、金属などのいろいろな素材からできている。材料の種類を列挙したらきりがないであろう。われわれが手にすることのできる素材を数え上げれば、50000 種類にも及ぶといわれている。

　ところが、**驚くことに**、これら数多くの材料は、たかだか 50 種類程度の元素からなっている。全宇宙を眺めても、そこに存在する元素の数は 100 程度である。宇宙は無限と騒いでいても、その構成元素はたった 100 種類しかない。

　例えば、水を細かく分解していくと、水の分子（H_2O）につきあたる。しかし、この水の分子もさらに分解すれば、水素原子（H）と酸素原子（O）という元素から構成されていることがわかる。アルコールという物質も、元素の組み合わせだけで見れば、水の構成元素である H と O に炭素原子（C）が加わっただけである。

　もっと**驚くこと**は、この 100 種類の元素も、もとをたどれば、陽子、中性子、電子のたった 3 種類の基本粒子から構成されているという事実である。つまり、これら 3 種類の粒子の組み合わせの違いで、これだけ多種多様な物質が構成されているのである。すべての物質が 3 個の基本粒子だけでできているという事実は何とも神秘的である。

　ところで、物質を構成する基本要素である元素は、これら基本粒子が数を増やす過程で種類が増えていく。そして、その電子配置によって異なった化学的性質を形成していくことが知られている。しかも、その数が少し違っただけで性質は大きく変化する。例えば他の元素と反応しないため不活性元素と呼ばれているネオン（Ne）に、たった 1 個の電子が付与されただけで、ナトリウム（Na）という非常に活性な金属ができる。この劇的変化も不思議というしかない。

　ところで、元素を重量の小さな方から順に並べていくと、ある周期にしたがって化学的性質のよく似た元素が現れる。この事実に最初に気づいたのはロシアの科学者のメンデレーエフ（D. L. Mendeleev）であった。彼が、1869 年に**周期表**（periodic table）の考えを最初に提唱したときには、嘲笑も含めて多くの反

対論があったという。常に先駆的な開拓者が出会う抵抗である。

メンデレーエフの卓見は、単に元素を並べただけでなく、当時存在していなかった元素の存在を予言したという事実であろう。その後、彼の予言はつぎつぎと現実のものとなる。いまだに周期表にしたがって、現存しない元素を人工的に合成しようという試みは続いている。

実は、周期表は先端研究分野の研究者にとっては、格好のアイデア収集の場となっている。少し話は古くなるが、1986年に始まった高温超伝導フィーバーは、まさに周期表が大活躍した時代であった。ベドノルツとミュラーのふたりが、La-Ba-Cu-Oという酸化物が高温（といっても絶対温度で30度つまり30Kではあるが）で超伝導を示す可能性があることを発表する。この事実を確認した東大グループが、構成元素のBaを同族元素であるSr, Caで置換しても超伝導が得られることを発表する。しかも、La-Sr-Cu-OはLa-Ba-Cu-Oよりも8℃も高い温度で超伝導になったのである。その発表を聞いたときの驚きはいまでも忘れない。

すると、その直後にはヒューストン大学のグループがLaを同族の元素であるYで置換したY-Ba-Cu-Oが90Kで超伝導になることを発表する。周期表を見て、性質の似た元素で置換しただけで、超伝導になる温度がみるみる上がっていくのである。

その後も、周期表を眺めながらの攻防はつづき、Bi-Sr-Ca-Cu-Oが110K、Tl-Ba-Ca-Cu-Oが120Kとあれよあれよという間に世界最高記録の更新がつづき、研究者だけではなくマスコミや産業界をまきこんだ大フィーバーとなった。周期表と、粉を混ぜるための乳鉢と、簡単な電気炉があれば、だれでもノーベル賞を狙えるかもしれないということで、小さな町工場でも超伝導研究を始めたという噂が流れた。にわか超伝導師と呼ばれるアマチュア（プロも含めて）が多く誕生した時期でもあった。当時は、あらためて周期表の偉大さを思い知らされたものである。

いまだに、何か新しい機能材料が誕生したら、すぐに周期表を見て、そのまわりの元素で確かめてみるというのは常套手段である。周期表は、特許紛争にも一石を投じた。ある米国企業が、周期表の同族元素をすべて指定して特許申請を行ったからである。あまりにもひどいとあきれていたら、特許庁がそれを認めたので大騒ぎになった。

このように、周期表の歴史は古いが、現在の最先端研究においても燦然と輝く魅力と実用性を持っている。そこで、私の研究室に配属になった芝浦工業大学材料工学科の3年生11名と一緒になって、元素の性質を調べ、自分たちなりに整理することにしたのである。これから、材料開発の最前線に出ていく彼らにとってみても、元素の性質を周期表にしたがって調べていくという作業は、

将来大いに役立つはずである。また、日夜進歩が続いている材料開発の現場を、周期表の元素という観点から見つめなおすという意味でも、意義のある作業であったと思う。

ただ、その過程でいくつかの問題にも直面した。それは、資料によって元素のデータの値が異なるという問題である。基本特性が出典によって異なるということには違和感がある。学生にとっても、どうして本によって値が違うのかと戸惑いがあったようであるが、データは測定方法や測定者によって異なるのが当たり前であり、その事実を認識するという意味でも意義があったと思う。また、信頼できる情報源と思っていたものでも、かなりの誤植があることもわかった。

というわけで、少し無責任ではあるが、本書に載っているデータはあくまでも参考値であって、絶対に正しい数値ではないということを付記しておきたい。

また、本書で登場する写真は、何人かの方のご好意で掲載が可能となったものである。

まず、加藤伸一さんのホームページである Kato's collection （URLのアドレスは http//www.asahi-net.or.jp/~ug7s-ktu/index.htm）の鉱物のページから写真の掲載を許可していただいた。（掲載頁：68、89、95、105、119、120、128、142、161、163、172、208、213、215）加藤さんのホームページは多種多様な鉱物だけでなく化石のコレクションもあり、見ているだけで楽しい。ぜひ、一度閲覧することをお勧めしたい。

96 頁の松尾鉱山の写真は、私の友人である長谷川英治氏が松尾村の歴史民族資料館を訪ねて、中軽米千代松さんから貸していただいた貴重なものである。

またその他の写真を提供してくださった、フェイスプランニング（64 頁：ヘリウム風船）、日本通信機株式会社（136 頁：ルビジウム発振器）、株式会社オクノブ・インターナショナル東京（155 頁：シルバー食器）、新興化学工業株式会社、有限会社グランティ広告社（159 頁：インジウム）（掲載順）の関係者の皆様に、ここに厚く御礼申し上げる。

最後に本書をまとめるにあたり、芝浦工業大学大学院の梅原悠君と、大石真由さんには原稿のとりまとめを手伝っていただいた。また、芝浦工業大学の小林忍さんには、原稿の校正をしていただいた。謝意を表する。

編者　村上雅人

もくじ

はじめに ･･････････････････････････････ 5

第1章 原子の構造と周期律 ････････････････ 11
- 1.1. 原子の構造　11
- 1.2. 電子軌道　13
- 1.3. 電子のエネルギー準位　15
- 1.4. 元素の周期表　17
  - 1.4.1. 周期表の族　17
  - 1.4.2. 周期表の周期　19
- 1.5. 短周期と長周期　22
- 1.6. 金属元素と非金属元素　23
  - 1.6.1. 金属結合　23
  - 1.6.2. 非金属元素　26
  - 1.6.3. 共有結合　26
- 1.7. まとめ　28

第2章 元素の分類と周期表 ･･････････････ 29
- 2.1. アルカリ金属元素　30
- 2.2. アルカリ土類金属元素　31
- 2.3. 12族元素　32
- 2.4. 13族元素　33
- 2.5. 14族元素　33
- 2.6. 15族元素　34
- 2.7. 16族元素　35
- 2.8. ハロゲン元素　35
- 2.9. 希ガス元素　37
- 2.10. 遷移元素　38
- 2.11. まとめ　39

第3章 元素の性質と単位 ･･････････････ 40
- 3.1. 原子量（atomic weight）　40
- 3.2. 融点（melting point）、沸点（boiling point）　40

3.3. 結晶構造（crystal structure） *42*
3.4. 密度（density） *46*
3.5. 抵抗率（resistivity） *47*
3.6. 磁化率（magnetic susceptibility） *48*
3.7. 比熱（specific heat） *49*
3.8. 熱伝導率（thermal conductivity） *51*
3.9. 原子半径（atomic radius） *51*
　3.9.1. 原子半径 *51*
　3.9.2. 金属結合半径 *52*
　3.9.3. 共有結合半径 *54*
　3.9.4. イオン半径 *54*
　3.9.5. ファンデルワールス半径 *55*
3.10. クラーク数（Clarke number） *55*
3.11. 同位体（isotope） *57*
3.12. 同素体（allotrope） *58*
3.13. 音速（sound velocity） *58*
3.14. モース硬度（Mohs hardness） *58*

第4章　元素の性質 ・・・・・・・・・・・・・・・・・・・・・・・59

第5章　元素名の発音 ・・・・・・・・・・・・・・・・・・・・・250

あとがき・・・・・・・・・・・・・・・・・・・・・・・・・・・・268

　索引・・・・・・・・・・・・・・・・・・・・・・・・・・・・273

第1章　原子の構造と周期表

1.1. 原子の構造

　原子（atom）は**原子核**（atomic nucleus）とそのまわりをまわっている**電子**（electron）からなっている。さらに原子核は**陽子**（proton）と**中性子**（neutron）からできている。原子核の大きさは 10^{-14} m（10^{-4} Å）程度で、電子の大きさは 10^{-15} m（10^{-5} Å）程度であり、電子は原子核を中心としてほぼ半径 10^{-10} m（1 Å）の大きさを約 10^6 m/s の速度で動きまわっている。つまり、原子を構成している基本粒子（**素粒子**：elementary particle）は電子、陽子、中性子の3種類である。

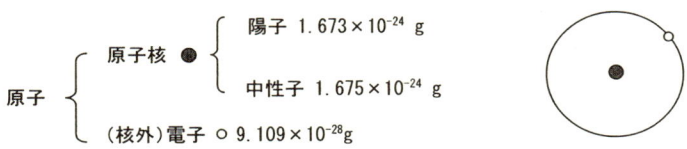

　図1.1　原子の構成要素。原子は原子核とそのまわりを廻っている電子からなり、さらに原子核は陽子と中性子からなる。陽子の質量は 1.673×10^{-24} g であり、電子の質量は 9.109×10^{-28} g であるので、電子の1840倍である。

　陽子はプラス（+1）に電子はマイナス（-1）に帯電しており、これら両者に働くクーロン引力が原子を形成する大きな要因となっている。電子1個の電荷は**素電荷**（elementary charge）と呼ばれ、1.6022×10^{-19} C である。これは、電気の最小単位である。また、原子の中の陽子と電子の個数は常に同じであり、電気的な中性が保たれている。原子の認識番号である**原子番号**（atomic number）は陽子あるいは電子の数に対応する。

　あらゆる原子の中で最も軽いものは水素である。水素原子は、図1.2に示したように陽子1個と電子1個からできており、最も単純な構造をしている。この原子がすべての元素の源といわれており、現在でも全宇宙に存在する元素の80%以上が水素といわれている。

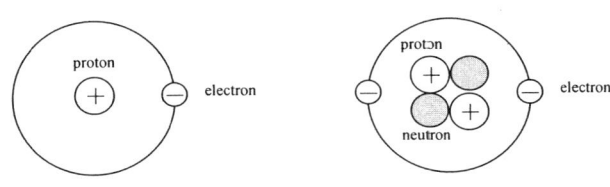

図 1.2 水素原子（左）とヘリウム原子（右）の原子構造

　水素の次に軽い元素はヘリウムである。この原子は、陽子 2 個と電子 2 個を含んでおり、原子番号は 2 となる。ところで、原子番号が 2 以上の元素では、原子核に中性子が加わる。通常は、陽子と同じ数だけの中性子が**原子核**（atomic nucleus）には存在するが、厳密にその数が決まっているわけではない。これは、中性子は電気的に中性であるからである。よって、同じ原子番号でも中性子数の異なる原子が存在する。つまり、同じ原子でも重さが異なる。このような原子を**同位体**（isotope）と呼んでいる。また、中性子の数を**中性子数**（neutron number）と呼んでいる。自然に存在する元素には、数多くの同位体が存在する。また、原子番号（Z）と中性子数（N）の和（$A = Z + N$）を原子の**質量数**（atomic mass number）と呼ぶ。原子の質量すなわち**原子量**[1]（atomic weight）は質量数にほぼ等しい。

　ここで、少し疑問が生じる。なぜ中性子などという余計なものを原子は含んでいるのであろう。陽子と電子だけでよいではないか。中性子がなければ、元素構造はかなりすっきりするはずである。残念ながら、原子核の構成粒子が陽子だけとなると、＋に帯電した粒子どうしのクーロン反発力が大きくなって原子核が不安定になってしまう。よって、反発力を緩和するための中性子が必要になる。水素原子に中性子が必要ないのは、陽子が 1 個しかないので緩和剤が不要なためである。

---

[1] 原子量の単位は amu であり、atomic mass unit の略である。質量数 12 の炭素（^{12}C）1 個の質量を 12 と決め、これを基準として各元素の原子量が決められている。元素の原子量は、同位体が存在する場合には、その存在比を考慮した重みつき平均の値として与えられている。自然界に存在する炭素には、^{13}C の同位体が 1.11%混在しているため、その原子量は 12.011 となる。

1.2. 電子軌道

ヘリウム原子の電子は 2 個であるが、実は、この電子が入ることのできる層は殻（かく）と呼ばれ、2 個で満席になる。これを K 殻（K shell）と呼んでいる。つぎの殻は L 殻と呼ばれ、ここでは 8 個の電子が入ると満席になる。つぎの殻は M 殻で、18 個の電子で満席となる。そのつぎは N 殻で、32 個の電子が入ることができる。K, L, M, N に 1, 2, 3, 4 という数字（n）をあてると、それぞれの殻に入ることのできる電子数は $2n^2$ で与えられる。

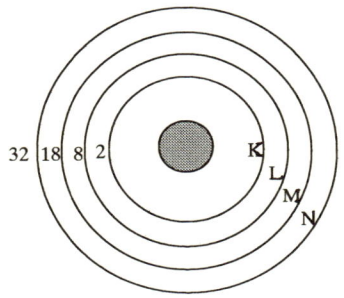

図 1.3 電子殻と軌道に入ることのできる電子数の関係

電子の殻は、原子核のまわりを回っている電子のエネルギーと関係している。すなわち、電子軌道の半径が大きいほど、より電子のエネルギーは大きくなる。量子力学では、n は**主量子数**（principal quantum number）と呼ばれる。

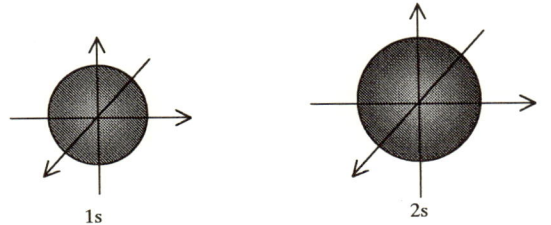

図 1.4 s 軌道の模式図

実は電子の軌道はより複雑で、電子殻つまり主量子数だけで決まるものではない。同じ殻にある電子であっても、その軌道のかたちが異なることが知られている。この軌道の形状に対応して、s, p, d, f というアルファベットを対応させ

ている。例えば、K殻ではs軌道しか存在しない。これをKsとは書かずに、主量子数を使って1s軌道と書く。つぎに、L殻ではsとpが存在し、2s, 2p軌道と書く。同様にしてM殻では、s, p, dがあり、3s, 3p, 3d軌道、N殻では、4s, 4p, 4d, 4f軌道と増えていく。

ここで、s軌道は図1.4に示すような球状の軌道となる。1s, 2s, 3sと主量子数が増えるにしたがって軌道半径が大きくなっていく。また、s軌道に入ることのできる電子数は2個である。

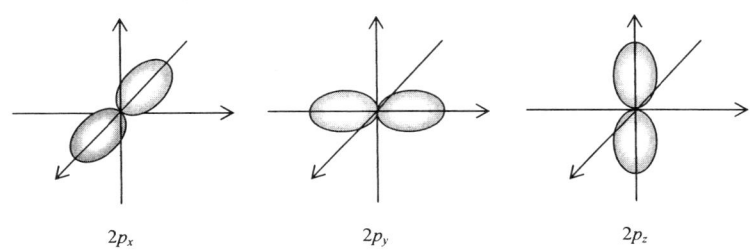

図1.5　p軌道の模式図

つぎにp軌道では、図1.5に示すような、すこし複雑な構造となる。p軌道は、ちょうどx, y, z軸に沿って対称な軌道であり、原点での電子の存在確率がゼロになる。これはp軌道では、原子核に**節面**[2]（nodal surface）が1個あることに相当する。ちなみにs軌道には節がない。（つまり、節面の数は0となる。）ついでに言えばd軌道では節面の数が2個、f軌道では節面の数が3個となる。この数字を**方位量子数**（azimuthal quantum number）と読んでいる[3]。

さて、p軌道にある3つの異なる軌道（p_x, p_y, p_z）には、それぞれ2個の電子が入るので、全部で6個の電子が入ることになる。L殻には2s軌道と2p軌道があり、それぞれの軌道の電子の定員は2個と2×3=6個であるので、L殻全体では8個となる。

d軌道ではp軌道よりさらに複雑な構造となり、図1.6に示したように原子核に節面が2個ある軌道をとる。軌道の数は5個あり、それぞれの軌道に2個、合計で10個の電子が入ることができる。よってM殻では、3s軌道に2個、3p軌道に6個、3d軌道に10個の電子が入ることができ、合計で18個の電子が存

---

[2] 1次元の定常波では波と波のつなぎ目を節（node）と呼んでいる。2次元の波ではこれを節線と呼び、3次元の波では節面と呼ぶ。
[3] 電子軌道を、より詳細に理解するには、量子力学のシュレディンガー方程式に基づく電子の波動関数の形状を理解する必要がある。ここで、主量子数がnの軌道では、最大で$n-1$個の節（node）を持つことができる。この節の数（0, 1, 2, 3）によって、s, p, d, fという軌道が決まる。

在できることになる。

N殻では s, p, d に加えて、新たに 4f 軌道が加わる。この軌道に 14 個の電子が入るので、合計で 32 個の電子が存在できる。

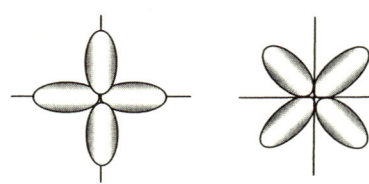

図 1.6 原子核に節面が 2 個ある電子軌道の例 （z 方向から見た図）

1.3. 電子のエネルギー準位

原子の原子番号が大きくなる過程は、電子数が増える過程である。このとき、表 1.1 に示すように、電子はエネルギーレベルの低い軌道から順序正しく埋められていく。

表 1.1

		K	L		M		
		1s	2s	2p	3s	3p	3d
1	H	1					
2	He	2					
3	Li	2	1				
4	Be	2	2				
5	B	2	2	1			
6	C	2	2	2			
7	N	2	2	3			
8	O	2	2	4			
9	F	2	2	5			
10	Ne	2	2	6			
11	Na	2	2	6	1		
12	Mg	2	2	6	2		
13	Al	2	2	6	2	1	
14	Si	2	2	6	2	2	
15	P	2	2	6	2	3	
16	S	2	2	6	2	4	
17	Cl	2	2	6	2	5	
18	Ar	2	2	6	2	6	

表 1.1 を見る限りは、原子番号の増加にともなって、電子は整然と低いレベルから高いレベルへと順序良く埋められていくが、実は、それほど単純ではない。K, L, M, N 殻は軌道半径の大きさの順序に相当し、主量子数が大きいほどエネル

ギーが大きいという話をしたが、実は、同じ殻でも軌道のかたちによってエネルギーレベルが変化する。例えば、3s, 3p, 3d 軌道では、この順にエネルギーが大きくなっていく。このままならば問題はないが、実は、4s 軌道のエネルギーレベルよりも 3d 軌道のエネルギーレベルが高くなってしまうのである。

表 1.2　元素の電子配列：K や Ca では 3d 軌道が空席のまま 4s 軌道を電子が占める。

	K	L		M			N			
	1s	2s	2p	3s	3p	3d	4s	4p	4d	4f
^{18}Ar	2	2	6	2	6					
^{19}K	2	2	6	2	6	0	1			
^{20}Ca	2	2	6	2	6	0	2			

この結果、表 1.2 に示すように、^{18}Ar から原子番号が 1 個増えた ^{19}K では、M 殻の 3d 軌道は空のまま、N 殻の 4s 軌道を電子が占めるのである。これは、図 1.7 に示すように N 殻の主量子数（つまり軌道半径）が大きいものの、M 殻の 3d 軌道のかたちが複雑なために、4s 軌道よりもエネルギー準位が高くなることに起因している。

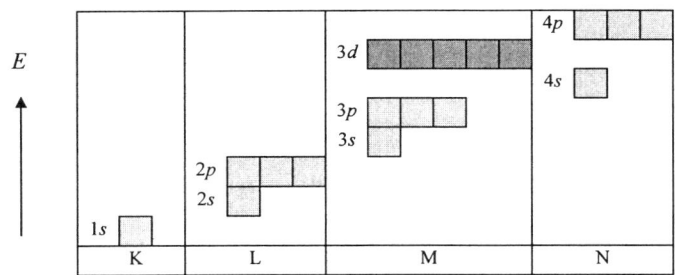

図 1.7　電子軌道のエネルギー準位（各軌道の□には 2 個の電子が入る）

この逆転現象が元素の性質に多様な変化を与えている。その最たるものが磁性元素の出現である。最外殻軌道の N 殻の 4s 軌道が満たされたあとに、その内殻の 3d 軌道が満たされる。このため、3d 軌道の電子配列に特殊性が生じ、その結果、本来は出現するはずのない磁性が Fe, Co, Ni で表れるのである。

1.4. 元素の周期表

前節で示したように、最外殻の軌道よりも、その内側の軌道の電子軌道のほうが、その形状効果によりエネルギーが高くなってしまうという特殊事情はあるものの、元素を原子番号の小さい順に並べると、縦の列（vertical column）には化学的特性のよく似た元素が登場する。これが周期表（表1.3）である。

表1.3 元素の周期表

	1	2	3	4	5	6	7	8	9	10	11	12	13	14	15	16	17	18
1	H																	He
2	Li	Be											B	C	N	O	F	Ne
3	Na	Mg											Al	Si	P	S	Cl	Ar
4	K	Ca	Sc	Ti	V	Cr	Mn	Fe	Co	Ni	Cu	Zn	Ga	Ge	As	Se	Br	Kr
5	Rb	Sr	Y	Zr	Nb	Mo	Tc	Ru	Rh	Pd	Ag	Cd	In	Sn	Sb	Te	I	Xe
6	Cs	Ba	Ln	Hf	Ta	W	Re	Os	Ir	Pt	Au	Hg	Tl	Pb	Bi	Po	At	Rn
7	Fr	Ra	An	Rf	Db	Sg	Bh	Hs	Mt									
Ln			La	Ce	Pr	Nd	Pm	Sm	Eu	Gd	Tb	Dy	Ho	Er	Tm	Yb	Lu	
An			Ac	Th	Pa	U	Np	Pu	Am	Cm	Bk	Cf	Es	Fm	Md	No	Lr	

1.4.1. 周期表の族

周期表で縦の列は**族**（group）と呼ばれ、化学的性質のよく似た元素が並んでいる。周期表では第1族から第18族までがある。例えば、18族（group 18）は**希ガス**（noble gas）と呼ばれ、不活性であり、他の元素と反応しない。これは、原子構造が安定であるため、ほかの元素と反応する手を持たないためである。また、原子の状態で安定であるため、**単原子分子**（mono-atomic molecule）の気体として存在する。実は、元素の化学的性質は最外殻電子の数でほぼ決まってしまう。実際に希ガス元素の電子配列を示すと表1.4のようになり、最外殻の電子の数がHe以外はすべて8となっている。これは、この殻におけるs軌道とp軌道が満たされた状態であり、この状態のときに原子が非常に安定となることがわかる。これをオクト則と呼ぶこともある。オクト（octo-）は8に対応した接頭語である。あるいは、このような状態にある元素をoctet (八隅子)と呼ぶ場合もある。

つぎに、17族（group 17）は**ハロゲン**（halogen）と呼ばれ、非常に反応性の高い非金属元素である。最も安定な希ガスよりも電子が1個足りないだけで、性質はまったく異なる。最外殻の電子配置は ns^2np^5 となっている[4]。電子を1個

---

[4] ここでの ns^2np^5 表記においては、n=1,2,3...となり順に電子殻K,L,M...に対応している。また s^2, p^5 の肩数字はその殻を占める電子数を表している。

付加すると希ガスと同じ安定な電子構造 ns^2np^6 となるため、－1 価の陰イオンになりやすい（図 1.8 参照）。

表 1.4　希ガス元素の電子配列

	K	L	M	N	O	P
He	2					
Ne	2	8				
Ar	2	8	8			
Kr	2	8	18	8		
Xe	2	8	18	18	8	
Rn	2	8	18	32	18	8

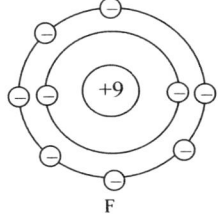 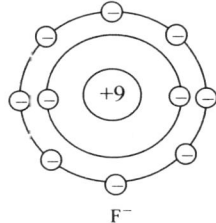

図 1.8　ハロゲンの電子配置は、最も安定な希ガスの電子配置から電子が 1 個不足している状態にある。よって、電子を 1 個付加すれば安定な構造になるため－1 価の陰イオンになりやすい。

一方、1 族（group 1）は**アルカリ金属**（alkali metal）と呼ばれ、非常に反応性の高い金属元素である（ただし水素は除く）。最も安定な希ガスよりも電子が 1 個多いだけで、こちらも希ガスとはまったく異なり、非常に反応性が高くなる。また、アルカリ金属の電子配置は、最も安定な希ガスよりも電子が 1 個多い状態になるので、電子を 1 個失うと安定な構造となる。このため 1 価の陽イオンになりやすい（図 1.9 参照）。

2 族（group 2）は**アルカリ土類金属**（alkaline-earth metal）と呼ばれ、この族の元素も反応性が高い。アルカリ土類金属の電子配置は、最も安定な希ガスよりも電子が 2 個多い状態になるので、電子を 2 個失うと安定な構造となる。このため +2 価の陽イオンになりやすい。実は、族で名前がついているのは、1, 2 族と 17, 18 族のみである。しかし、他の族の元素群もよく似た化学的性質を有する。

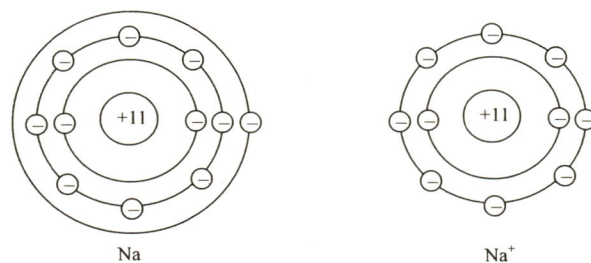

図 1.9 アルカリ金属の電子配置は、最も安定な希ガスの電子配置よりも電子が 1 個多い状態にある。よって、電子を 1 個取り去ると安定な構造になるため +1 価の陽イオンになりやすい。

1.4.2. 周期表の周期

周期表の横の行（horizontal row）は**周期**（period）と呼ばれる。周期は電子殻が満たされていく過程に対応している。まず、第 1 周期は、K 殻に電子が満たされていく過程で、H と He だけからなる。つぎに第 2 周期は L 殻に電子が満たされていく過程である。第 3 周期は M 殻に電子が満たされていく過程であり、$3s$, $3p$ 殻を電子が満たしていく過程に相当する。ここまでを**短周期**（short period）と呼んでいる。第 4 周期以降は、1 行の元素数が多くなり、**長周期**（long period）と呼ばれる。第 4 周期では、N 殻の s と p 軌道に電子が満たされる過程であるが、その途中で $3d$ 軌道が入り込んでおり、変則的な過程となっている。これは、すでに紹介したように、$3d$ 軌道のエネルギー準位が主量子数が小さいにもかかわらず、$4s$ 軌道よりも高くなっているためである。

よって、第 4 周期では、まず $4s$ 軌道が電子 2 個で埋められたあと、つぎに $3d$ 軌道に電子が入っていく。そして $3d$ 軌道が 10 個の電子で満たされたあと、$4p$ 軌道が埋められていく。このため、途中に存在する 10 個の電子は、第 3 周期までの族という観点では、少し仲間はずれになっている。そして、$4s$ から $4p$ へ移る過程の 10 個の元素を**遷移元素**（transition element）と呼んでいる。ここで、第 4 周期の電子配列を見てみよう。

表 1.5 第 4 周期の電子配列

	K	Ca	Sc	Ti	V	Cr	Mn	Fe	Co	Ni	Cu	Zn	Ga	Ge	As	Se	Br	Kr
$3d$	0	0	1	2	3	5	5	6	7	8	10	10	10	10	10	10	10	10
$4s$	1	2	2	2	2	1	2	2	2	2	1	2	2	2	2	2	2	2
$4p$	0	0	0	0	0	0	0	0	0	0	0	0	1	2	3	4	5	6
	s block ←			d block							→ ←			p block				→

すると、表 1.5 のように最初の K と Ca は 3d が空のまま、4s 電子が埋められていく過程となる。Ga 以降は、4s, 3d が充填された状態で、4p 電子が順次埋められていく過程となる。問題は、この間の Sc から Zn までで、4s 軌道が埋まった状態で、それよりも主量子数の小さい 3d 軌道に電子が埋められていく過程となっている。ただし、ほとんどの遷移元素の 4s 電子は 2 個であるが、例外的に Cr と Cu では 1 個となっている。つまり、エネルギーの低い 4s 状態から 3d 状態に電子がひとつ組み入れられているのである。これは、電子配列が占有可能な電子数の半分あるいは全部満たされた状態が安定であるということに起因している。

また、**遷移元素は、最外殻の電子数が 1 個または 2 個であるので、すべて金属となる**。よって**遷移金属**（transition metals）とも呼んでいる。まったく同様のことが、表 1.6 に示したように、第 5 周期でも生じる。この場合は、5s 軌道と 4d 軌道のエネルギー準位が逆転しているためである。

表 1.6 第 5 周期の電子配列

	1	2	3	4	5	6	7	8	9	10	11	12	13	14	15	16	17	18
	Rb	Sr	Y	Zr	Nb	Mo	Tc	Ru	Rh	Pd	Ag	Cd	In	Sn	Sb	Te	I	Xe
4d			1	2	4	5	5	7	8	10	10	10	10	10	10	10	10	10
5s	1	2	2	2	1	1	2	1	1	0	1	2	2	2	2	2	2	2
5p	0	0	0	0	0	0	0	0	0	0	0	0	1	2	3	4	5	6
	s block		←			transition metals						→	←		p block			→

ここで、表 1.6 を見ると、1 族および 2 族は 5s 電子の充填過程、また、13 族から 18 族までは 5p 電子の充填過程に相当し、その電子の充填過程は内殻がすべて満たされた状態で規則正しく進んでいることがわかる。実は、このような規則正しい充填過程は、周期に関係なく、1, 2 族および 13 から 18 族すべてに共通して見られる。このため、これら元素を**典型元素**（typical elements）と呼んでいる。典型元素では、最外殻の電子数（s 電子と p 電子の合計）が結合手の数（価数）に相当する。また、周期表において 1, 2 族は s 電子の充填過程であるので、s ブロックと呼ばれ、13 から 18 族までは p ブロックと呼ばれる。

典型元素に比べると、遷移元素の電子充填過程は、ある程度の傾向は見られるものの、それほど規則正しくはない。まず、第 4 周期と同じように、6 族の Mo と 11 族の Ag は、同じ族の Cr と Cu のように、4d および 5s が全充填および半充填の状態が安定となっている。この結果、Ag の電気抵抗が非常に小さくなる。同様のことは、同じ 11 族の Au でも生じ、金属の中で、Cu, Ag, Au の電気抵抗が低い原因となっている。また、第 4 周期に比べると、規則性の乱れがより大きく、5s 電子が 1 個だけの元素が Nb, Ru, Rh と他に 3 個もあり、さらに Pd

にいたっては、5s電子が0となり、そのかわり4d軌道を全充填させている。この原因は、s軌道とd軌道のエネルギー準位の逆転現象が生じるといっても、軌道半径が大きくなると、そのエネルギー差が小さくなり、軌道間での移動が容易になるためである。このような傾向は、周期が大きくなると顕著になっていく。

第6周期では、同様の逆転とともに、さらに事情が複雑化する。6s軌道と5d軌道にさらに、4f軌道が間に割り込んでくるのである。よって、表1.7に示すように、第6周期では、まず6s軌道を埋めたあと、5d軌道を充填する前に、4f軌道に電子が充填される。この過程は、周期表の族では分類できないため、ちょうど3族と4族の間に入り込む。4f軌道は全部で14個の電子が入るので、合計14個の元素が割り込んでくる。そして、その上で、表1.8に示すように5d軌道、6p軌道に電子が充填されていくことになる。

表1.7 第6周期の電子配列1

	1	2	3														4
	Cs	Ba	La	Ce	Pr	Nd	Pm	Sm	Eu	Gd	Tb	Dy	Ho	Er	Tm	Yb	Lu	Hf
4f				1	3	4	5	6	7	7	9	10	11	12	13	14	14	14
5d			1	1						1							1	2
6s	1	2	2	2	2	2	2	2	2	2	2	2	2	2	2	2	2	2
6p																		

表1.8 第6周期の電子配列2

	1	2	3	4	5	6	7	8	9	10	11	12	13	14	15	16	17	18
	Cs	Ba	La	Hf	Ta	W	Re	Os	Ir	Pt	Au	Hg	Tl	Pb	Bi	Po	At	Rn
4f				14	14	14	14	14	14	14	14	14	14	14	14	14	14	14
5d			1	2	3	4	5	6	7	9	10	10	10	10	10	10	10	10
6s	1	2	2	2	2	2	2	2	2	1	1	2	2	2	2	2	2	2
6p													1	2	3	4	5	6

つまり、この周期では

$$6s(2個) \rightarrow 4f(14個) \rightarrow 5d(10個) \rightarrow 6p(6個)$$

という順に電子が埋められていくのである。したがって全体で32個の元素が、この周期に入ることになる。本来ならば表1.7と表1.8をつなげて横に並べる必要があるが、それでは周期表がいたずらに横長になってしまう。そこで、表の外に新たな欄を設けて**ランタノイド元素**（Lanthanide elements）として並べている。これが周期表の下におまけのように付いている理由である。ちなみに、表1.7に示すように、ランタノイド元素の最外殻電子は6sが2個であるので、すべて金属である。

第 7 周期でも同様のことが起こり、5f 軌道を電子が埋める過程の元素が合計 14 個割り込んでくる。つまり

$$7s\,(2\,個) \rightarrow \mathbf{5f\,(14\,個)} \rightarrow 6d(10\,個) \rightarrow 7p\,(6\,個)$$

という順で電子が埋められていく。この 5f 軌道を充填していく過程の元素群が**アクチナイド元素**（Actinide elements）（225 頁参照）である。これら元素も周期表の下に別の欄を設けて並べられている。ただし、第 7 周期まで来ると、あまりにも原子量が大きく原子構造そのものが不安定な元素が多く、周期すべてが埋まっているわけではない。よって、いまだにその人工合成が試みられている。つい最近も原子番号 118 の元素合成に成功したという報道があったが、後に研究員の捏造であることが判明した。

1.5. 短周期と長周期

現在、一般に用いられている周期表は、**長周期**（long period）と呼ばれるものである。これは、左側に s 軌道が埋められていく 2 個の元素と、右側には、p 軌道が埋められていく 6 個の元素が配置され、その中間に遷移元素として、d 軌道が埋められていく 10 個の元素を配置したものである。この方式を踏襲するのであれば、f 軌道が埋められていく過程の 14 個の元素も、横に並べればいいのであろうが、そうすると、横長になって見にくくなる。このため f 軌道にともなう元素 14 個は、それぞれ周期表の欄外に別枠をつくって表記しているのである。

ところで、第 2 周期や第 3 周期だけをみると、原子の価電子という点では、左から 1, 2, 3, 4, 5, 6, 7 と整然と並んでいてわかりやすい。実際にメンデレーエフが最初に提唱した周期表も表 1.9 のように短周期であった。

これならば I 族は 1 価、II 族は 2 価と族名と価数が一致する。ただし、彼の時代には不活性元素である希ガスが発見されていなかったので、初期の表には載っていない。後に、希ガスが発見されたときに、0 族として新たに加えられたのである。これは価数（つまり結合手）が 0 ということに対応する。また、実在しない元素や現在とは表記の異なる元素や空欄もある。

さらに、メンデレーエフの周期表には苦心の後が見られる。今では、d 軌道のいたずらによる遷移元素の存在がわかっているが、当時は、遷移元素の位置づけが不明確であったため、普通の族として分類し、その結果あぶれたものを 3 個ひとまとめにして VIII 族としたのである。

第1章 元素の構造と周期表

表1.9 メンデレーエフの周期表

	I	II	III	IV	V	VI	VII	VIII		
1	H									
2	Li	Be	B	C	N	O	F			
3	Na	Mg	Al	Si	P	S	Cl			
4	K	Ca		Ti	V	Cr	Mn	Fe	Co	Ni
5	Cu	Zn			As	Se	Br			
6	Rb	Sr	Yt	Zr	Nb	Mo		Ru	Rh	Pd
7	Ag	Cd	In	Sn	Sb	Te	J			
8	Cs	Ba	Di	Ce						
9										
10			Er	La	Ta	W		Os	Ir	Pt
11	Au	Hg	Tl	Pb	Bi					
12				Th		U				

　実は、族の命名に関しては、最近まで、この短周期の影響を受けて、IからVIIIまでと0を使っていた。ただし、遷移元素は同じ族にできないために、VIII族を除いて、左側にIAからVIIAという添え字のAをつけ、VIII族の右側ではIBからVIIBというように添え字Bをつけて区別していたのである。

　しかし、このような表記は遷移元素の位置づけに関して誤解を与えるということで、現在では通し番号で1から18までの族名を与えることになった。短周期での族名に慣れ親しんだ立場からすると、違和感があるが、確かに長周期という観点では、通し番号のほうがすっきりしているかもしれない。

1.6. 金属元素と非金属元素

1.6.1. 金属結合

　周期表を眺めると、金属元素の多さに驚かされる。ちなみに周期表上で金属元素を示すと、図1.10の影でしめした部分となる。原子番号109のMt（マイトネリウム）までの109個の元素中では実に8割の87個が金属元素である。

　これだけ金属元素が多いという事実は不思議かつ神秘的である。そこで、なぜ元素には金属が多いのかという理由を、Naを例にとって説明してみよう。

　図1.11のように2個のNa原子が十分近接した場合を想定してみる。まず、安定な電子構造は、Neの電子構造であり、K殻に2個、L殻に8個が充填された状態である。

	1	2	3	4	5	6	7	8	9	10	11	12	13	14	15	16	17	18
1	H																	He
2	Li	Be											B	C	N	O	F	Ne
3	Na	Mg											Al	Si	P	S	Cl	Ar
4	K	Ca	Sc	Ti	V	Cr	Mn	Fe	Co	Ni	Cu	Zn	Ga	Ge	As	Se	Br	Kr
5	Rb	Sr	Y	Zr	Nb	Mo	Tc	Ru	Rh	Pd	Ag	Cd	In	Sn	Sb	Te	I	Xe
6	Cs	Ba	Ln	Hf	Ta	W	Re	Os	Ir	Pt	Au	Hg	Tl	Pb	Bi	Po	At	Rn
7	Fr	Ra	An	Rf	Db	Sg	Bh	Hs	Mt									

	Ln	La	Ce	Pr	Nd	Pm	Sm	Eu	Gd	Tb	Dy	Ho	Er	Tm	Yb	Lu
	An	Ac	Th	Pa	U	Np	Pu	Am	Cm	Bk	Cf	Es	Fm	Md	No	Lr

図 1.10　金属元素

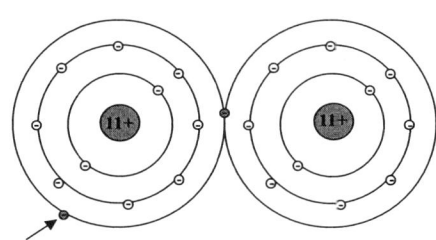

図 1.11　2 個の Na 原子が近接した様子

　ここで、最外殻にある 1 個の s 電子は原子核からの距離が遠く、クーロン相互作用が小さいため、原子核からの束縛が弱い。さらに、安定な電子構造という観点からも、最外殻電子は余分な電子である。このため、ふたつの原子間の距離が十分小さくなると、隣の原子核からクーロン力も大きくなり、ひとつの原子核のみに s 電子が束縛されているという状態ではなくなってくる。

　この結果、最外殻の s 電子は、もとの原子核の束縛から逃れて、各原子間を自由に動きまわれるようになる。この電子を**自由電子**（free electron）と呼んでいる。

　実際の金属では多数の原子が集まっている。このとき、図 1.12 に示すように、それぞれの原子の最外殻の電子が、個々の原子核の束縛から解かれて、自由に格子の中を動き回るようになる。この格子の中を自由に動き回ることのできる自由電子を各原子が共有して結合している状態が金属結合である。いわば、各原子が電子を供出して、その電子をすべての原子が共有することで、原子が集団をつくっているのが金属と考えられる。

　この構造のおかげで、金属はつぎの特徴を示す。
① 電気および熱の良導体（conductor）である。
② 金属光沢（metallic luster）を示す。
③ 展性（malleability）および延性（ductility）にすぐれている。

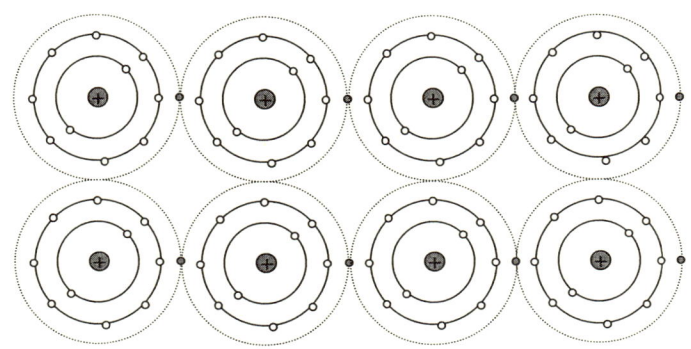

図1.12 金属結合の模式図

　①および②は固体中を自由に動くことのできる自由電子の存在に起因している。つまり、電気および熱は自由電子によって運ばれる。また、光は電磁波の一種であり、磁場が変動している。磁場が変動していると、電磁誘導によって電流が誘導されるが、金属では自由電子の遮蔽効果によって光が反射されることになる。また、③の性質は、金属結合の糊の役目をする電子の動きが自由であるため、格子の変形が自由であるということに起因している。

　金属結合はs電子が2個の場合にも生ずる。この場合には、最外殻の2個のs電子が自由電子となって金属格子中を自由に動き回ることになる。つまり、最外殻がs電子であって、その数が1個または、2個の場合には、その元素は金属となる。

　周期表において、かなりの割合を占めている遷移元素は、s電子とd電子のエネルギー準位の逆転現象によって、最外殻のs電子が2個（1個の場合もある）のまま、内殻のd電子の準位が埋められていく過程の元素群である。このため、すべての遷移元素が金属になる。よって、遷移元素を**遷移金属**（transition metals）と呼ぶこともある。同様の現象は、s電子とf電子の間でも生じ、その結果、ランタノイド元素、アクチノイド元素もすべて金属になる。これが、金属元素が多い理由である。

　ところで、図1.10を見ればわかるように、金属元素はpブロックにも存在する。この領域では、最外殻電子はp電子であるが、その軌道は等方的ではないので金属結合には不向きと考えられる。その証拠に第2周期のpブロックにある元素B, C, N, O, Fはすべて非金属である。

　この理由を説明するためには、原子が近づいたときの電子軌道の変化につい

て知る必要がある。厳密にはバンド理論（band theory）が必要となるが、ここでは簡単に説明する。原子が孤立している場合には、電子軌道はそれぞれ独立している。しかし、原子が近づいてくると、それまで孤立していた電子どうしが相互作用をするようになり、電子軌道が重なるようになる。この典型例が金属結合の原因となる *s* 軌道である。

実は、*p* 電子も軌道の対象性は低いが、条件によっては他の電子と軌道を共有できるようになる。この結果、*p* 電子も *s* 電子と同じように、金属結合に寄与できるようになるのである。*p* 電子の軌道が大きくなるほど、原子核の束縛を離れて、自由に行動できる傾向にあるので、周期が大きくなるほど *p* ブロックの元素が金属になる傾向も強くなっていく。

1.6.2. 非金属元素

金属元素と比べると、全元素に占める非金属元素の割合は実に少ない。周期表上で非金属元素を示すと図 1.13 のようになる。希ガスである 18 族を入れても 22 個、それを除くと、わずか 16 個しかない。しかし、このわずか 16 個の非金属元素が金属元素と化合して、多種多様の化合物を形成し、それが数多くの産業応用の基盤を成しているのも事実である。

	1	2	3	4	5	6	7	8	9	10	11	12	13	14	15	16	17	18
1	H																	He
2	Li	Be											B	C	N	O	F	Ne
3	Na	Mg											Al	Si	P	S	Cl	Ar
4	K	Ca	Sc	Ti	V	Cr	Mn	Fe	Co	Ni	Cu	Zn	Ga	Ge	As	Se	Br	Kr
5	Rb	Sr	Y	Zr	Nb	Mo	Tc	Ru	Rh	Pd	Ag	Cd	In	Sn	Sb	Te	I	Xe
6	Cs	Ba	*Ln*	Hf	Ta	W	Re	Os	Ir	Pt	Au	Hg	Tl	Pb	Bi	Po	At	Rn
7	Fr	Ra	*An*	Rf	Db	Sg	Bh	Hs	Mt									
			Ln	La	Ce	Pr	Nd	Pm	Sm	Eu	Gd	Tb	Dy	Ho	Er	Tm	Yb	Lu
			An	Ac	Th	Pa	U	Np	Pu	Am	Cm	Bk	Cf	Es	Fm	Md	No	Lr

図 1.13　非金属元素

また、水素を除くと、非金属元素は、すべて *p* ブロックにある。これは、*p* 電子の軌道が前節でも紹介したように等方的ではないことに起因している。ただし、原子どうしが近づくと、最外殻の電子軌道が重なりあう傾向にあるため、原子番号が大きい元素は、*p* ブロックであっても金属になる。

1.6.3 共有結合

非金属元素である希ガス元素は、原子 1 個で安定であるため、**1 原子分子**（monoatomic molecule）となる。これに対し、他の非金属元素は複数の原子が結

合して分子を構成する。

17族のハロゲン元素は、F_2, Cl_2, Br_2, I_2のように2原子が結合した**2原子分子**（diatomic molecule）を形成する。これら分子の結合はどのようになっているのであろうか。ハロゲン元素は、最外殻電子の数が7個で、最も安定な希ガス構造の8個よりも電子が1個足りないだけである。よって、外部から電子を1個付加すれば安定な電子配置になる。このため、2原子分子では、図1.14に示すように、それぞれの原子が電子を1個ずつ出し合い、それを共有することで、安定な電子配置をとることができるようになる。

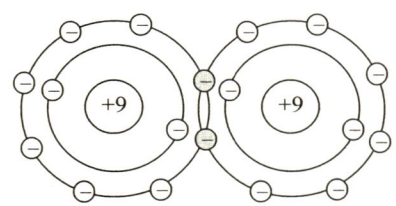

図1.14 F_2分子の共有結合

つまり、原子がそれぞれの電子を1個ずつ共有することで、結果的に安定な電子配置をとっている。このような結合を**共有結合**（covalent bond）と呼んでいる。複数の原子が電子を共有するという点では金属結合と同様であるが、金属の場合には、電子は、いわばすべての原子に共有されているのに対し、非金属の共有結合では、わずか2個の原子によって電子が共有されていることになる。このため、電子は自由に動くことができない。

16族の酸素や15族の窒素も同様に2原子分子O_2, N_2を形成する。ただし、16族の酸素では、最外殻電子の個数が6個と、最も安定な希ガス構造よりも2個足りない。このため、各原子が2個ずつ電子を出して、計4個の電子を共有することで、結合している。これは、ちょうど結合手を2本ずつ出して結合していることになるので、**2重結合**（double bond）と呼んでいる。これに対し、ハロゲン分子のように結合手を1本ずつ出して結合することを1重結合あるいは**単結合**（single bond）と呼ぶ。

窒素分子の場合には、各原子が3個ずつ電子を出して、計6個の電子（3組の電子対）を共有することで、結合している。結合手を3本ずつ出して結合していることになるので、**3重結合**（triple bond）と呼んでいる。窒素原子が3本の結合手を持っているにもかかわらず、窒素分子が非常に安定であるのは、この3重結合に負うところが大きい。

ところで、14族のCは、結合手を4本持っているが、4重の共有結合は形成

しない。そのかわり、それぞれが結合手を出し合ってネットワークをつくる。例えば、すべてのC原子が結合手を1本ずつ出し合って正四面体構造をつくるのがダイヤモンドである。この場合、ネットワークはどこまでも続いていくので、分子としての境目がない。このため、ダイヤモンドは、結晶ひとつが巨大な分子を形成していることになる。

また、Cは単結合と2重結合の組み合わせからなる平面的な六員環（six-membered ring）（あるいはベンゼン環：benzene ring）がネットワークをつくることができる。これが層状に拡がっているのがグラファイトであり、立体的に拡がって球状の構造をつくっているのがC60である。

ところで、単体元素の2原子分子は、共有結合によって分子構造そのものが非常に安定である。このため、分子間の凝集力が弱いという特徴を持つ。よって、これら分子の融点は非常に低い。例えば、酸素気体（O_2）の融点は$-183℃$であり、窒素気体（N_2）の融点は$-196℃$である。

1.7. まとめ

以上のように、元素は自然の摂理にしたがって整然とつくられている。周期表は、これら元素を原子番号順に並べたものである。このとき、うまく並べると、表の縦の列である族には化学的性質の似た元素がそろう。うまい並べ方というのは、最外殻電子数が同じになるような並べ方で、最外殻電子数が元素の化学的性質を決定するという事実に基づいている。ただし、族に属する元素の性質が良く似ているのは、典型元素の場合であり、遷移元素では事情が異なる。

これは、遷移元素が、nd軌道と$(n+1)s$軌道のエネルギー準位の逆転現象によって、常に最外殻にはs軌道の電子が存在するという事実による。このため、遷移元素はすべて金属となる。また、族よりも表の横の列の隣どうしの元素の性質が似るという場合も多い。同様の現象は、f軌道でも生じ、同様に遷移元素と呼ばれるが、周期表では、f軌道の逆転現象に由来する元素群をランタノイド元素（$4f$）、アクチノイド元素（$5f$）として、それぞれひとつのグループとして欄外にまとめている。

第2章　元素の分類と周期表

すべての元素は**典型元素**（typical elements）あるいは**遷移元素**（transition elements）のいずれかに分類される。典型元素は、最外殻電子が s 軌道を充填する過程の s ブロック（1, 2 族）と p 軌道を充填する過程にある p ブロック（13, 14, 15, 16, 17, 18 族）からなる。

遷移元素は 3 族から 12 族までの元素であり、$(n+1)s$ 軌道が充填された状態で nd 軌道が充填されていく過程にある元素群である。また、遷移元素の中には f 電子に起因するものもあり、これらをランタノイド元素、アクチノイド元素とグループ化している。

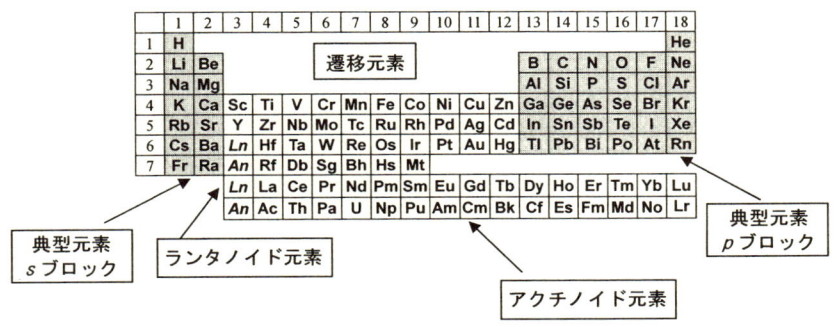

図 2.1　元素の周期表と分類

典型元素では、同じ族の元素は化学的によく似た性質を示す。メンデレーエフらによって周期表がつくられたのは、原子質量の小さい順に元素を並べると、ある周期に沿って化学的に似た性質の元素が登場するという事実に基づいている。

ただし、族の化学的性質が似ているのは典型元素の場合であり、遷移元素においては、族というよりはグループ全体で似た性質を示す。そこで、本章では、化学的に性質の似た元素群について、典型元素の族と遷移元素について、その特徴をまとめた。

2.1. アルカリ金属元素

第1族に属する元素のうち、Hを除く5個の元素を**アルカリ金属**(alkali metals)と呼んでいる。アルカリ金属元素は、最外殻電子がs電子1個であり、内殻電子の配置が最も安定な希ガス元素のものと一致する。このため、電子を失って、1価の陽イオンになりやすいという性質を持っている。**原子から電子1個を取り去るのに必要なエネルギー**、つまり+1価の**陽イオン**(positive ion)をつくるのに必要なエネルギーを**第一イオン化エネルギー**(first ionization energy)と呼ぶ。アルカリ金属は+1価の陽イオンになりやすいので、同じ周期の元素の中で、第一イオン化エネルギーが最も小さいという特徴を有している。

$$Na + 496 kJ \rightarrow Na^+ + e^-$$

のように反応式を書いたときに、左辺のエネルギーが第一イオン化エネルギーである。

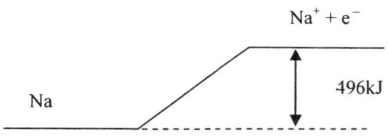

図2.2 　NaとNa$^+$イオンのエネルギー差

1価の陽イオンから、さらに電子を1個奪って2価の陽イオンをつくるときに必要なエネルギーを**第二イオン化エネルギー**(second ionization energy)と呼ぶ。Naの場合は

$$Na^+ + 4562 kJ \rightarrow Na^{2+} + e^-$$

となる。

アルカリ金属の場合には、1価の陽イオンの電子配置が安定であるので、その状態からさらに電子を奪うには、非常に大きなエネルギーを必要とする。このため、第一イオン化エネルギーがわずか496kJ/molであるのに対し、第二イオン化エネルギーは4562kJ/molと非常に大きくなる。

さらに、2価の陽イオンから、電子を1個奪って3価の陽イオンをつくるときに必要なエネルギーを**第三イオン化エネルギー**(third ionization energy)と呼ぶ。Naでは

$$Na^{2+} + 6912 kJ \rightarrow Na^{3+} + e^-$$

となる。原子核からのクーロン引力に逆らって電子を奪う必要があるので、第三イオン化エネルギーはさらに大きくなる。

アルカリ金属は、密度が小さく、Li, Na, K は水に浮く。また、比較的柔らかいので、ナイフで切断することができる。ただし、反応性が高いため、空気中の酸素によってただちに酸化されるので、表面はすぐに光沢を失う。このため、アルカリ金属は、灯油の中に保存される。アルカリ金属の特徴を表 2.1 にまとめた。

表 2.1 アルカリ金属の特徴

原子番号	元素	電子配置						密度	第一イオン化エネルギー	融点
		K	L	M	N	O	P	g/cm³	kJ/mol	℃
3	Li	2	1					0.53	520	180
11	Na	2	8	1				0.97	496	98
19	K	2	8	8	1			0.86	419	63
37	Rb	2	8	18	8	1		1.53	403	40
55	Cs	2	8	18	18	8	1	1.87	376	28

アルカリ金属では、原子番号が大きくなるにしたがって密度が大きくなり、融点が低下する傾向にある。また、融点は非常に低く、K で 63℃、Cs ではわずか 28℃である。

2.2. アルカリ土類金属元素

第 2 族に属する金属を**アルカリ土類元素**（alkaline earth elements）と呼んでいる。すべて金属元素である。

表 2.2 アルカリ土類元素のイオン化エネルギー

原子番号	4	12	20	38	56
kJ/mol	Be	Mg	Ca	Sr	Ba
第一イオン化エネルギー	899	738	590	549	503
第二イオン化エネルギー	1757	1451	1145	1064	1067
第三イオン化エネルギー	14848	7733	4912	4207	—

電子配置は、希ガスの安定構造に s 電子が 2 個付加した構造となっている。表 2.2 にアルカリ土類元素のイオン化エネルギーをまとめている。アルカリ金属と同様に第一イオン化エネルギーは小さい。また、アルカリ金属とは異なり、第二イオン化エネルギーはそれほど大きくはない。しかし、第三イオン化エネルギーは非常に大きい。これは、最も安定な希ガスの電子配置から電子を奪うの

に要するエネルギーに相当するからである。よって、+3価のイオンは存在しない。それでは、+1価のイオンは存在するかというと、それも存在しない。これは、少し考えれば不思議である。なぜなら表2.2にみられるように、小さいといっても、第二イオン化エネルギーが第一イオン化エネルギーよりも大きい。とすれば+1価のイオンが存在しても良さそうである。

確かに、第二イオン化エネルギーは大きいが、+2価のほうがイオン半径が小さく、+1価よりも結合力が大きいため、固体中では+2価となった方がトータルの自由エネルギーが小さくなる。このため、化合物中ではアルカリ土類金属は+2価となる。また、水に溶解する場合にも、+2価のイオンの自由エネルギーが小さくなる。このため、+1価のイオンは存在しないと考えられる[1]。

アルカリ土類金属は、反応性が高く、空気中の酸素や水分と反応するが、アルカリ金属ほどではない。アルカリ土類金属の特徴を表2.3に示す。原子番号が大きくなるにしたがって、密度が大きくなり、融点は低下していくことがわかる。沸点は系統的ではない。

表2.3 アルカリ土類元素の特徴

原子番号	元素	電子配置						密度	融点	沸点
		K	L	M	N	O	P	g/cm^3	℃	℃
4	Be	2	2					1.85	1278	2970
12	Mg	2	8	2				1.74	649	1090
20	Ca	2	8	8	2			1.55	839	1484
38	Sr	2	8	18	8	2		2.63	769	1384
56	Ba	2	8	18	18	8	2	3.62	725	1640

2.3. 12族元素

12族元素(group 12 elements)は、周期表の遷移元素の欄の最後の位置にあるが、遷移元素には分類されずに、典型元素に分類される場合もある。(もちろん遷移元素に分類することもある)。

その理由は、12族ではs電子が2個でd電子が10個つまった電子配置をとっており、内殻と外殻のエネルギー準位の逆転が生じていないからである。例えば、Znの電子配置は$[Ar]4s^23d^{10}$となっており、内殻の$3d$軌道がすべて埋まった状態となっている。このため、遷移元素の特徴である「最外殻電子が埋まった状態で、内殻の準位に空きがある」という電子配置とならない。同様にして、

---

[1] 溶解の際のエントロピーの効果で、+2価のイオンとなった方が自由エネルギーが小さくなるという表現が正しい。

この族の Cd と Hg はそれぞれ$[Kr]5s^24d^{10}$、$[Xe]6s^24d^{10}$という電子配置をとる。

表 2.4 　12 族元素の特徴

原子番号	元素	電子配置						密度 g/cm³	融点 ℃	沸点 ℃
		K	L	M	N	O	P			
30	Zn	2	8	18	2			7.1	420	907
48	Cd	2	8	18	18	2		8.7	321	765
80	Hg	2	8	18	32	18	2	13.5	-39	357

Zn は、その色かたちが鉛に似ていることから亜鉛と呼ばれている。そして、亜鉛も鉛と同様に有毒元素と考えられていた。ところが、最近になって亜鉛が人体に必須のミネラルであることが明らかとなった。亜鉛は、酵素の働きを助けると考えられている。同じ族に属している Cd, Hg が体内に取り込まれると、化学的性質の似た Zn の働きを阻害するため、有毒となる。

2.4. 13 族元素

13 族元素（group 13 elements）は、最外殻の p 軌道に 1 個の電子がつまった電子配置をとる。ところが、B は非金属であるのに対し、Al, Ga, In, Tl は金属元素である。このため、1, 2 族などと比べて、族としての認知度はそれほど高くはない。さらに、電子配置からは B も他の 13 族元素と同様に金属的な性質を示すと予想されるにもかかわらず、この族で唯一の非金属元素となっている。このため、B を「周期表の孤児」と呼ぶこともある。

2.5. 14 族元素

14 族元素（group 14 elements）は、最外殻の p 軌道に 2 個の電子がつまった電子配置をとる。よって、最外殻には s 電子 2 個、p 電子 2 個があり、結合手の数が 4 個という特徴を有している。ただし、C, Si が非金属であり、Ge, Sn, Pb は金属である。

結合手が 4 つあるということが、C および Si を特殊な存在にしている。C は、炭素原子どうしが互いに共有結合をつくって巨大な結晶をつくる。また、結晶構造の異なる**同素体**（allotrope）が存在する。ひとつは、**ダイヤモンド**（diamond）

で、地球上のあらゆる物質の中で最も硬度が高く、光の屈折率が大きい。構造としては、4つの結合手が正四面体の頂点になるような配置をとる。炭素原子どうしの共有結合が強く、電気的には**絶縁体**（insulator）である。一方、**黒鉛**（graphite）では、網目状の平面構造が層状に重なっており、ダイヤモンドと違って柔らかく、電気伝導性もある。また炭素には C_{60} を代表とする同素体群も存在する。炭素原子がサッカーボールのような構造をとる。互いの結合様式の自由度が大きいため、このグループには C_{70} やカーボンナノチューブなど、数多くの同素体が存在する。

しかし、何よりも C を特異な存在にしているのは、その化学結合の多様性である。H や O などと結合することで、いくらでも複雑な**有機化合物**（organic compounds）をつくることができる。**有機化学**（organic chemistry）という一大分野を形成するくらい、炭素原子を主成分とする有機化合物の種類は多く、また、その性質は驚くほど多様である。これは、炭素原子が 4 個の価数を持ち、その結合の自由度が大きいということに依拠している。

ところが、同じ族に属し、C と同様に非金属元素である Si には、C のような結合形態の多様性は見られず、ダイヤモンド構造しかとらない。もし、Si において、平面構造や C_{60} のような構造が可能であったとすれば、C と同様の多様性があったはずである。ただし、構造的には融通がきかない Si であるが、実は「産業のコメ」といわれるほど重要な存在である。理由はその**半導体性**（semiconducting properties）にある。ダイヤモンドは絶縁体であるが、Si は同じ構造をとりながらも、わずかながら電気伝導性がある。現在のエレクロニクス産業の基盤である半導体製品のほとんどが Si からできている。

この族で原子番号が大きい Ge, Sn, Pb は、すべて金属となり、結合の価数が 4 であるという魅力が失われてしまう。（Ge は半金属に分類され Si と同様に半導体性を示すが、温度特性の問題で主役の座は Si に譲っている。）よって、14 族の中で、有機化学と半導体という二大分野で活躍し、元素としての異彩を放っているのは、非金属の C と Si だけである。

2.6. 15族元素

15 族元素（group 15 elements）は、最外殻の p 軌道に 3 個の電子がつまった電子配置をとる。よって、最外殻には s 電子 2 個、p 電子 3 個となり、価数は 5 個となる。この族では N, P, As が非金属であり、Sb, Bi は金属である。ただし、As は半金属と呼ばれることがあるように、完全な非金属元素ではない。よって、

非金属としては N, P が特徴的である。

15 族の中で、特筆すべき存在は N である。2 個の N 原子どうしが 3 個の p 電子を互いに共有することで強固な N_2 分子を形成する。このため、N_2 は非常に安定であり、空気の約 8 割を占めている。また、N_2 分子はそれ自身が安定であるため、分子どうしの凝集力が小さく、沸点が－196℃と低い。

2.7. 16 族元素

16 族元素（group 16 elements）は、最外殻の p 軌道に 4 個の電子がつまった電子配置をとる。よって、最外殻には s 電子 2 個、p 電子 4 個となり、価数は 6 となる。この族では O, S, Se, Te が非金属であり、Po のみが金属である。ただし、Se および Te は半金属にも分類される。

2.8. ハロゲン元素

17 族（group 17）に属する元素はすべて非金属元素であり、**ハロゲン**（halogen）と呼ばれている。ハロゲン元素は、安定な電子配置をとる希ガス元素よりも電子が 1 個足りない構造を持っているので、電子 1 個を取り入れて、－1 価の**陰イオン**（negative ion）になりやすい。

原子に電子 1 個を付加するときに放出されるエネルギーを**電子親和力**（electron affinity）と呼んでいる。ハロゲンは、同周期の元素の中で最も電子親和力が大きい。例えば Cl では

$$Cl + e^- \rightarrow Cl^- + 349 \text{ kJ}$$

と書くことができ、右辺のエネルギーが電子親和力である。

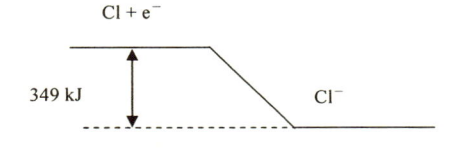

図 2.3 Cl と Cl^- イオンとのエネルギー差

陰イオンになれば、これだけのエネルギーが放出されることになるので、電子親和力が大きいほど陰イオンになりやすいという特徴を持っている。

電子親和力とは別に、陰イオンになりやすさを示す指標としては、**電気陰性度**（electron negativity）がある。これは、化合物をつくったときに、電子の引き付けやすさを示す指標となる。電気陰性度の定義には何種類かあるが、ここでは、最も一般的に使われているポーリング（Pauling）の値を使う。この定義では、電子を引き付ける能力の最も大きい F の電気陰性度を 4 とする。ここで、ハロゲンの特徴を、電子親和力、電気陰性度を含めて表 2.5 に示す。

表 2.5　ハロゲン元素の特徴

原子番号	元素	電子配置					融点 ℃	沸点 ℃	電子親和力 kJ/mol	電気陰性度 ポーリング
		K	L	M	N	O				
9	F	2	7				−220	−188	328	4
17	Cl	2	8	7			−101	−35	349	3
35	Br	2	8	18	7		−7.2	59	325	2.8
53	I	2	8	18	18	7	114	184	295	2.5

この表から、わかるように、電子親和力と電気陰性度は 1 対 1 に対応しない。これは、電気陰性度には、イオン化エネルギー、つまり、電子を放出するエネルギーも関係しているからである。つまり、他の原子との相対比較を考える場合には、電子を奪うことによる利得と、電子を失うのに要するエネルギーの両方を考慮する必要があるからである。よって電気陰性度は

$$電気陰性度 \propto \frac{第一イオン化エネルギー＋電子親和力}{2}$$

あるいは

$$電気陰性度 \propto \frac{電子の放出しやすさ＋電子を引きつける力}{2}$$

という関係式で与えられる。参考までにハロゲン元素の第一イオン化エネルギーを表 2.6 に示す。

表 2.6　第一イオン化エネルギー（kJ/mol）

F	Cl	Br	I
1681	1251	1140	1008

このように、F の第一イオン化エネルギーが Cl よりも大きく、電子が奪われにくいということを示している。この結果、電子親和力は Cl のほうが高いが、両

特性を考慮するとFの電気陰性度が大きくなるのである。
　ハロゲンは、2原子分子（F_2, Cl_2, Br_2, I_2）のかたちをとる。よって、融点および沸点はすべて分子の値である。ハロゲンの融点は低いので、常温ではヨウ素以外は気体となる。また、ヨウ素の常圧下における融点は114℃と高く、常温では黒紫色の固体となる。
　ただし、ハロゲンガスは反応性が非常に高いため、これら分子が単分子のかたちで自然界に安定に存在することはなく、必ず、何らかの化合物をつくっている。特に、フッ素の反応性は強く、本来は他の元素と反応しない希ガスのXeやKrとも反応する。

2.9. 希ガス元素

　第18族に属する元素は、電子構造が最も安定な配置（**閉殻構造**：closed shell structure）をとるため、他の元素と反応しない。このため、**希ガス**（rare gas）あるいは、**貴ガス**（noble gas）や**不活性ガス**（inert gas）とも呼ばれる。
　原子の電子構造が安定であるため、**単原子分子**（monoatomic molecule）となる。また、原子どうしの凝集力が弱く、無色無臭の気体で、いずれも沸点および融点が低い。特に、Heは常圧では、唯一絶対零度でも固化しない元素として知られている。
　希ガスは、空気中にわずかに存在するが、他の元素と反応しないため、その発見は遅かった。事実、メンデレーエフが最初に周期表を提唱したときに、希ガス元素は載っていなかった。希ガス元素の特徴を表2.7にまとめる。

表2.7　希ガス元素の特徴

原子番号	元素	電子配置						融点 ℃	沸点 ℃
		K	L	M	N	O	P		
2	He	2						—	−269
10	Ne	2	8					−249	−246
18	Ar	2	8	8				−189	−186
36	Kr	2	8	18	8			−157	−152
54	Xe	2	8	18	18	8		−112	−108
86	Rn	2	8	18	32	18	8	−71	−62

　希ガス元素の電子構造は安定であるので、電子を付加して陰イオンにすることができない。これは、閉殻構造の希ガスに電子を付加するためには、新たな電子殻をつくる必要があり、そのエネルギーがあまりにも大きいためである。

よって、希ガスには**電子親和力のデータはない**。したがって、**電気陰性度も定義されていない**。

ただし、希ガスから電子を奪うことは可能であるので、イオン化エネルギーのデータはある。表 2.8 に希ガス元素の第一イオン化エネルギーを示す。

表 2.8 希ガスの第一イオン化エネルギー（kJ/mol）

He	Ne	Ar	Kr	Xe	Rn
2372	2081	1521	1351	1008	1037

この表からもわかるように、希ガスの第一イオン化エネルギーはそれほど大きくはない。ハロゲン元素の F と比べると、Ar, Kr, Xe, Rn の値は小さい。He 以外の希ガスは最外殻電子数が 8 個であるので、第一イオン化エネルギーから第八イオン化エネルギーまでが存在することになる。

2.10. 遷移元素

周期表の 3 族 (group 3) から 12 族 (group 12) までの元素を**遷移元素** (transition elements) と呼ぶ。（ただし 12 族を典型元素に分類する場合もある。）遷移元素はすべて金属であるので、**遷移金属** (transition metals) とも呼ばれる。表 2.9 に 12 族以外の遷移金属を列挙した。

表 2.9 遷移金属

	3	4	5	6	7	8	9	10	11
4	21Sc	22Ti	23V	24Cr	25Mn	26Fe	27Co	28Ni	29Cu
5	39Y	40Zr	41Nb	42Mo	43Tc	44Ru	45Rh	46Pd	47Ag
6	57-71**Ln**	72Hf	73Ta	74W	75Re	76Os	77Ir	78Pt	79Au
7	89-103**An**	104Rf	105Db	106Sg	107Bh	108Hs	109Mt		

遷移金属の特徴として融点が高いことが挙げられる。表 2.10 に第 4 周期元素の融点を示す。典型元素の K は 63°C、Ca は 850°C であるが、原子番号が 1 個増えただけの遷移元素 Sc では 1541°C と急に高くなる。この傾向は 11 族まで続くが、12 族の Zn からは再び 419°C へと低下する。このように、遷移元素の融点は高い。12 族の Zn は位置からすれば遷移元素であるが、特性が典型元素に近いため、典型元素に分類されることもある。

ちなみに、他の遷移元素の融点を示すと、表 2.11 のようになり、第 5 周期および第 6 周期の 5 族から 9 族にかけて融点の高い元素が分布していることがわ

かる。

表 2.10　第 4 周期元素の融点（℃）

1	2	3	4	5	6	7	8	9	10	11	12	13	14
K	Ca	Sc	Ti	V	Cr	Mn	Fe	Co	Ni	Cu	Zn	Ga	Ge
63	850	1541	1725	1700	1920	1260	1535	1480	1455	1083	419	30	959

表 2.11　遷移金属の融点（℃）

Sc	Ti	V	Cr	Mn	Fe	Co	Ni	Cu
1541	1667	1915	1900	1244	1535	1495	1455	1083
Y	Zr	Nb	Mo	Tc	Ru	Rh	Pd	Ag
1530	1857	2458	2620	2172	2282	1960	1552	961
	Hf	Ta	W	Re	Os	Ir	Pt	Au
	2222	2980	3407	3180	3045	2443	1769	1064

　典型元素では、原子番号の増加にともなって、電子は最外殻軌道を埋めていくので、結合手の数、すなわち価数が増えていく。ところが、遷移元素では、すでに紹介したように、最外殻は s 電子が 2 個または 1 個の状態で、内殻の電子殻に電子が充填されていく過程にある。このため、原子番号の増加が価数の増加に対応しない。よって、周期律があいまいとなるうえ、周期表の隣りどうしの元素が似た性質を持つ場合も少なくない。第 4 周期の、Fe, Co, Ni はその好例である。

2.11.　まとめ

　このように元素の特徴を族という観点でまとめると、典型元素の中で族の特徴が顕著に現れるのは、非金属元素であることがわかる。例えば、同じ族であっても、13 族から 15 族では、原子番号が大きくなると非金属から金属へと性質が変わるため、族としての共通性が失われてしまう。よって、族としての堅固な統一性を示すのは、18 族の希ガス元素と、17 族のハロゲン元素である。一方、1 族のアルカリ金属と、2 族のアルカリ土類金属も典型金属元素としての特徴があり、相似の化学的性質を示す。ただし、本来、われわれが金属のイメージとして抱いている特性は、アルカリ金属やアルカリ土類金属ではなく、遷移金属にみられる。

第3章　元素の性質と単位

本章では、第4章で登場する元素の諸性質に関して、その意味と、本書で採用している単位系について紹介する。

3.1. 原子量（atomic weight）

原子量とは、元素の質量を質量数12の炭素の同位体 ^{12}C の値を12として定めたものである。つまり、^{12}C の1molである12gの中に含まれる原子数（アボガドロ数）と同じ原子数の集団（1 mol）の質量をグラム単位で示したものである。この単位を**原子質量単位**（atomic mass unit）と呼び、amuあるいはa.m.u.と表記する。よって、^{12}C の原子量は12amuとなる。ただし、慣例に従って、本書では原子量は無次元で表記してある。1amuは $1.6605655 \times 10^{-24}$ g となる。

原子の質量は、原子核の中性子と陽子の数によって異なってくるが、多くの元素において、同位体の存在比は一定であるので、各元素に対して同位体の原子量にその存在比をかけて足した重みつき平均として、その原子量が与えられている。つまり、元素の原子量に端数があるのは、同位体が存在するためである。

ちなみに、**質量数**（mass number）は、原子の中性子と陽子の数を足したものであり、原子量とほぼ一致する。

3.2. 融点（melting point）、沸点（boiling point）

ほとんどの物質は絶対零度から温度が上昇するにしたがって、固体→液体→気体へと変化するが、これらを、**固相**（solid phase）、**液相**（liquid phase）、**気相**（gas phase）とも呼び、相が変化することを**相変態**（phase transformation）あるいは**相転移**（phase transition）と呼んでいる。

融点（melting point）とは、物質が固体から液体へと相変態する温度すなわち

相転移温度（phase transition temperature）であり、**沸点**（boiling point）は物質が液体から気体へと相転移する温度である。融点と沸点は一定圧力下では物質によって決まった温度となる。本書で示している融点および沸点のデータは大気圧下でのものである。

固相、液相、気相の安定領域は、温度（T）および圧力（P）によって変化する。例として水の状態図を PT 平面に描くと図3.1のようになる。このように、相境界はひとつの曲線となる。線分 OA は固相（S）と液相（L）の相境界を与えるもので、融解（あるいは凝固）に対応する。液相（L）と気相（G）の相境界は OB 線で、沸騰（あるいは液化）に相当する。

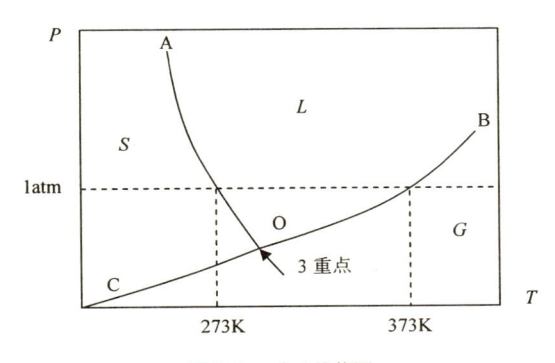

図3.1　水の状態図

また、線 OC は、気相（G）と固相（S）の相境界である。つまり、温度を上昇させると、この圧力領域では固相からいきなり気相へと変化する。この現象を**昇華**（sublimation）と呼び、この境界線を昇華曲線と呼ぶ。

水の場合には大気圧は点線で示した線上となり、低温安定相の固相が線分 OA と交わった温度 273K つまり 0℃ で融解する。これが融点を与える。さらに昇温すると、線 OB と交わった温度 373K つまり 100℃ で沸騰する。これが沸点となる。CO_2 の場合には、大気圧下で昇温すると線 OC に交わる。これは、ドライアイス（CO_2 の固体）が融解せずに昇華することを示している。

さらに、点 O では、固相、液相、気相の 3 相が共存することになり、圧力も温度も同時に決まる。つまり、PT 平面では自由度ゼロの点となる。この点を **3重点**（triple point）と呼んでいる。

水の3重点は、6.03×10^{-3}atm, 273.16K であり、これら数値は不変である。よって、この圧力下での温度を基準にして**絶対温度**（absolute temperature）が決められている。

3.3. 結晶構造 (crystal structure)

多くの固体は規則正しい原子配列をすることが知られている。これを結晶構造と呼んでいる。固体の結晶構造にはいろいろな種類があり、すでに本書でも登場しているが、ここでは、簡単にその種類を紹介する。

金属の結晶は、ちょうど剛球を規則正しく詰め込んだような構造をとる。さらに、多くの金属では、もっとも密度が高くなるような構造をとる傾向にある。このような構造を**最密構造**（close-packed structure）と呼んでいる。最密構造には2種類あるが、それをみてみよう。まず第一列目の並べ方としては、単純なものとして図 3.2(a) のような並べ方が考えられるが、これは最密配列ではない。密度が最も高くなる最密配列は、図 3.2(b) に示すような**三角格子**（triangular lattice）の配列である。この配列は**六角格子**（hexagonal lattice）とも呼ばれる。見方によって、三角形の集合体は六角形の集合と見ることもできるからである。

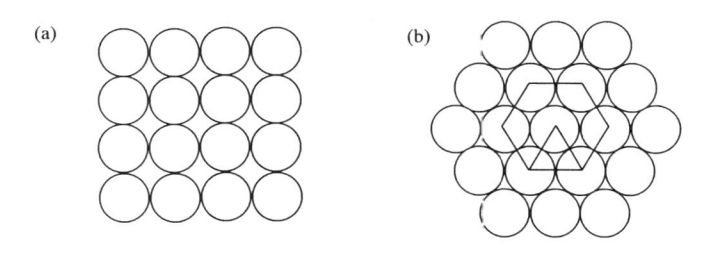

図 3.2　原子配列の一列目

最密構造を立体的につくるには、この三角格子を積み重ねていけばよい。このとき、2段目の配置は図 3.3 のようになり、三角格子の上にさらに三角格子が並ぶことになる。

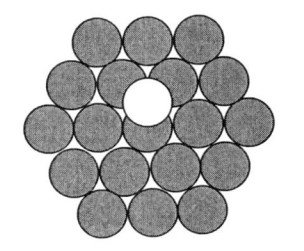

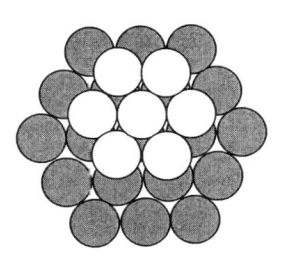

図 3.3　最密構造における第二列目の原子の配置

ここで、最密構造では3段目になると、2通りの積み重ね方が可能になる。それは、1列目と同じ場所に原子を配列する場合と、1列目とは少しずれた位置に原子を配列する並べ方である。その様子を図3.4に示す。

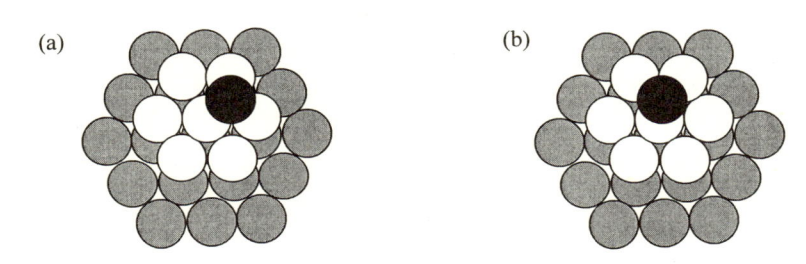

図3.4 最密構造の3段目の原子配列

図3.4(a) 配置では、3段目の原子は1段目の原子とまったく同じ位置に来ている。これに対し、図3.4(b) 配置では、3段目の原子は1段目の原子から、少しずれた位置に来ている。配列の仕方をA, B, Cという記号を使って表記すると、図3.4(a) はABAという積み重ねになっているのに対し、図3.4(b) はABCという積み重ねになっている。これ以降は、それぞれABABABABおよびABCABCABCというように、この積層を繰り返して大きな結晶を形成することになる。

前者を**六方最密構造**（hexagonal close packed structure: HCP）と呼び、後者を**面心立方構造**（face centered cubic structure: FCC）と呼んでいる。このような呼び方をするのは、それぞれの**単位胞**（unit cell）が、その名のような特徴を持っているからである。まず、ABABABAの積層を有する六方最密構造の単位胞を取り出すと図3.5のようになる。

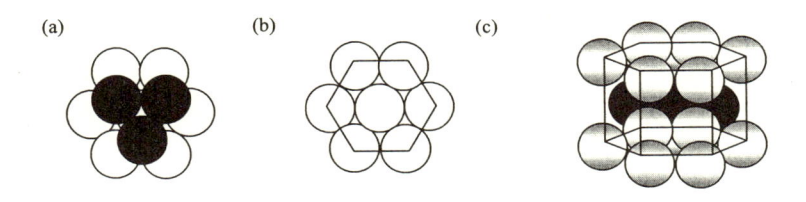

図3.5 六方最密構造の単位胞

ここで図3.5(a) は単位胞の1列目と2列目を示しており、それに3列目が積層すると図3.5(b) ようになる。これを斜め横からみると図3.5(c) ようになり、ちょうど六角柱のような構造をとる。このため、この結晶構造を六方最密構造

と呼んでいる。

　それでは、もうひとつの最密構造であるABCABC積層の単位胞はどのようになるであろうか。実は、図3.4(b)の真上から見た構造ではなく、少し斜めの方向からみると図3.6(a)に示すような単位胞を切り取ることができる。このままでは、少しわかりずらいので、原子の大きさを小さめに描くと図3.6(b)のようになり、ちょうど**立方体**（cube）の頂点と、それぞれの面の中心に原子が存在することになる。このため、この構造を**面心立方構造**と呼んでいる。

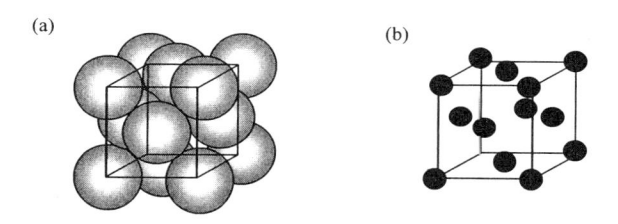

図3.6　面心立方構造の単位胞

　最密構造は、六方最密構造（HCP構造）と面心立方構造（FCC構造）の2種類である。多くの金属は、いずれかの構造をとる。また、単位胞の構造からわかるように、FCC構造は等方的であるが、HCP構造には異方性がある。よってHCP金属では、その物性にも異方性が生じることになる。

　それぞれの格子の大きさを決定する**格子定数**（lattice constant）に関しては、FCC格子の場合には、その一辺の長さを指定すれば、格子の大きさがわかるので、通常、格子定数を a として、この値だけがデータとして載っている。これに対し、HCP格子の場合には、上の六角形の1辺の長さと、六角柱の高さを指定する必要があり、2個の格子定数が必要となる。これらを、それぞれ a, c と表記し、データ集にも、これら2つの数値が載っている。理想的には

$$\frac{c}{a} = \sqrt{\frac{8}{3}} \cong 1.633$$

となるが、実際の結晶ではこの値からずれる。

　金属は、最密構造ではない構造もとる。その中で最も一般的なのが図3.7に結晶構造を示した**体心立方構造**（body centered cubic structure: BCC）である。この構造では、その名の通り、立方体の頂点と、その中心に原子が配置された構造となっている。

　また、ほとんどの金属は、FCC、HCP、BCCのいずれかの結晶構造をとる（表

3.1 参照)。

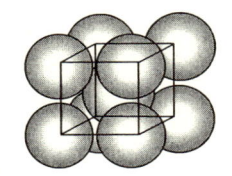

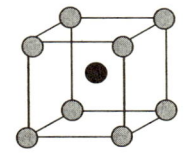

図 3.7 体心立方構造の単位胞

表 3.1 主な金属の常温における結晶構造と格子定数

FCC		HCP			BCC	
	a(Å)		a(Å)	c/a		a(Å)
Ag	2.888	Be	2.225	1.57	Ba	4.350
Al	2.862	Cd	2.979	1.88	Cr	2.498
Au	2.884	Co	2.506	1.62	Fe	2.481
Ca	3.940	Hf	3.150	1.58	K	4.627
Ce	3.640	Mg	3.196	1.62	Li	3.039
Co	2.506	Os	2.675	1.58	Mo	2.725
Cu	2.556	Re	2.740	1.62	Na	3.715
Ir	2.714	Tl	3.407	1.60	Nb	2.859
Ni	2.491	Ti	2.890	1.59	Ta	2.860
Pb	3.499	Zn	2.664	1.86	V	2.630
Pd	2.750	Zr	3.170	1.59	W	2.739
Pt	2.775					
Rh	2.689					
Sc	3.211					
Sr	4.310					
Th	3.600					

　ただし、中には例外もあって、これら構造から少しずれた結晶構造をとるものもある。例えば、立方体が少し縦長になったような**正方構造**（tetragonal structure）や、さらに三辺の長さがすべて異なる**斜方構造**（orthorhombic structure）などがある。正方格子の場合には、格子定数としては a, b の2個が必要となり、斜方格子の場合には、a, b, c の3個が必要になる。また、直交関係がくずれ、すべての面が菱形となった菱面体構造（rhombohedral structure）もあり、この場合は格子定数とともに角度も指定する必要がある。

また、金属によっては温度や圧力によって、構造変化するものも多い。Fe は、温度上昇にともなって BCC→FCC→BCC と結晶構造が変化する。4 族の Ti, Zr, Hf は HCP→BCC の構造変態が生じる。さらに Fe に高圧を加えると BCC から HCP 構造へと変化する。

3.4. 密度 (density)

密度とは物質の**単位体積** (unit volume) あたりの**重量** (weight) である。固体においては、結晶構造がわかり、その充填率 (packing factor) が求められれば、原子 1 個あたりの重さから密度を計算することが可能である。同じ元素であれば、充填率が高い**最密構造** (close-packed structure) ほど密度が高くなる。

また、原子量が増えても、原子核と電子間の引力が増えるため、原子半径そのものは、それほど大きくならないという特徴がある。このため、重い原子ほど密度が大きいという傾向を示す。

密度は、温度によって大きく変化するので、異なる元素の密度を比較する場合には同じ温度の値を示す必要がある。よって、多くの場合 20℃での密度をデータ表に掲げている。金属の中で、唯一 Hg だけが 20℃で液体となるが、密度のデータは、この値を使っている。液体の場合は、形状が自由になるので、適当な容積の容器に入れて重さを測ることで簡単に求めることができる。ただし、固体の場合と違って、構成原子が整然と並んでいるわけではないので、その物理的な意味は必ずしも明確ではない。参考までに、密度の高い元素上位 10 傑を表 3.2 に示す(ただし人工元素は除いている)。

表 3.2 密度の大きい元素

	元素	結晶構造	密度 (g/cm^3) (20℃)
1	$_{77}$Ir	FCC	22.60
1	$_{76}$Os	HCP	22.60
3	$_{78}$Pt	FCC	21.45
4	$_{75}$Re	HCP	21.02
5	$_{79}$Au	FCC	19.32
6	$_{74}$W	BCC	19.30
7	$_{92}$U	orthorhombic	19.05
8	$_{73}$Ta	BCC	16.65
9	$_{80}$Hg	rhombohedral	14.19
10	$_{72}$Hf	HCP	13.31

IrとOsの密度が高いことが知られているが、面白いことに、どちらが一番かについては決着がついていない。また、密度が高い元素はほとんどが、原子番号70番台に集中していることもわかる。さらに、上位はすべて面心立方（FCC）構造か六方最密（HCP）構造のいずれかで、充填率の高い結晶構造をとっていることがわかる。その中で、Wは充填率の低い体心立方（BCC）構造をとるが、7位と上位にランクされている。

それでは、密度の低い金属元素についても調べてみよう。表3.3に金属元素の中で密度が低い元素10傑を示す。

表3.3 密度の低い金属元素

	元素	結晶構造	密度 (g/cm^3) (20℃)
1	3Li	BCC	0.534
2	19K	BCC	0.862
3	11Na	BCC	0.971
4	37Rb	BCC	1.532
5	20Ca	FCC	1.550
6	12Mg	HCP	1.738
7	4Be	HCP	1.848
8	38Sr	FCC	2.630
9	13Al	FCC	2.699
10	21Sc	HCP	2.992

当然のことではあるが、原子番号の小さい元素の密度が低いことがわかる。また、上位はすべてBCC構造である。族としてはアルカリ金属とアルカリ土類金属が小さい。さらに、同じ族では周期表の上のほうが低密度となっている。この表からわかるように、密度が1g/cm^{3}より小さいLi, Na, Kの3金属は水に浮く。

密度の単位としては、SI単位としてkg/m^{3}が推奨されているが、1m^{3}が容積としてあまりに大きすぎ、イメージが沸きにくいので、本書では実用単位としてg/cm^{3}を用いている。

3.5. 抵抗率（resistivity）

固体内の電子の移動しやすさは**電気抵抗**（electric resistance）に反映される。固体に流れる**電流**（electric current）は**オームの法則**（Ohm's law）に従い

$$V = IR$$

という関係にある。ここで V は電圧で単位はボルト（V）、R は電気抵抗で単位はオーム（Ω）、I は電流で単位はアンペア（A）である。

ただし、電気抵抗は断面積（S）および長さ（d）で規格されていないので、固体間の比較を行うには、抵抗を単位面積および単位長さで規格化した抵抗率（resistivity: ρ）を用いる必要がある。ρ は

$$\rho = R\frac{S}{d} = \Omega \frac{\text{cm}^2}{\text{cm}} = \Omega \cdot \text{cm}$$

と与えられ、単位はΩ·cm となる。

3.6. 磁化率（magnetic susceptibility）

　材料の磁性の起源は、電子の運動にある。すべての元素は電子を有しているので、必ず磁気的性質すなわち磁性を有する。材料は大きくは**磁性材料**（magnetic materials）と**非磁性材料**（non-magnetic materials）に分類される。磁性材料とは**強磁性**（ferromagnetism）を示す材料であり、永久磁石材料となる。強磁性材料では、すべての原子の磁気モーメントが同じ方向を向いている。

　一方、非磁性材料は、**反強磁性**（antiferromagnetism）、**常磁性**（paramagnetism）、**反磁性**（diamagnetism）のいずれかの性質を示す。反強磁性体では、隣り合う原子どうしが互いに逆方向に磁化されるため、総体として弱い磁性しか示さない。常磁性体は、磁場の方向と同じ方向に磁化されるが、その磁性は非常に弱い。一方、反磁性体は磁場の方向とは逆方向に磁化されるもので、その磁性の大きさは常磁性よりも弱い。磁気秩序という観点では、強磁性と反強磁性が秩序状態ということになる。

　また、単一元素からなる固体では認められないが、隣りどうしの原子が互いに逆方向に磁化されていても、その大きさが異なるために強い磁性を示す**フェリ磁性**（ferrimagnetism）も存在する。

　ただし、磁性は温度の影響を受けるので、強磁性体であっても温度を上げて、変態点である**キュリー温度**（Curie temperature）以上になれば常磁性となる。よって、温度域についても注意する必要がある。

　材料がどの程度磁性を有しているかは、**磁化率**（magnetic susceptibility）によ

って評価することができる。磁化率は物質に固有の値であるが、温度依存性を有する。よって、通常はある一定の温度で評価される。

ある外部磁場 H の中に、材料を置いたときに、その材料が M に磁化されたとすると M は

$$M = \chi H$$

という比例関係であらわすことができる。この比例定数 χ を磁化率と呼んでいる。反磁性体では、この値が負になり、他の材料では正となる。

磁化率の単位にはいろいろなものが使われる。一般には、磁化の単位 M と磁場の単位 H を同じとして、χ は無次元とする。例えば、SI 単位系では、M と H の単位を A/m として、磁化率は無次元となる。これを体積磁化率と呼んでいる。

ただし、多くのデータ表には cgs 単位系が使われている。cgs 系での無次元の体積磁化率には、emu/cm^3 という慣用の単位を使う場合もある。ここで、emu は electromagnetic unit の略で電磁単位とも呼ばれる。

しかし、物質の磁化率を測定する立場からすれば、体積を正確に求めるのは、それほど簡単ではない。例えば、多孔質材料や粉末試料では、体積測定が実質的に不可能である。よって、より実用的な単位として、単位重さあたりの磁化率を求めることがある。これを質量磁化率と呼んでいる。この磁化率の慣用単位は emu/g である。本書では、元素の磁化率として、この質量磁化率を表示している。ただし、単位としては cm^3/g という変わった単位となっている。

この理由は、体積磁化率 χ が本来は無次元であることに由来している。体積磁化率を質量磁化率（χ_g）に直す作業を慣用単位で行うと

$$\chi_g = \frac{\text{emu}}{\text{g}} = \frac{\text{emu}}{\text{cm}^3}\frac{\text{cm}^3}{\text{g}} = \frac{\chi}{\rho}$$

のように、体積磁化率を密度 ρ = g/cm^3 で除せばよいことがわかる。これを慣用単位ではなく、無次元を使うと質量磁化率は cm^3/g と与えられることになる。

3.7. 比熱 (specific heat)

ある物質に熱（ΔQ）を加えると、その温度は ΔT だけ上昇する。このとき

$$\Delta Q = C \Delta T$$

という比例関係が成立する。このときの比例定数 C を**熱容量**（heat capacity）と呼んでいる。ただし、熱容量は物質の量によって変化する。これに対し、ある物質の単位量の熱容量を**比熱**（specific heat）と呼んでいる。比熱は、物質固有の値となる。比熱は、ある単位量の物質の温度を1℃だけ上昇させるのに必要な熱量と言い換えることもできる。

例えば、1gの水の温度を1℃だけ上昇させるのに1calの熱を必要とする。（calの単位はこのようにして決められた。）よって、水の比熱は1cal/gとなるが、比熱は温度によって変化するので、現在では、1calの定義として純水1gを14.5℃から15.5℃まで1℃上昇させるのに必要な熱量としている。

比熱の単位は、物質の単位量を g, mol にするか、また、熱の単位を cal あるいは J にするかによって異なる。このため、比熱の単位には

$$\mathrm{cal/g \cdot K}, \quad \mathrm{cal/mol \cdot K}, \quad \mathrm{J/g \cdot K}, \quad \mathrm{J/mol \cdot K}$$

などいろいろなものが使われる。比熱の単位として、本書では **J/mol·K** を採用している。つまり、ある元素の1molの温度を1K上昇させるのに、何Jの熱が必要かという単位となっている。もともとJは仕事の単位であり

$$W(\mathrm{J}) = F(\mathrm{N})s(\mathrm{m})$$

のように力 $F(\mathrm{N})$ に移動距離 $s(\mathrm{m})$ をかけたものであるから J = Nm という関係にある。熱の単位である cal と J の間には

$$1\ \mathrm{cal} = 4.189\ \mathrm{J}$$

という関係が成立する。これを**熱の仕事等量**（mechanical equivalent of heat）と呼んでいる。なぜなら、Jは仕事の単位であるが、イギリスの科学者ジュール（J. Joule）によって仕事と熱が等価であることが証明されたため、熱の単位としても使われるようになったからである。また、calは日常でも熱の単位として使われるが、SI単位ではない。SI単位では熱も仕事もJとなる。

また、比熱は一定圧力下で測定した場合と、一定体積下で測定した場合では値が異なる。前者を**定圧比熱**（specific heat under constant pressure）と呼び、通常は C_p という記号を使う。後者は**定積比熱**（specific heat under constant volume）と呼び、C_v という記号を使う。多くの実験は大気圧下、すなわち定圧下で行われることが多く、データ表に載っている比熱の値は定圧比熱となっている。本書でも定圧比熱をデータとして採用している。

3.8. 熱伝導率 (thermal conductivity)

　物質を熱が伝わる速度は、温度勾配の大きさ（$\Delta T/\Delta x$）と、物質固有の性質である熱伝導率（σ_T）によって決まる。ここで、単位面積を通って、単位時間に流れる熱の大きさを熱流束 q とすると、q は固体の断面積を A、熱の流れる時間を Δt とすると

$$q = \frac{\Delta Q}{A \Delta t} = \sigma_T \frac{\Delta T}{\Delta x}$$

とあらわすことができる。よって、熱伝導率の単位は

$$\frac{\Delta Q(\mathrm{J})}{A(\mathrm{m}^2)\Delta t(\mathrm{s})} = \sigma_T \frac{\Delta T(\mathrm{K})}{\Delta x(\mathrm{m})}$$

より

$$\sigma_T = \frac{\mathrm{J}}{\mathrm{m}^2 \cdot \mathrm{s}} \frac{\mathrm{m}}{\mathrm{K}} = \frac{\mathrm{W}}{\mathrm{m} \cdot \mathrm{K}}$$

となる。

3.9. 原子半径 (atomic radius)

3.9.1 原子半径

　原子の大きさはどの程度なのであろうか。これは、単に興味という対象だけではなく、実用的にも重要な情報である。ところで、原子の大きさを直接測定する方法があればいちばん簡単であるが、残念ながらわれわれには、その道具がない。また、イメージとして原子は球のようなしっかりしたかたちを持っていると考えがちだが、量子力学によれば電子は確率的に分布しているため、電子軌道に明確な境界があるわけではない。
　また、原子が単独で安定な状態なのは希ガス元素だけである。この意味では、原子単体の大きさを直接測れるのは希ガス元素だけであるが、希ガス原子を 1 個だけ取り出して直接測定する方法はない。
　希ガス以外の元素は、2 原子分子あるいは、他の元素との化合物をつくる。こ

のとき、原子の大きさはどのような結合形態（共有結合、イオン結合、金属結合など）をとるかによって大きく変化するのである。

3.9.2. 金属結合半径

　この中で、原子半径が比較的簡単に求められるのが金属である。金属は、金属原子がある規則性をもって配列されている。このとき、3.3節で紹介したように、元素の種類によって六方最密構造（HCP）、面心立方構造（FCC）、体心立方構造（BCC）などの構造をとる。これらの構造では、X線回折（X-ray diffraction）などの手法によって結晶の格子定数（lattice constant）を測定することができるが、格子定数がわかれば、それを足がかりにして原子1個あたりが占める大きさを決めることができる。この大きさを金属半径あるいは金属結合半径と呼んでいる。例として、Feの原子半径を、この方法で計算してみよう。

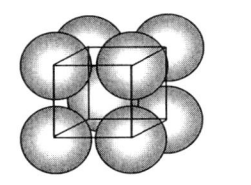

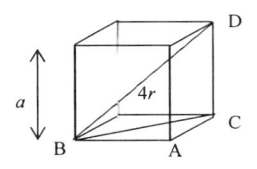

図3.8　BCC構造と、格子定数と原子半径の関係

　Feは常温では図3.8に示したようなBCC構造をとる。ここで、格子定数をaとし、原子半径をrとすると、一辺aの立方体の対角線BDの長さが$4r$となる。すると

$$BC^2 = AB^2 + AC^2 = a^2 + a^2 = 2a^2$$
$$BD^2 = BC^2 + CD^2 = 2a^2 + a^2 = 3a^2$$

であるから

$$(4r)^2 = 3a^2 \qquad r = \frac{\sqrt{3}}{4}a$$

となって、格子定数から原子半径を計算することができる。BCC鉄の格子定数は2.87Åであるから

第 3 章　元素の性質と単位

$$r = \frac{\sqrt{3}}{4}a = \frac{1.732 \times 2.87}{4} = 1.24$$

となって、Fe の金属結合半径は 1.24Å と与えられる。このように、金属結合半径は、格子定数を実測することによって、間接的に計算で与えられる。

　同じ種類の元素でも、温度域によって結晶構造が変化する場合がある。すると配位数（coordination number：z）が異なるため、金属結合半径も異なってくる。ここで、HCP と FCC では配位数が $z=12$ であり、BCC では配位数が $z=8$ である。同じ原子では、$z=12$ のほうが $z=8$ の場合よりも原子半径が大きくなる。それを実際に確かめてみよう。

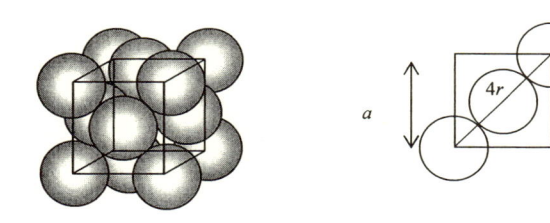

図 3.9　FCC 構造と、格子定数と原子半径の関係

　Fe は 910℃以上の高温では図 3.9 のような FCC 構造をとる。このとき、格子定数と原子半径の間には

$$(4r)^2 = a^2 + a^2 = 2a^2 \qquad r = \frac{\sqrt{2}}{4}a$$

という関係がある。
　ここで、FCC 鉄の格子定数は 3.59Å であるから、原子半径は

$$r = \frac{\sqrt{2}}{4}a = \frac{1.4142 \times 3.59}{4} = 2.54$$

となって 2.54Å となる。主な金属の常温における金属結合半径を表 3.4 に示す。

表 3.4 金属結合半径(Å)

Li 1.57	Be 1.12											
Na 1.91	Mg 1.6	Al 1.43										
K 2.35	Ca 1.97	Sc 1.64	Ti 1.47	V 1.35	Cr 1.29	Mn 1.37	Fe 1.24	Co 1.25	Ni 1.25	Cu 1.28	Zn 1.37	Ga 1.53
Rb 2.5	Sr 2.15	Y 1.82	Zr 1.6	Nb 1.47	Mo 1.4	Tc 1.35	Ru 1.34	Rh 1.34	Pd 1.37	Ag 1.44	Cd 1.52	In 1.67
Cs 2.72	Ba 2.24	La 1.88	Hf 1.59	Ta 1.47	W 1.41	Re 1.37	Os 1.35	Ir 1.36	Pt 1.39	Au 1.44	Hg 1.55	Tl 1.71

(続き: Sn 1.58, Sb 1.61 / Pb 1.75, Bi 1.82)

3.9.3. 共有結合半径

多くの非金属元素は共有結合を行う。例えば、ハロゲン元素、酸素、窒素は 2 原子分子を構成するが、これら元素では、それぞれの原子が電子を共有することで結合している。金属結合においても、各原子が供出した電子を共有しているが、金属の場合は、すべての原子が電子を共有している。これに対し、非金属元素の共有結合では、例えば 2 原子分子の場合には、分子を構成している 2 個の原子だけが電子を共有することになる。つまり、共有電子対は、共有結合をしている原子の間に局所化していることになる。

原子が共有結合をしたときの、原子核間距離の 1/2 を共有結合半径と呼んでいる。共有結合は非常に強固な結合であるため、共有結合した 2 原子分子は非常に安定であり、いったん分子を形成すると凝集しにくい。ハロゲン元素の 2 原子分子や酸素分子、窒素分子の融点が低いのは、この理由による。

共有結合でネットワークをつくることができるのは、結合手が 4 個ある C である。この場合、正四面体構造をとることで立体的に拡がることができる。これがダイヤモンドである。この場合、ダイヤモンド 1 個が巨大分子を形成しているとみなすこともできる。ダイヤモンドは、共有結合が構成原子間で張り巡らされているため、あらゆる元素の中で最も融点が高い。

3.9.4. イオン半径

原子は最外殻電子の数が 2 個または 8 個のときに安定となる。希ガス構造がこれに相当する。このため、最外殻電子の数が 8 個ではない元素は、電子を放出したり、電子を外部から奪って、安定な電子配置をとる傾向がある。ただし、電子配置は安定となるものの、原子核の正電荷と電子の負電荷にアンバランス

が生じて、電荷を持つようになる。これがイオンである。

正に帯電したイオンと、負に帯電したイオンはクーロン引力で互いに引き合って結合することができる。これがイオン結合である。

元素によっては、多くの電荷を有することができるが、当然ながら、イオン半径は、電荷の数によって変化する。一般的傾向としては、負イオンは、電子をもらうため、軌道半径が大きくなるので、もとの原子半径よりも大きくなる。そして、同じ元素であれば、価数が大きいほどイオン半径が大きくなる。

一方、陽イオンは、電子を放出するため、もとの原子半径より小さくなる。また、同じ元素であれば、価数が大きいほどイオン半径は小さくなる。

3.9.5. ファンデルワールス半径

酸素気体や窒素気体は2原子間の共有結合で強固に結合しているために、その構造が非常に安定であるという説明をした。しかし、酸素気体や窒素気体も温度を下げたり、圧縮していくと、しだいに凝集して液体、固体へと変化していく。

これは、分子間そのものに引力が働くことを示している。分子間に働く引力のことを分子間力あるいはファンデルワールス力（Van del Waals force）と呼んでいる。ファンデルワールス力は、それほど大きくはない。例えば、共有結合のエネルギーが 200～1000 kJ/mol、イオン結合の結合エネルギーが 160～480 kJ/mol 程度であるのに対し、ファンデルワールス力の結合エネルギーは 4～80 kJ/mol 程度にすぎない。また、ファンデルワールス力は、分子間の距離が近づいたときのみに働き、距離の増加とともに急激に減衰する。

すでに、紹介したように希ガス元素は、電子配置が安定な構造をとるため、原子1個で安定であり、1原子分子となる。ただし、希ガス元素でも温度を低下させると He 以外は常圧で固体となる。これはファンデルワールス力によるものと考えられ、このような結合をファンデルワールス結合と呼んでいる。元素がファンデルワールス力によって結合して固体を形成したときの原子半径をファンデルワールス半径と呼んでいる。

3.10. クラーク数 （Clarke number）

クラーク数とは、地球の表面近くに存在する元素の割合を重量パーセントで表したものである。表 3.5 に元素のクラーク数を掲げた。ここで言う「地球の表面近く」とは、大気、海水を代表する水圏を含む地球（半径 6400km）の表面部

分で、地球の全質量の約 0.7% に相当する地殻のことを指す。つまり、人類が利用可能な位置に存在する元素の量を推定していると考えてよい。クラーク数という名称は、この存在量の推定がクラーク（F. W. Clarke）によってなされたことからつけられた。

表 3.5 元素のクラーク数と順位

順位	元素	クラーク数	順位	元素	クラーク数	順位	元素	クラーク数
1	^{8}O	49.5	31	^{30}Zn	4×10^{-3}	61	^{51}Sb	5×10^{-5}
2	^{14}Si	25.8	32	^{39}Y	3×10^{-3}	62	^{48}Cd	5×10^{-5}
3	^{13}Al	7.56	33	^{60}Nd	2.2×10^{-3}	63	^{81}Tl	3×10^{-5}
4	^{26}Fe	4.7	34	^{41}Nb	2×10^{-3}	64	^{53}I	3×10^{-5}
5	^{20}Ca	3.39	35	^{57}La	1.8×10^{-3}	65	^{80}Hg	2×10^{-5}
6	^{11}Na	2.63	36	^{82}Pb	1.5×10^{-3}	66	^{69}Tm	2×10^{-5}
7	^{19}K	2.4	37	^{42}Mo	1.3×10^{-3}	67	^{83}Bi	2×10^{-5}
8	^{12}Mg	1.93	38	^{90}Th	1.2×10^{-3}	68	^{49}In	1×10^{-5}
9	^{1}H	0.87	39	^{31}Ga	1×10^{-3}	69	^{47}Ag	1×10^{-5}
10	^{22}Ti	0.46	40	^{73}Ta	1×10^{-3}	70	^{34}Se	1×10^{-5}
11	^{17}Cl	0.19	41	^{5}B	1×10^{-3}	71	^{46}Pd	1×10^{-6}
12	^{25}Mn	0.09	42	^{55}Cs	7×10^{-4}	72	^{2}He	8×10^{-7}
13	^{15}P	0.08	43	^{32}Ge	6.5×10^{-4}	73	^{44}Ru	5×10^{-7}
14	^{6}C	0.08	44	^{62}Sm	6×10^{-4}	74	^{78}Pt	5×10^{-7}
15	^{16}S	0.03	45	^{64}Gd	6×10^{-4}	75	^{79}Au	5×10^{-7}
16	^{7}N	0.03	46	^{35}Br	6×10^{-4}	76	^{10}Ne	5×10^{-7}
17	^{9}F	0.03	47	^{4}Be	6×10^{-4}	77	^{76}Os	3×10^{-7}
18	^{37}Rb	0.03	48	^{59}Pr	5×10^{-4}	78	^{52}Te	2×10^{-7}
19	^{56}Ba	0.023	49	^{33}As	5×10^{-4}	79	^{45}Rh	1×10^{-7}
20	^{40}Zr	0.02	50	^{21}Sc	5×10^{-4}	80	^{77}Ir	1×10^{-7}
21	^{24}Cr	0.02	51	^{72}Hf	4×10^{-4}	81	^{75}Re	1×10^{-7}
22	^{38}Sr	0.02	52	^{66}Dy	4×10^{-4}	82	^{36}Kr	2×10^{-8}
23	^{23}V	0.015	53	^{92}U	4×10^{-4}	83	^{54}Xe	3×10^{-9}
24	^{28}Ni	0.01	54	^{18}Ar	3.5×10^{-4}	84	^{88}Ra	1.4×10^{-10}
25	^{29}Cu	0.01	55	^{70}Yb	2.5×10^{-4}	85	^{91}Pa	9×10^{-11}
26	^{74}W	6×10^{-3}	56	^{68}Er	2×10^{-4}	86	^{89}Ac	4×10^{-14}
27	^{3}Li	6×10^{-3}	57	^{67}Ho	1×10^{-4}	87	^{84}Po	4×10^{-14}
28	^{58}Ce	4.5×10^{-3}	58	^{63}Eu	1×10^{-4}	88	^{86}Rn	1×10^{-15}
29	^{27}Co	4×10^{-3}	59	^{65}Tb	8×10^{-5}	89	^{93}Np	1×10^{-18}
30	^{50}Sn	4×10^{-3}	60	^{71}Lu	7×10^{-5}	90	^{94}Pu	1×10^{-18}

クラーク数の数値は、元素の全存在量の質量%に相当する。この表からわかるように、地殻中で最も存在量の多い元素は O であり、地球表面の質量の 49.5% を占めている。つぎに多い元素は Si で 25.8% もある。Pt や Au は、価格が非常に高いが、その要因として、耐食性の高さや見た目の美しさという価値だけではなく、その存在量が 74 番目、75 番目と非常に少ないという希少価値も加味されていることがクラーク数から読み取れる。また、Al や Fe が工業社会の中で広く使用されている理由として、加工のしやすさやリサイクル性なども挙げられるが、クラーク数がそれぞれ 3 位と 4 位に位置し、資源として豊富だということも重要な要因となっていることがわかる。

ただし、クラーク数はあくまでも推定値であり、実測した値ではない。このため、新たなデータがえられれば、これら数値は変動する可能性があることも理解しておく必要がある。

3.11. 同位体（isotope）

原子番号が同じで、中性子数の異なる元素、つまり質量数の異なる元素を同位体と呼んでいる。同位体は化学的性質がよく似ており、周期表上では同じ場所に位置する。isotope はギリシャ語の isos（同じ）と topos（場所）に由来している。

同位体には安定な同位体と、不安定な**放射性同位体**（radioactive isotope）がある。放射性同位体のことを radioisotope と英語で称することがあるが、日本語でも、それをそのまま使ってラジオアイソトープと呼ぶこともある。あるいは、略して RI という記号を使う。放射性同位体には、自然に存在する**天然放射性同位体**（natural radioactive isotope）と、元素に中性子などを照射することで人工的に造られた**人工放射性同位体**（artificial radioactive isotope）がある。ただし、天然放射性同位体といっても未来永劫、安定なわけではなく、放射線を放出しながら、しだいに分解していく運命にある。放射性元素が発見されたのは 100 年ほど前であるが、それまでに地球上から消えてしまった放射性元素もあると考えられている。放射性元素の寿命は、よく**半減期**（half life time）という指標で示される。半減期とは、放射性元素の数が半分まで減るのに要する年月のことである。よって、半減期が長いほど長寿命の放射性元素ということになる。

同一元素の安定同位体の数には限度があり、原子番号が奇数の元素の場合には 2 以下である。自然に存在する元素では、同位体の割合は地球上の至るところで常に一定であるので、同位体の存在比率をもとに算出された原子質量も一

定であると考えられる。本書では、データとして安定同位体のみ示しているが、重要な放射性同位体については、適宜、文章中で説明している。

3.12. 同素体（allotrope）

同じ単一元素からできていながら性質の異なる単体を同素体と呼んでいる。例えば、同じ酸素原子からできているが、O_2 と O_3 は異なった性質を示す。後者をオゾンと呼んでいる。また、炭素原子からできているが、ダイヤモンドと黒鉛とフラーレンは互いに異なる結晶構造を有し、性質も大きく異なる。

同素体を有する元素は SCOP（スコップ）で覚えるよう習った記憶がある。つまり、硫黄、炭素、酸素、リンが同素体を形成する元素の代表である。これら元素の特徴は、結合手が複数で非金属の軽元素であることである。

3.13. 音速 （sound velocity）

音波（広義には弾性波）が物質中を単位時間内に伝わる距離を音速と呼んでいる。音速は物質に固有の物質定数である。ただし、音速は温度、圧力などによって変化する。大気中を音が伝わる速さは約 340 m/s とされているが、実際には温度 t(℃)における音速は $v = 331.4 + 0.604\,t$ と与えられる。本書で示している音速のデータは大気圧下で 20℃ での値である。

3.14. モース硬度（Mohs hardness）

鉱物の硬度を物質に対応させて 10 段階の番号で表した指標である。モース硬度ではダイヤモンドが 10、コランダムが 9、黄玉が 8、水晶を 7、正長石を 6、リン灰石を 5、蛍石を 4、方解石を 3、石膏を 2、滑石を 1 としている。

第4章　元素の性質

　本章では、原子番号の小さい方から順に、現在存在が確認されているすべての元素について、その発見の経緯と、命名された由来、元素の代表的性質の解説と各種物性値（原子量、融点、沸点、密度など）をまとめた。また、元素およびその化合物が現在どのような分野で応用されているかについても紹介している。

　周期表に関する全体の流れは1章と2章で概説した。すべての元素は典型元素あるいは遷移元素のいずれかに分類されること、そして、族として化学的性質が似ているのは典型元素であること、また、遷移元素はdおよびf電子のエネルギー準位と、それよりも主量子数の大きいs軌道とのエネルギー準位の逆転現象に由来すること、また、遷移元素の最外殻電子はs電子であり、その結果、すべての遷移元素は金属元素となることなどを説明してきた。

　本章では、各論として、それぞれの元素にまつわるトピックスや特徴を紹介する。ここで紹介する物性や、その物性の単位については、第3章にまとめてあるので、適宜必要と思われるときに参照していただきたい。

　科学的には、元素の性質は周期表の順に沿って系統的に分類できるが、人類が元素とどのように関わってきたかという歴史は、必ずしも周期表のように整然としたものではない。多くの人間のドラマが存在する。そのすべてについて、ここで紹介できるわけではないが、その一端についてもできるだけ触れたつもりである。そして、元素発見などに関わった研究者のエピソードをコラムとして紹介している。元素にまつわる登場人物をすべて紹介できればよいのであるが、紙面の関係で何人かに限定せざるをえなかった。さらに、トピックスやコラムで説明が必要と思われる専門用語についても紹介している。

　また、蛇足と思われるかもしれないが、教授のコメントとして、元素についての私的なコメントも載せている。ひとりの材料研究者が、どのように元素と関わってきたか、また、どのような感想を持っているかという観点で気軽に読んでいただければ幸甚である。必ずしも科学的ではないコメントが多いかもしれないが、それもまた一興かと思う。

　本来であれば、本章は元素事典的な意味合いを持った章ではあるが、ある程度読み物的な要素も含んでいる。これはゼミ形式で、多くの人間が集まって本書をまとめたという経緯にもよることを付記しておく。

₁H

水素　hydrogen [háidrədʒən]「ハィドルジュン」

❏由来❏

ギリシャ語で hydro は英語と同様に水という意味を持っている。ギリシャ語で genno はつくる（素）という意味、よって、水の素というのがその語源である。日本語でも水の素と書いて水素と呼ぶ。

1766 年にイギリスの科学者キャベンディッシュ（H. Cavendish）が、水素の単離に成功し、新元素と確認した。1781 年に水素を燃焼すると水になることをキャベンディッシュが証明している。

❏性質❏

周期表の第 1 周期の 1 族（旧分類では IA 族）に属し、あらゆる元素の中で最も単純な構造をした原子である。原子核に中性子がなく陽子だけからできている。常温では無色無臭の気体であり、分子構造は H_2 である。非常に燃えやすく、多くの金属、非金属と化合物を形成する。比重は 0.0899 と最も小さい。

宇宙のはじまりの頃は、そのほとんどが水素原子で埋めつくされていたと考えられている。現在でも、原子の数では宇宙の 80%を占めるといわれている（下表参照）。ところが、地球の大気中には水素ガスとしては 1ppm しか存在せず、大部分は水（H_2O）のかたちで存在している。

しかし、この単純な構造をした水素が、すぐれものである。われわれのまわりには水を代表として、人間にはなくてはならない化合物の多くに水素が含まれている。逆の視点でみれば、構造が単純だからこそ融通を利かせやすいのかもしれない。

電子配置：$1s^1$ ❖ 原子量：1.0079 ❖ 融点：−259.3℃ ❖ 沸点：−252.8℃❖密度：0.08987 g/cm³（0℃）❖ 磁化率：-1.97×10^{-6} cm³/g ❖ 比熱：14.3 J/mol·K ❖ 熱伝導率：0.1815 W/m·K ❖ 共有結合半径：0.37Å ❖ イオン半径：〜0 Å（H^+）❖ 安定同位体および存在比：^1H：99.985%、　^2H：0.015%

宇宙における元素の存在比 (%)

H	80.9	Fe	0.018	Al	0.0006
He	18.9	Si	0.007	Ca	0.0004
O	0.11	Mg	0.006	Na	0.0003
N	0.054	S	0.002	Cl	0.0002
C	0.02	Ni	0.001		

❑用途❑

最も軽い元素であるので、気球用ガスとして用いられる。かつて、ドイツが飛行船用の気球として用いたことがある。ところが、水素ガスは酸素と激しい反応を起こす。このため飛行船ヒンデンブルグ号が爆発を起こし、大惨事を招いた。この事故以降水素ガスは飛行船には使われなくなった。現在、気球用ガスとしては、水素のつぎに軽いヘリウムが用いられる。

水素の応用で、現在最も注目を集めているのが水素を燃料として使う用途である。水素は

$$2H_2 + O_2 \rightarrow 2H_2O$$

という酸素との化学反応によって水を生成する。この反応は発熱反応であるので、燃料に使うことができる。例えば、ロケットの液体燃料は、液体水素と液体酸素を反応させる方法をとっている。

また、この反応を利用した家庭用の電源をつくるという研究もさかんに行われている。この電源は、**燃料電池**（fuel cell）と呼ばれており、貯蔵した水素を空気中の酸素と反応させることで発電を行う。

❑トピックス１❑――水素イオン：はだかの陽子

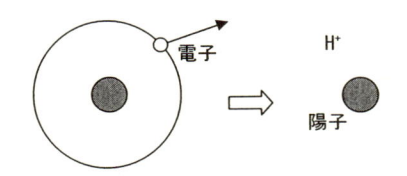

水素原子から電子を１個取り除いたものが水素イオン（H^+）である。このイオンは図に示したように陽子がたった１個だけの構造となる。よってプロトン（proton）とも呼ばれる。プロトンは陽子の英語名である。

たった１個の陽子しかない構造は、とても心もとない気がする。他の元素ではイオンといっても原子核のまわりに電子が複数個存在している。はだかの原子核で、しかも中性子のない陽子だけで安定なのかという疑問が湧くが、ご存知のようにH^+は大活躍する。私たちが水溶液を味見したときに酸っぱいと感じるのはH^+の濃度が高いときである。酸性とアルカリ性を示すpH（ペーハーあるいはピーエイチ）とは、溶液中の水素イオン濃度の指数の逆数である。

$$pH = -\log[H^+]$$

❏トピックス２❏――水素の同位体の名称

水素の同位体には、自然界に存在する ^2H と自然界には存在しない ^3H がある。それぞれ重水素、三重水素と呼ばれている。

重水素　質量数 2　原子核に陽子が 1 個と中性子 1 個

英語名にちなんで**ジューテリウム**（deuterium[djuːtíəriəm]）とも呼ばれる。記号は ^2H あるいは D と表記する。D_2O を**重水**（heavy water）と呼んでいる。これに対して、一般の H_2O を**軽水**（light water）と呼ぶこともある。

三重水素　質量数 3　原子核に陽子が 1 個と中性子 2 個

英語名にちなんで**トリチウム**（tritium [trítiəm]）とも呼ばれる。記号は ^3H あるいは T である。三重水素の原子核はトリトン（triton [tráitɑn]）と呼ばれる。海王星の第 1 衛星のことを Triton とも呼ぶ。トリトンという名は、ギリシャ神話のポセイドン（Poseidon）の子に由来している。

∞教授のコメント１

水素原子は、陽子 1 個と電子 1 個しかない。すべての元素の中で、中性子がない唯一の元素である。（もちろん、中性子のある重水素という同位体はあるが。）あらゆる原子の中で、もっとも単純な構造をしているにもかかわらず、21 世紀のエネルギー問題を解決する救世主といわれている。それは、水素が燃料として非常に優れているからである。

∞教授のコメント２

もし高圧をかけて水素が金属になれば室温で超伝導になるといわれている。木星には磁場があるが、その深部では高圧状態となっており、水素が金属化している可能性が指摘されている。木星は大きな超伝導磁石かもしれない。

✻コラム✻超伝導

超伝導（superconductivity）とは物質の電気抵抗が完全にゼロになる現象である。1911 年にオランダのオンネス（H. Kamerlingh Onnes）が水銀（Hg）の電気抵抗の温度依存性を測定する過程で偶然発見した物理現象である。電気抵抗がゼロになるのは、電子が 2 個対をつくり、対としての運動にエネルギー損失がなくなるためである。よって、通常のオームの法則の延長では理解できない現象である。**量子力学**（quantum mechanics）の誕生によって、はじめて、その機構が解明された。

₂He

ヘリウム helium [híːliəm] 「ヒーリウム」

❑由来❑
1868年にインドで日食が観察された際に、フランスのジャンセン（P. Janssen）が太陽光線をスペクトル分析して、地球にはない元素のスペクトルを見出し、新しい元素の存在を予言した。イギリスのロッキャー（N. Lockyer）とフランクランド（E. Frankland）も、同時期にその存在を予言し、ギリシャ語で太陽神をヘリオス（helios）と呼ぶことから、この元素をヘリウムと命名した。1895年にラムゼー（W. Ramsay）がウラン鉱石の中にヘリウムが存在することを確認し、地球にも存在することが明らかとなった。1907年にラザフォード（E. Rutherford）とロイズ（T. Royds）は**アルファ粒子**（α particle）が**ヘリウムの原子核**であることを発見した。1908年にはオンネス（H. Kamerlingh Onnes）がヘリウムの液化にはじめて成功する。

❑性質❑
周期表の第1周期、18族（旧分類では0族）の希ガス元素に属する非金属元素である。希ガスの中で最も軽い。単体は**一原子分子**（monatomic molecule）であり無色無臭の気体で、化学的に不活性である。すべての元素の中で沸点が最も低く、常圧では絶対零度でも凍らない。宇宙での存在量は、水素についで2番目に多いが、地球では希少元素であり、天然ガスとともに産出する。アポロ計画のときは、戦略物資に指定されて、一般用途が制限されたこともある。

同位体として、原子核の中性子の数が1個の ^{3}He が存在する。質量数4のヘリウムをヘリウム4と呼ぶのに対し、質量数3の同位体はヘリウム3（「さん」あるいは「スリー」と発音）と呼んでいる。

電子配置：$2s^2$ ❖ 原子量：4.006 ❖ 融点：常圧下では固体にならない ❖ 沸点：−268.9℃ ❖ 密度：0.1785 g/cm³ (0℃) ❖ 熱伝導率：0.125 W/m·K ❖ 比熱 20.8 J/mol·K ❖ 原子半径（ファンデルワールス半径）：1.4Å ❖ 安定同位体および存在比：^{4}He：99.9999%、 ^{3}He：0.0001%

❑用途❑
水素のつぎに軽い元素であるので、飛行船や気球などに充填するガスとして使われる。祭りの屋台でも風船に入れて子供用に売られている（写真）。うっかり糸を離すと空中に飛んでいってしまう。水素は爆発性があるが、Heは不燃性

（化学的に不活性）であるので安全である。

最近では、ヘリウムガスを吸いこんで声を出すと、変な音になることでも知られている。これは、ヘリウムの密度が空気よりはるかに小さく、声（音波）の周波数が上がるためである。

血液に対する溶解度が窒素よりも低いため、医療用にも使われる。また、ダイビング用の酸素ボンベの充填ガスとしても利用される。

工業的には、沸点が 4.2K（−268.9℃）の液体ヘリウムは代表的な冷媒である。現在の超伝導応用の中心的存在である。病院で普及している MRI（Magnetic resonance imager：磁気断層撮影装置）や**磁気浮上列車**（magnetically levitated train；maglev）（左の写真）の浮上に使われる**超伝導マグネット**（superconducting magnet）は**液体ヘリウム**（liquid helium）で冷却されている。

同位体のヘリウム 3（^{3}He）は天然にはごくわずかしか存在しないので、原子炉をつかって人工的に製造される。このため、非常に高価であるが、極低温をえる場合に必要となるので工業的にも利用されている。

ヘリュームボンベ付きで、手軽に膨らませます。

❏トピックス❏——唯一凍らない液体の不思議

あらゆる元素の中で、唯一ヘリウムだけが（常圧では）絶対零度でも固体にならない。つまり融点（凝固点）が存在しない。

この事実が、いまだに反対論者の多い**量子力学**（quantum mechanics）の正当性を証明するものだと主張するひともいる。量子力学では、**不確定性原理**（uncertainty principle）と呼ばれる（一般常識では受け入れがたい）原理が存在する。この原理によると、ミクロ粒子の位置（x）と、その運動量（p）を正確に決めることができず

$$\Delta x \cdot \Delta p \geq \frac{h}{4\pi} \left(= \frac{\hbar}{2} \right)$$

だけの不確定性が存在するとされている。ただし、h は**プランク定数**（Planck's constant）である。この不等式が正しいとすれば、絶対零度でも原子は完全に停止しないでΔxだけのゼロ点振動をしていると考えられる。

第4章　元素の性質

ヘリウムは不活性元素であり、原子間の相互作用（つまり凝集力）が非常に弱いため、このゼロ点振動の影響で、絶対零度であっても固体にならないものと考えられている。つまり、ヘリウムが凍らないのは、量子力学の不確定性原理に基づくものであり、このため、液体ヘリウムのことを**量子液体**（quantum liquid）と呼ぶこともある。ただし、高圧下ではヘリウム原子どうしの凝集力が増すので、固体をつくることができる。1926年に、ケーソン（W. H. Kessom）が **15K 以下**で **100MPa** という高圧をかけることでヘリウムの固化に成功している。

◎教授のコメント

1986年までは、超伝導といえば液体ヘリウムで冷却というのが相場であった。しかし、ヘリウムは、米国産の天然ガスの中にわずかにしか含まれていないので、資源的にも希少であり、非常に高価である。しかも、その沸点が絶対温度で 4.2K と非常に低いので、取り扱いが難しい。

その移送には、魔法瓶の構造をしたトランスファーチューブを使うが、うっかりしているとパイプを凍らしてしまう。チューブの気体を完全にヘリウムガスで置換しないと、中の気体が凍って詰まってしまうのである。長い時間をかけて準備した実験も中止せざるをえないうえ、用意した液体ヘリウム（当時は 1ℓ あたり 2,000円もした）が無駄になる。

1980年代に、金属材料技術研究所に国内留学をしていたときのことである。液体ヘリウムを使った実験は高価であるから、測定日を決めて、大勢が一度に実験を行った。測定そのもののスピードもさることながら、多くの人間が列をなして自分の実験の順番を待ち構えるという光景は今でも忘れることができない。ありがたいことに、いまでは、安価な液体窒素で超伝導が実現できるようになった。

✻コラム✻高温超伝導（high temperature superconductivity）

超伝導状態では電気抵抗が完全にゼロとなるので、エネルギー損失がない。このため、多くの産業応用が提案され、一部実用化もされている。また、金、銀、銅などいくつかの例外を除いて、ほとんどの金属が超伝導を示すことも確認されている。

しかし、問題は超伝導状態がえられる温度である。1986年までは、極低温でしか超伝導が実現できなかったため、高価で取り扱いの難しい液体ヘリウムを冷媒として用いる必要があった。しかし、ベドノルツ（J. G. Bednorz）とミュラー（K. A. Müller）のふたりが La-Ba-Cu-O という酸化物が高温で超伝導を示すことを発表してから、世界的な研究が進み、現在では液体窒素温度で超伝導が実現できるようになっている。

₃Li

リチウム Lithium [líθiəm]「リシウム」

❑由来❑

スウェーデンの科学者アルフェドソン（J. A. Arfvedson）が1817年にペタル石（$LiAlSi_4O_{10}$）から新元素として発見した。また、アルフェドソンはリチア輝石やウロコ雲母にもLiが存在していることを確かめた。鉱物界に広く存在する。Liは鉱物から発見されたので、ギリシャ語で「石」を示す"lithos"にちなんでLithiumと名づけられた。

❑性質❑

周期表の第2周期1族（旧分類ではIA族）のアルカリ金属元素である。存在量は、地球上ではNaの1/500程度しかなく、宇宙存在量もSiの1/1000にすぎない希少金属である。Liは、すべての金属の中で一番軽く、水に浮く。また、原子半径やイオン半径が小さいために、アルカリ金属のなかでも特異な性質を有する。イオン半径はMg^{2+}のイオン半径と値が似ており、両者はよく似た性質を示す。同位体としては、中性子の数が4の^7Liと3の^6Liが存在する。^6Liは、**核融合**（nulcear fusion）の燃料資源として注目されている。

電子配置：$[He]2s^1$ ❖ 原子量：6.941 ❖ 融点：180.5℃ ❖ 沸点：1347℃ ❖ 密度：0.534 g/cm³（20℃）❖ 磁化率：$4.9×10^{-6}$ cm³/g ❖ 抵抗率：4.6μΩcm（20℃）❖ 熱伝導率：76.8 W/m·K（20℃）❖ 比熱：25.07 J/mol·K ❖ ヤング率：$1.17×10^{10}$ N/m² ❖ 音速：6000 m/s（20℃）❖ 金属結合半径：1.52Å ❖ 共有結合半径：1.22Å ❖ イオン半径：0.7 Å（Li^+）❖ 安定同位体および存在比：^7Li: 92.5%、 ^6Li: 7.5%

❑用途❑

Liは**イオン化傾向**（ionization tendency）が大きいので、負極に使用すると3V近い起電力がえられる。これを利用したのが**リチウム電池**（lithium battery）である（写真）。水と反応するため、電解液には有機溶媒を、また電解質には固体電解質などの非水性のものを用いる。また、軽い元素なのでエネルギー密度が非常に高く、単位体積あたりに蓄積できるエネルギーはニッケル-水素電池の2倍近くになる。

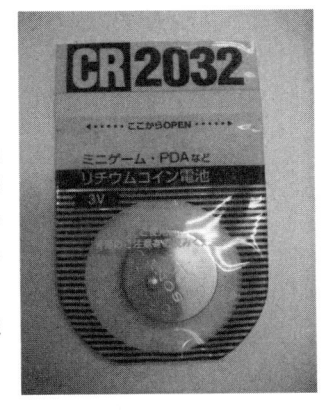

さらに、最近では充放電が可能なリチウム2次電池（右図）も開発されている。充放電が可能であるから、パソコンや携帯電話用の電池として急速に普及している。この電池では、負極にグラファイト、正極に $LiCoO_2$ を用いている。両極の物質はいずれも層状構造を有しており、Li^+ イオンのインターカレーション*を利用して充放電が可能となる。

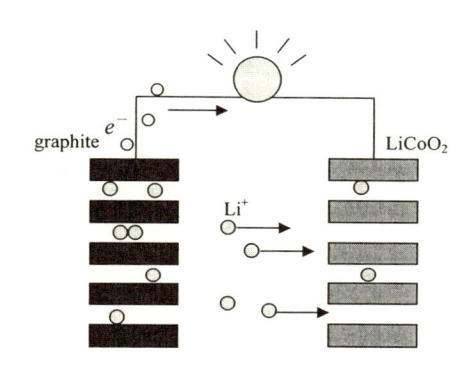

---

* **インターカレーション**（intercalation）とは層状物質の層間に電子を授受できる電子供与体あるいは電子受容体が挿入される現象である。層状物質の層間はファンデルワールス力などの弱い力で結合しており、電子供与体や受容体は、層を形成している物質と電子の授受を行うことで、層間に侵入することができる。同様に、層から抜け出すこともできる。リチウム電池では、Li がグラファイトの層から抜け出るときに電子が放出され、これを電流として外部に取り出すことができる。逆電圧を加えると、Li は再びグラファイトの層間に侵入する。これが充電に対応する。

ちなみに、放電しかできない電池を **1次電池**（primary battery）、充放電が可能な電池を **2次電池**（secondary battery）と呼んでいる。Li を負極に使うものは1次電池である。

∽教授のコメント

リチウムは希少金属であるが、リチウム電池の大ヒットでその需要が拡大している。実は、リチウムは海水の中にかなりの量が埋蔵されている。そこで、超伝導磁石の強力な磁場を利用した**磁気分離**（magnetic separation）でリチウムを海水から回収できないかという話を、ある企業から持ちかけられた。同時にウランも分離できれば大もうけができるという。残念ながら、全体の埋蔵量が多くとも、その単位体積あたりの含有量が少なすぎるため、工業生産には適さないことがわかった。海から資源を取り出そうという研究は、リチウムやウランに限らず、重水素やマンガン団塊など山のようにある。確かに、海は海産物だけでなく、鉱物資源という観点からも魅力のある場ではある。

₄Be

ベリリウム beryllium [bəríliəm]「ブリリウム」

❏由来❏

1828 年にはじめて単離された。緑柱石（3BeO・Al$_2$O$_3$・6SiO$_2$）の成分として天然に存在するので、緑柱石（ベリル: beryl）にちなんでドイツのクラプロート（M. H. Klaproth）がベリリウムと命名した。

❏性質❏

周期表の第 2 周期 2 族（旧分類では IIA 族）のアルカリ土類金属に分類される。ただし、カルシウムとは性質が大きく異なるためアルカリ土類金属に分類しないこともある。銀白色の金属で、空気中では表面に酸化被膜が形成され安定である。ベリリウムは、電子の数が少ないので、電子と原子核との結びつきが強い。L 殻の電子を 2 個放出して Be^{2+} というかたちのイオンとなる。

緑柱石

電子配置：[He]2s^2 ❖ 原子量：9.012 ❖ 融点：1278℃ ❖ 沸点：2970℃ ❖ 密度：1.848 g/cm^3（20℃）❖ 磁化率：-1.0×10^{-6} cm^3/g（20℃）❖ 抵抗率：4.46 μΩcm（20℃）❖ ヤング率：9.7×10^{10} N/m^2 ❖ 音速：1300 m/s ❖ 熱伝導率：200 W/m·K（20℃）❖ 比熱：1.78 J/mol·K ❖ 金属結合半径：1.13Å ❖ 共有結合半径：0.89Å ❖ イオン半径：0.41 Å（Be^{2+}）❖ 安定同位体および存在比：^{4}Be: 100%

❏用途❏

銅あるいはニッケルとの合金として利用されている。2% の Be を含んだ銅は、ベリリウム銅と呼ばれ、純銅の 6 倍の強度を持つ。この合金は電気伝導性、耐磨耗性に優れ、弾性が高く、磁性がない*などの優れた特徴がある。航空機エンジンの可動部品や精密機器、電子部品、通信衛星などに広く利用されている。また、2% の Be を含むニッケル合金は、高温用ばね、電気用コネクターなどに利用されている。

Be は原子核のまわりの電子の数が少なく、原子核に強く引き寄せられているので、X 線が電子との相互作用が小さいため、X 線をよく通す。この性質から X 線管から X 線をとりだす窓部分に使われている。また、軽水（H$_2$O）や重水（D$_2$O）、

炭素（^{12}C）とともに、中性子の**減速材**（moderator）として原子炉に使われている。減速材とは、核分裂で生じた高速中性子を燃料に吸収されやすい熱中性子まで減速させるために使われる物質である。

---

*磁性がないという表現は正確ではない。すべての材料は、強磁性体、常磁性体、反強磁性体、反磁性体のいずれかに分類される。このうち、強磁性体以外は非磁性に分類される。ベリリウムは、反磁性を示す。つまり、非常に弱いながらも、外部磁場とは反対方向に磁化されるのである。（第3章参照）

∽教授のコメント1

金属としてはLiについで2番目に軽い元素であるが、実用可能という点ではBeが最も軽い。よって、軽量化が要求される**宇宙船**（space ship）の構造材料として使われることはある。ただし、取り扱いが非常に難しい材料なので、地上では合金への添加剤が主な用途になる。

∽教授のコメント2

軽い金属ほど高温で超伝導を示す可能性があるとの予測がある。ロシアのグループがかつてLi-Be-H合金が室温で超伝導を示したと報告して騒ぎになった。すべて軽い元素でできた合金なので、もしかしたらと期待した研究者も多かった。ところが、追試を行ったグループが爆発事故にあったという噂が流れ、誰も追試に取り組まなくなった。すべての元素が軽いのは事実であるが、そのかわり非常に反応性が高く、危険な合金系なのである。

＊コラム＊周期表の父：メンデレーエフ（D. I. Mendeleev, 1834～1907）

1834年ロシアに生まれる。1850年にペテルブルク師範大学に学び、卒業後、シンフェロポリやオデッサで教師を勤める。1856年ペテルブルク大学の私講師となる。1859年フランスとドイツに留学し、パリ大学ではルニョー、ハイデルベルク大学ではブンゼンのもとで学ぶ。1861年に帰国し、1856～1890年ペテルブルク大学の教授を勤めた。

1868年に出版した化学の教科書『化学の原理』は1906年まで第8版を重ねた。1869年「元素の諸特性とその原子量との関係」という論文を発表し、最初の周期表を提案した。当時発見されていた63種の元素を原子量の小さい方から順に並べることで、元素の性質を系統的に整理することに成功する。さらに、将来発見されるかもしれない未知の元素の存在とその性質を予測する。

1893年にロシア中央度量衡局局長となり、1907年に死去する。

₅B

ホウ素（ボロン） Boron [bɔ́:rɑn]「ボーラン」

❏由来❏

Boron はペルシア語で「白い」を意味する言葉から、イギリスの化学者デービー（H. Davy）が命名した。デービーは当初ほう砂（borax）にちなんで boracium と呼んでいたが、carbon（炭素）の性質と似ていることから、語尾を変えて boron とした。ホウ素の単離は完全ではなかったが、1308 年に、フランスの化学者ゲーリュサック（Gay-Lussac）とイギリスのデービーによって成し遂げられた。また、ほぼ純粋なホウ素は 1892 年にフランスの化学者モアッサン（H. Moissan）によって初めて単離された。

❏性質❏

周期表の第 2 周期、13 族（旧分類では IIIB 族）に属する硬くて脆い非金属元素である。室温では比較的安定しており、空気中での酸化は表面のみにとどまる。ただし、赤熱状態では空気中の窒素、酸素と直接に反応し、窒化ホウ素 BN、酸化ホウ素 B_2O_3 を生成する。

高温では多くの元素と反応し、金属とはホウ化マグネシウム Mg_3B_2 などのホウ化物をつくる。ホウ素は 3 価の原子価をもち、周期表上でのホウ素の位置からすればアルミニウムに似た性質を示すはずであるが、化学的性質は、炭素やケイ素に近い。このため、ホウ素を**周期表の孤児**と呼ぶこともある。

電子配置：$[He]2s^22p^1$ ❖ 原子量：10.811 ❖ 融点：2180℃ ❖ 沸点：3650℃ ❖ 密度：2.37 g/cm³（20℃）❖ 磁化率：-0.62×10^{-6} cm³/g ❖ 抵抗率：106 Ωcm ❖ 熱伝導率：27.6 W/m·K（27℃）❖ 比熱：11.9 J/mol·K（25℃）❖ ヤング率：4.5×10^{11} N/m² ❖ 音速：16200 m/s ❖ 共有結合半径：0.88Å ❖ イオン半径：0.2 Å（B^{3+}）❖ 安定同位体および存在比：^{11}B: 80.18%、^{10}B: 19.82%

❏用途❏

高温における反応性が著しく大きいため、冶金の際、酸素や窒素の脱気剤として使われる。

金属線に B を結合させたホウ素繊維の合金は、鋼鉄よりも強く、硬く、アルミニウムよりも軽いため、航空機の一部に構造材として利用されている。

ホウ素化合物ではホウ砂 $Na_2B_4O_7\cdot10H_2O$、ホウ酸 H_3BO_3、炭化ホウ素 B_4C が重要で、工業的に広い用途を持つ。ホウ素化合物は、古くから知られており、

第4章　元素の性質

古代オリエントやローマなどでは金細工や溶接、ガラスの製造に用いられていた。現在、ホウ砂は洗剤、耐熱ガラスとして利用されている。ホウ酸は殺菌剤などの医薬品に用いられる。ホウ酸団子はゴキブリ駆除に使われている。

炭化ホウ素（BC）は研磨剤、合金への添加剤として利用される。窒化ホウ素（BN）はダイヤモンドと同様の硬度を持つので、超硬工具に使われる。高純度のホウ素は、Si 半導体のドーピング剤につかわれる。

また、ホウ素に中性子を当てるとリチウムに変化するため、これを用いた中性子線の計測装置もつくられている。また、中性子の吸収能力の高さから、原子炉での中性子遮蔽剤としても利用される。

∽教授のコメント

一般の試薬として販売されていたホウ化マグネシウム（MgB_2）が 39K という金属系では最も高い超伝導を示すことが青山学院大学によって発表され世間を驚かせたのは記憶に新しい。発表後に販売されていた粉末を測定してみたが、確かに超伝導であることが確認できた。こんなありふれた材料がどうして今まで超伝導であることがわからなかったのだろうかと不思議に思った。

これ以後、市販されている材料を片っ端から測定したひともいるようだが、世間はそれほど甘くはなかったようである。その証拠に、新超伝導体発見の報告がない。

❋コラム❋ゲイリュサック（J. L. Gay-Lussac, 1778 - 1850）

1778 年にフランスで生まれる。パリ理工科大学を卒業し、1809 年にパリ理工科大学の化学科教授となり、1810 年には有名なソルボンヌ大学の物理学教授となる。

1808 年にホウ酸からホウ素を遊離したことで知られているが、1802 年に発表した「定圧下では気体の体積（V）が温度（T）に比例する: $V \propto T$」というゲイリュサックの法則を提唱したことでも有名である。ただし、この法則は 1787 年にシャルル（J. A. C. Charles）が先に発見したとされており、シャルルの法則と一般には呼ばれている。1808 年には「気体が反応するとき、その体積比は簡単な整数比になる」という気体反応の法則を発表する。こちらもゲイリュサックの法則と呼ばれているが、これら 2 つの法則を区別するため、前者を第一法則、後者を第二法則と呼ぶこともある。

1804 年にビオ・サバールの法則で有名なビオ（J. B Biot）とともに気球に乗り、高度 7000m に達し、上空の大気の分析や地磁気の研究をしたことでも有名である。

$_6\text{C}$

炭素 carbon [ká:bən]「カーボン」

❏由来❏

古くから知られている元素のひとつで、ラテン語の「石炭」や「木炭」を表すcarbonから命名された。ギリシャ語のcarbonisが語源ともいわれている。

❏特徴❏

周期表の第2周期14族(旧分類ではIVB族)に属する非金属元素である。炭素はL殻に4個の電子を持ち、4つの価数を持っている。この4という数字がマジックナンバーであり、その結合のおかげで、炭素は多種多様な化合物を形成することができ、**有機化学**(organic chemistry)の根幹をなしている。

ダイヤモンド(diamond)と**黒鉛**(**グラファイト**: graphite)という有名な同素体を持つが、最近それに次ぐ同素体として1985年にフラーレン(C_{60})、1991年にカーボンナノチューブが発見され注目を集めている。

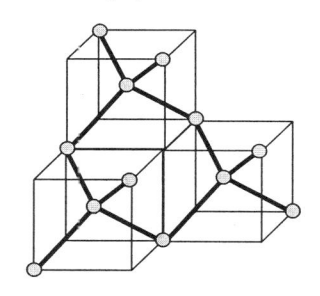

ダイヤモンドの結晶構造は右図に示すように、正四面体を基本構造として、C原子が互いに強固な共有結合を組みながら巨大分子を形成している。炭素分子間の結合が強固であるため、あらゆる材料の中で最も硬度が高く、また融点も最も高い。あまり知られていないが、熱伝導率も非常に大きい。

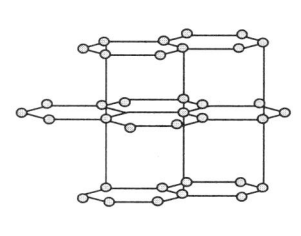

ダイヤモンド構造

黒鉛は、左図に示すように、六角形が網目状に並んだ層が重なり合って分子を形成している。層間の結合が弱く剥離しやすい。また、六員環の原子価の関係から自由電子を有しており、絶縁体のダイヤモンドと異なり、電気伝導性がある。

黒鉛から、その同素体のダイヤモンドをつくるという試みは古くから行われている。状態図によると、ダイヤモンドの生成は、3000℃、10数万気圧という超高圧下でのみ可能である。実際、人工ダイヤモンドの合成にはじめて成功したのは、ごく最近の1955年である。現在では、

黒鉛の構造

第4章 元素の性質

研磨剤等の工業用ダイヤモンドが高圧合成で作られている。

宝石として価値のあるダイヤモンドもこの方法で製造可能ではあるが、苦労の割には天然物ほど高く売れないため、それほど盛んではない。

さらに、炭素には、結晶性のものとは異なる無定型炭素と呼ばれるものがあり、いわゆる**炭**（charcoal）がこれに当たる。中でも**活性炭**（active carbon）が注目を集めている。たった1gで数1000cm^{2}もの表面積を有し、その表面に様々な分子を吸着する能力を持っているため、空気や水の浄化などに利用できるからである。

電子配置：[He]2s^{2}2p^2 ❖ 原子量：12.011 ❖ 融点：3550℃（ダイヤモンド）❖ 沸点：4827℃ ❖ 密度：3.51 g/cm^3（20℃）（ダイヤモンド）、2.25 g/cm^3（20℃）（黒鉛）❖ 磁化率：-0.49×10^{-6} cm^3/g（ダイヤモンド）、-7.2×10^{-6} cm^3/g（黒鉛）❖ 抵抗率：1375 μΩcm（黒鉛）、（ダイヤモンドは絶縁体）❖ 伝導率：900〜2000 W/m·K（ダイヤモンド）、120 W/m·K（黒鉛）❖ 比熱：8.53 J/mol·K（25℃）（黒鉛）❖ 音速：18350 m/s ❖ 共有結合半径：0.77Å（単結合）、0.67 Å（2重結合）、0.6Å（3重結合）、0.7 Å（芳香族）❖ 安定同位体および存在比：^{12}C: 98.889%、^{11}C: 1.1112%

❏用途❏

炭素の用途は、有機化学などを代表として、数限りない。最近では炭素繊維強化プラスチックス：CFRP（Carbon Fiber Reinforced Plastics）が広く使われている。CFRPに使われる炭素繊維は通常アクリルやレーヨンを1000〜2000℃で加熱焼結してつくる。CFRPはレース用のF1カーの車体や釣竿、テニスラケット、自転車などに使われている。

❏トピックス❏——炭素14（^{14}C）年代測定法

最近、**炭素14年代測定法**（Carbon-14 dating）を用いた鑑定で、弥生時代が現在通説となっている時代よりも、500年も前に始まっていたのではないかという新聞発表が話題を呼んだ。それでは、どのような原理で年代が測定できるのだろうか。

地球には、宇宙線が降り注いでいる。これがはるか上空の空気と衝突して中性子を生成する。この中性子が空気中の窒素原子と核反応して^{14}Cができる。^{14}Cは、まわりの酸素と結びついて二酸化炭素となり大気中に拡散していく。

^{14}Cは放射性元素であり、電子（β線）を放出して窒素14（^{14}N）に変わる。この現象を放射性崩壊と呼び、^{14}Cの量が半分になるのに、およそ5730年かかることが知られている。この時間を**半減期**（half life time）と呼んでいる。つま

り、その量の変化が時計の役割を果たすのである。

　大気中にはいつも一定の量(炭素原子全体の約1兆分の1)の ^{14}C が存在する。二酸化炭素は水に溶けるので、海水や河川・湖沼の水の中にも、この割合で、^{14}C を含む二酸化炭素が存在している。生体は生きている間は、この ^{14}C を含んだ空気や水を摂取しているが、死亡と同時にその摂取をやめてしまう。このため、生体中の ^{14}C は自然界の存在比率よりも、年代とともにどんどん減っていくことになる。例えば、ある植物の化石の中の ^{14}C の比率が、2分の1になっていたとすると、この植物は半減期に相当する5730年前に生存していたことを示している。これが、炭素14による年代測定法の原理である。

☙感想

　炭素14年代測定法の原理を聞けば、その測定結果にかなりの誤差が含まれることが予想される。常に、その存在比率が一定といっても、当然地球がどのような状態にあったか、また、大気がどのような状態にあったかによって、生体中の炭素14の存在比率が異なるからである。さらに、半減期の見積もりにも誤差が当然入り込む。よって、その測定結果だけで年代を確定するのは、危険がある。弥生時代が現代の説よりも500年も前に始まっていたという論争でも、この問題を指摘する研究者がいる。

☙教授のコメント

　炭素は有機化学の主役である。有機化学がこれだけ大きな分野へ発展したのは、炭素の結合手が4本あるという事実に基づいている。この4本の手がHやOH基、さらにはC自身と自由に結合して、いくらでも長く巨大な分子(**高分子**：polymer；high molecular compound)を形成できることが多種多様な炭素化合物を作り出す源となっている。

　C原子自身が60個結合してできたのがサッカーボールと同じかたちをしたフラーレン(C_{60})である。その発見者でノーベル賞を受賞したイギリスのクロトー(H. Kroto)博士は、Natureに論文を発表したとき、こんな単純な構造(図参照)であれば、すでに誰かが提唱しているかもしれないと不安に駆られたという。実際に、日本の研究者がCの同素体の可能性として、その構造を提唱していたのだが、日本語で書かれていたため、世界的には認知されなかった。

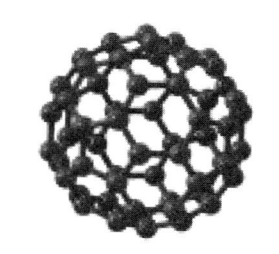

　やはり、英語で成果を発表しなければ、業績としては認められない。湯川博士がノーベル賞を受賞できたのも、マイナーではあるが、日本の英文誌に論文を発表していたおかげである。

₇N

窒素　nitrogen　[náitrədʒən]「ナィトルジュン」

❏由来❏
フランスのチャプタル（J. A. C. Chaptal）が窒素が硝石の主成分の1つであるということから、ギリシャ語のnitrum（硝石）およびgenngo（生じる）よりnitrogeneという名称を提唱し、英語名のnitrogenの基となった。発見者はラザフォード（D. Rutherford）とするのが一般的であるが、シール（C. W. Scheele）とキャベンディッシュ（H. Cavendish）もほぼ同時に単離したといわれている。

❏性質❏
周期表の第2周期15族（旧分類ではVB族）に属する非金属元素である。大気中に約80%含まれる最も入手しやすい元素である。窒素原子は、最外殻のL殻に5個の電子があり、3個の結合手がある。2個の窒素原子が3重の共有結合によって窒素分子（N_2）を形成するため、N_2分子は非常に安定であり、化学的にも不活性で反応性が低い。このため、窒素気体の融点は－196℃と低い。

ただし、元素としての窒素は多くの化合物を構成する。無機物においては、硝酸化合物として、あるいはアンモニア化合物として広く存在し、有機物としても**アミノ酸**（amino acid）を始め、DNA（deoxyribonucleic acid）を構成する核酸の中に含まれる。無機窒化物が地中で、生物に取り入れられ、アミノ酸などの有機物となり、生物の死後、微生物に分解されN_2となって大気中に戻るのは、重要な生態系プロセスである。

電子配置：$[He]2s^22p^3$ ❖ 原子量：14.007 ❖ 融点：－201℃ ❖ 沸点：－196℃ ❖ 密度：1.25 g/cm³（液体）❖ 磁化率：-0.43×10^{-6} cm³/g（25℃）❖ 熱伝導率：0.026 W/m·K ❖ 比熱：1.03 J/mol·K ❖ 音速：334 m/s ❖ 共有結合半径：0.75Å ❖ イオン半径：1.7 Å（N^{3-}）❖ 安定同位体および存在比：^{14}N: 99.634%、^{15}N: 0.366%

❏用途❏
窒素化合物として、工業的に利用される代表はアンモニア（ammonia: NH_3）である。窒素原子は、3個の結合手を持ち、水素原子3個と結びついてNH_3となる。アンモニアは、四酸三鉄（magnetite: Fe_3O_4）を主成分とした触媒を用いて、窒素と水素を400℃〜600℃、200〜1000atmで直接反応（$N_2+3H_2 \rightarrow 2NH_3$）によってつくられる。これが有名なハーバー·ボッシュ法（Haber-Bosch process）である。また、窒素ガスの融点が低いうえ、空気の8割を占めるため、液体窒素

は、安価で簡単に作ることのできる冷却剤として大変有用であり、研究分野、医療分野等を問わず広く使用されている。1986年の高温超伝導の発見で、液体窒素冷却で超伝導が実現できるようになったことも液体窒素応用拡大のきっかけとなった（写真参照）。単体の N_2 は不活性ガスである。よって、反応性の高い物質、特に酸素と反応するような物質を保存するときには、空気を窒素で置換する。この技術は食料貯蔵にも役立っている。

液体窒素で冷却した Y-Ba-Cu-O を利用した磁気浮上

ニトロとは窒素1個と酸素2個から成るグループ（NO_2）を指し、爆発性があるので爆薬に使われる。有名な TNT 火薬もこのニトロ化合物の仲間である。TNT は trinitrotoluene の略で、日本語ではトリニトロトルエンと呼ぶ。ダイナマイトを発明したノーベル（Alfred Bernhard Nobel, 1833 - 1896）の遺産である。代表的な高性能爆薬であり、トルエン（toluene: $C_6H_5CH_3$）の段階的なニトロ化（nitration: 有機化合物の-H をニトロ基 $-NO_2$ で置換すること）によって製造される。

❏トピックス❏

窒素酸化物（NO_x： NOX と書いてノックスとも呼ぶ）は、光化学スモッグ（photochemical smog）や工場から排出される空気汚染物質として問題となっている。極少量ではあるが人体の内部でも合成されることが知られている。窒素酸化物が、空気を汚染し、酸性雨の原因となる。その反応は $NO_x + H_2O \rightarrow H_2NO_{x+1}$ となる。この反応で x が 2 であれば、強酸性の硝酸ができる。ただし、窒素と酸素があったとしても、NOX が自然に生成するわけではない。その証拠に大気の 20%が酸素、80%が窒素であるが窒素酸化物は通常の条件下では生成しない。NOX が生成するには、強い太陽光エネルギーや大気汚染物質の触媒作用が必要となる。光化学スモッグと呼ばれる所以である。

∞教授のコメント

窒素原子が 3 つの結合手を持ちながら、窒素分子が不活性である理由は、窒素原子どうしが 3 重結合（3 組の電子が共有結合）するためである。もし、このような結合がなかったならば、空気の 8 割を占める窒素は、かなり活性なものになっていたであろう。その証拠に、同族の P はマッチ棒の発火に使われるくらい活性である。もし、N_2 分子に 3 重結合が無かったならば、われわれが住む地球の様子も大きく変わっていたに違いない。もしかしたら、人類が住めるような環境ではなかったかもしれない。

₈O

酸素　oxygen [άksidʒən]「アクスィジュン」

❏由来❏

1774年にイギリスの科学者のプリーストリー（J. Priestley）が酸素ガスを単独に分離することに成功し、1779年に、元素として認知された。酸素が人間の呼吸と、一般の燃焼において果たす役割（酸化）を解明したのは、フランスの化学者ラボアジェ（A. L. Lavoisier）である。ギリシャ語の oxy（酸）と gen（生ずる）という語源にちなみ oxygen と命名されたが、この考えは酸素原子が「酸」の素という誤解に基づいている。

❏性質❏

第2周期16族（旧分類ではVIB族）に属する典型元素の非金属元素である。大気中に2原子分子（O_2）として安定に存在し、無色無臭の気体である。**クラーク数が1位**、つまり地殻に最も多く存在する元素である。比較的大きな磁化を有する常磁性体としても有名である。化学的に極めて活性で、ほとんど全ての元素と直接化合物をつくる。金属を大気中に置いておくと、多くは酸化されてしまう。これを「錆び」と呼ぶ。金属の精錬とは、酸化された金属（金属酸化物）から酸素を分離するプロセスである。たとえば、製鉄所では、酸化鉄（鉄鉱石）を高温に熱し、C（コークス）で脱酸（還元）することにより鉄をえている。ただし、金や白金などの貴金属とは反応しない。また、キセノンを除く希ガス類とも直接には反応しない。

酸素 O_2 には、有名な同素体として**オゾン**（ozone: O_3）がある。沸点が－112℃の青色を帯びた気体で、液体は深青色に見える。地上20kmの大気には**オゾン層**（the ozone layer）が地球を覆っており、太陽からの**紫外線**（ultraviolet rays）を吸収して地上の生物を保護するという重要な役割を果たしている。酸素気流中で、静かに放電すると濃度10%程度のオゾンがえられる。

電子配置：$[He]2s^2 2p^4$ ❖ 原子量：15.9994 ❖ 融点：－218℃ ❖ 沸点：－183℃ ❖ 密度：1.43 g/cm³（液体）❖ 磁化率：106.2×10^{-6} cm³/g ❖ 比熱：1.03 J/mol·K ❖ ファンデルワールス半径：1.4 Å ❖ 共有結合半径：0.74 Å ❖ イオン半径：1.35Å（O^{2-}）❖ 安定同位体および存在比：^{16}O: 99.762%, ^{17}O: 0.038%, ^{18}O: 0.2%

❏用途❏

燃料は、大気中の酸素があってこそ燃えるもので、日常生活には不可欠であ

る。また、**金属精錬**（refinement）や**窯業**（ceramics）などの高温を必要とする工業プロセスにも酸素は必要である。ロケットの推進には、液体酸素を酸化剤としてケロシンまたは液体水素が燃料として用いられている。また、酸素は生体活動に不可欠であり、医療分野で、生命維持や治療の目的に用いられる。

同素体のオゾンは、酸素ガスよりも、はるかに強い酸化力があるので、消毒や漂白に利用される。しかし、オゾンは体内に入ると有毒で、微量でも長時間吸い続けると呼吸器の細胞が冒されるので、その使用には注意が必要である。

❏トピックス❏——オゾン層破壊の危機

近年、フッ素化合物である**フロン**（chlorofluorocarbon）によって、オゾン層が破壊されている。フロンは非常に安定な物質であり、無害であることから、冷蔵庫の温度交換用の媒体や冷却用のガスなどとして広く使われてきた。このため、人類が発明した最も有用な物のひとつと考えられていた。皮肉なことに、あまりにも安定であるため、捨てられたフロンは、分解せずにオゾン層にまで達するのである。そこで、反応性の強いオゾンと反応し、オゾン層が破壊されるのである。

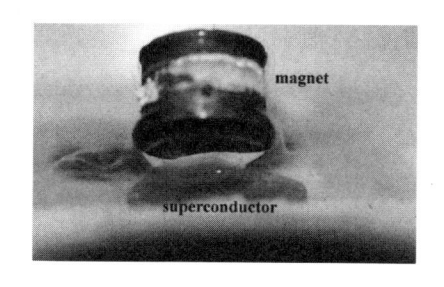

磁石を液体酸素に近づけると、酸素はその磁性のために磁石に吸い寄せられる。

∞教授のコメント

液体窒素を使った超伝導浮上の実験をしていると、磁石の表面に液体がついているのが観察される。はじめは水滴かと思っていたが、そんな低温で水が存在するわけがない。そのうち、液体酸素であるということに気づいた。液体酸素の沸点は90K（−183℃）で、液体窒素よりも高い。このため、空気中の酸素が液化するのである。さらに、酸素は比較的強い常磁性を示すので、永久磁石に引き付けられる。これが磁石表面に液がついていた理由である。

液体酸素はきれいな青色をしている。この液体に磁石を近づけると、まさに生き物のように磁石に引き寄せられる（写真参照）。また、線香に火をつけて、液体酸素中に浸漬すると、まさに花火のような光を放つ。これが本当の線香花火と称しているが、あまり学生の受けはよくない。

$_9\text{F}$

フッ素 Fluorine [flúəri:n]「フルゥリーン」

❑ 由来 ❑

フッ素はフランスのモアッサン（F. Moissan）によって 1886 年に発見されたハロゲン元素の 1 つである。天然には単体として存在せず、螢石 CaF_2、氷晶石 Na_3AlF_6 などとして産する。

❑ 性質 ❑

第 2 周期の 17 族（旧分類では VIIB 族）のハロゲン元素に属する非金属元素である。**電気陰性度が 4.0** で全元素の中で最も高い。常温では二原子分子 F_2 が安定で、黄緑色、特異臭のある気体である。同位体が存在しない最も原子番号の小さい元素である。化学作用はきわめて強く、すべての元素と直接反応する。特に水素とは爆発的に反応する。例えば、元素比が 1:1 の H_2-F_2 炎では、その温度は 4300K にも達する。

フッ素は、金、白金にも高温で作用する。銅はフッ化銅の薄膜を表面に生じ、これが保護膜となって、内部は侵されない。無定形二酸化ケイ素とは火を発して作用し四フッ化ケイ素（SiF_4）と酸素になる。水と作用すれば、フッ化水素（HF）を生じて酸素を放ち、オゾンを発生する。

工業的には溶融したフッ化水素カリウム $KF \cdot n\text{HF}$ を電解してつくられている。

電子配置：$[He]2s^22p^5$ ❖ 原子量：18.998 ❖ 融点：$-218.6℃$ ❖ 沸点：$-188℃$ ❖ 密度：1.53 g/cm^3（固体）❖ 熱伝導率：0.0279 W/m·K ❖ 比熱：0.75 J/mol·K ファンデルワールス半径：1.35Å ❖ 共有結合半径：0.72Å ❖ イオン半径：1.33Å（F^-）❖ 安定同位体および存在比：^{19}F: 100%

❑ 用途 ❑

フッ素樹脂は極めて安定で、耐熱性や耐薬品性が高く、安全で無害なものが多い。この性質からフライパンや鍋などをフッ素樹脂でコーティングしている。

フロン（chlorofluorocarbon; 商標名：Freon; フレオン）は有機フッ素化合物であり、無害で安定なので、スプレーのガスや冷蔵庫、クーラーの冷媒として使われてきた。しかし、あまりにも安定なため、大気中では分解されずにオゾン層付近まで上昇してしまう。この高度で、紫外線によって分解され、その際にできる有機塩素化合物がオゾンと反応してオゾン層を破壊する。この事実が判明してから、フロンは全面的に使用が禁止されている。

∞教授のコメント

学生の頃に、材料組織観察の腐食にフッ化水素（HF）と過酸化水素水（H_2O_2）の混合液を使っていた。鉄合金を中に入れると勢いよく泡が出て、腐食されるのが目でわかる。フッ素の威力を実感した。ところで、鉄合金は腐食後にすぐに水で洗い流す必要がある。ピンセットでは作業性が悪いので、素手でこの作業を行っていた。しばらくして、HFは骨をおかすので十分気をつけるようにと先輩から注意を受けた。特に、指に傷があると中に浸透して骨が溶けるという。幸い、いまでも指の骨は健在である。

❃コラム❃モアッサン（Ferdinand Frederic Henri Moissan, 1852 - 1907）

1852年にフランスに生まれる。1879年にパリのエコール高等学院の化学教授となる。彼の義父は非常に裕福であったので、結婚後、モアッサンはすべての時間を科学研究に費やすことができるようになった。

19世紀初頭から、数多くの研究者がフッ素の単離を試みた。しかし、フッ素の反応性があまりにも大きいため、ことごとく失敗していた。せっかく、フッ素を単離しても、すぐに水素と反応し爆発を起こすこともあった。また、フッ化物を塩素と作用させて、フッ素を単離しようとする試みもあったが、当然、成功しなかった。

モアッサンも、何度か事故に会いながらも、挑戦を続けた。そして、失敗の原因がフッ素と実験器具との激しい反応にあることに気づき、まず、容器として耐食性の高い白金の使用を試みた。しかし、それでもうまくいかなかった。大きな転機は、彼が、フッ化物やフッ素がフッ化銅とは反応しないことを見つけたことにある。銅製の容器に無水フッ化水素（HF）を満たし、導電性をえるためにフッ化カリウム（KF）を少量加え、$-25℃$の寒剤で冷却しながら白金電極を差し込んで電気分解することで、陰極に水素、陽極にフッ素を遊離させることに成功した。しかし、このままでは遊離した水素とフッ素が反応して爆発が起こる。そこで、モアッサンは、U字形の容器を使うことで、電気分解した水素とフッ素が接触しないような工夫を施した。この結果、銅製の容器の中にフッ素だけを閉じ込めることに成功したのである。この成果は、パリの科学アカデミーに報告された。アカデミーは特別委員会を設置し、モアッサンの実験が正しいことを確認する。これによって、モアッサンの功績が正式に認められた。

モアッサンは高温炉の開発でも有名である。彼は自分で考案した電気炉を使って、ウラン、タングステン、バナジウム、クロム、マンガン、チタン、モリブデンなどの希少金属の精製にも成功している。

₁₀Ne

ネオン neon [níːɑn]「ニーアン」

❑由来❑

冷却して液化した大気を分溜して、1898 年にラムゼー（W. Ramsay）とトラバース（N. W. Travers）によって発見された。1869 年にメンデレーエフ（D. I. Mendeleev）が発表した周期表の考えには、19 世紀末になっても根強い反対があった。ラムゼーはメンデレーエフの考えを強く支持していて、周期表から未知の元素の存在を確信していた。ネオンの発見は周期表の考えを実験的に確かめた意義深いものであった。元素名はギリシャ語の neos（新しい）にちなんでいる。他の元素と化合物を作らない不活性ガスとして知られている。

❑性質❑

大気中で二酸化炭素に次いで 5 番目に多い気体である。無色無臭でヘリウムと同様に反応性がないため、どの元素とも化合物を作ることがない不活性気体である。希ガスの中では空気中での存在量がアルゴンに次いで多い。

ネオンは空気を分溜することでえられる。分溜の際ヘリウムも一緒にえられるが活性炭に吸着させて除去する。また、ネオンの原子量は 20.18 で、空気の 28.8 より小さく、水素、ヘリウム、アンモニアと並んで、数少ない空気よりも軽い気体の一つである。

電子配置：[He]$2s^22p^6$ ❖ 原子量：20.18 ❖ 融点：-248.7℃ ❖ 沸点：-246.5℃ ❖ 密度：0.9004 g/cm^3（固体）❖ 熱伝導率：493×10^{-4} W/m·K ❖ 比熱：0.904 J/mol·K ❖ 磁化率：-0.334×10^{-6} cm^3/g ❖ 原子半径（ファンデルワールス半径）：1.59Å ❖ 安定同位体および存在比：^{20}Ne：90.51%、^{21}Ne：0.27%、^{22}Ne：9.22%

❑用途❑

用途としてネオンランプがもっとも有名である。ネオンの輝線スペクトル（オレンジ色）を放出する冷陰極微光放電管である。ガラス球内に、らせん状または円盤状の一対の電極を最小距離 1〜2mm に配置してネオン 10 数 mmHg を封入し、口金の部分に数 1000Ω の直列抵抗を収めている。ネオンランプは消費電力が少ないので指示燈に最も適している。ネオンサインは頑丈で 20 年ほどの耐用年数を持つ。また、最も簡単な放電管であるために種々の電気回路に低電圧放電管として広く利用されている。

液体ネオンの沸点は-269℃であるので、極低温用の冷媒としても使われる。

液体ヘリウムより温度は高いが、冷媒としての効率は高い。最近、高温超伝導モータを冷却する冷媒として、米国、ヨーロッパで利用が進められている。

❏トピックス❏
トムソンとアストンが**質量分析器**（mass spectrograph）を用いた原子質量の測定を行っている過程で ^{20}Ne および ^{22}Ne の2種類の同位体の存在を発見した。天然の非放射性元素に2つ以上の安定同位体が存在することが明らかになった最初の観測であった。

✿教授のコメント
小さいころ見たネオンサインは、まさに大人の世界という雰囲気を持っていた。華やかな色を見せる電飾は、すべてネオンサインと呼んでいたが、実際のネオンの色はオレンジ色である。当時は、元素名とは知らなかった。ネオンは不活性であるので、その中で金属を加熱しても光は放つが、反応が起こらない。これがネオンサインが長持ちする理由である。

かつて米国工業の中心であったデトロイトを1987年に訪れたとき、壊れかけたコカコーラのネオンサインが、廃れた街の中にわびしく灯っていた。時代の変遷を実感したのを覚えている。私が高校時代を過ごした1970年頃の米国は、まさに絶頂期にあった。夜のデトロイトは、ネオンと人で溢れかえっていた。奢れるものは久しからず。ふと気づくと、今の日本がまさにそうである。

✽コラム✽ 希ガスの父　ラムゼー（William Ramsay、1852－1916）

1852年にイギリスのグラスゴーに生まれる。グラスゴー大学を卒業し、ロンドンのユニバーシティカレッジの教授となる。

1894年にレーリー卿のアルゴンの発見に協力する。1895年に太陽のスペクトルから見つかったヘリウムが大気中にあることを発見する。1898年にはトラバースの協力で、液体空気からネオン、クリプトン、キセノンを発見する。1904年には、これら希ガスを周期表の0族に分類した。1910年には少量のラジウムから、希ガスのラドンを発見した。実験が非常に巧みであったおかげで、検出の難しい希ガス元素の発見に成功したとされている。まさに、すべての希ガス発見に直接間接的に関わっている。

また、手先の器用な彼は、音楽や絵画、語学にも多才ぶりを発揮したといわれている。

₁₁Na

ナトリウム sodium [sóudiəm] 「ソゥディゥム」

❑ 由来 ❑

1908 年にイギリスの化学者デービー（H. Davy）によって発見された。ナトリウム（natrium）はラテン語に由来する元素名であり、英語ではソーダに由来する sodium を用いる。ソーダ（soda）の語源については、solida（英語の固体 solid）と salt（塩）に由来するというふたつの説がある。

❑ 性質 ❑

第 3 周期 1 族（旧分類では IA 族）のアルカリ金属に属する銀白色を呈する金属である。常温、常圧では BCC 構造をとる。比重が 0.97 であるので水に浮く。非常に反応性の高い金属で、空気中で簡単に酸化される。このため、石油中に保存される。水と激しく反応して H_2 を発生する。イオン化するときは、1 価のイオン Na^+ となる。ハロゲン元素とはハロゲン化ナトリウムを作る。メタノールやエタノールとも反応し、それぞれメトキシド、エトキシドを与える。

電子配置：$[Ne]3s^1$ ❖ 原子量：22.99 ❖ 融点：97.8℃ ❖ 沸点：880.4℃ ❖ 密度：0.968 g/cm³（20℃）❖ 磁化率：8.3×10^{-6} cm³/g（20℃）❖ 抵抗率：4.6 μΩcm（20℃）❖ ヤング率：9.12×10^9 N/m² ❖ 熱伝導率：132 W/m·K（27℃）❖ 比熱：1.23 J/mol·K ❖ 金属結合半径：1.86Å ❖ イオン半径：0.98 Å（Na^+）❖ 安定同位体および存在比：^{23}Na: 100%

❑ 用途 ❑

反応性が高いので、金属としての利用はほとんどないが、中性子を減速させずに熱伝導率も高いので、高速増殖炉用の冷却剤として利用されている。しかし、もんじゅの事故にみられるように、いったん漏れると大火災となるので、Na の取り扱いには注意が必要である。

最近では NaS 電池（ナスと呼ぶ）にも利用されている。負極（anode）に Na、正極（cathode）に S を使用し、固体電解質を用いる。300℃付近で使用される 2 次電池である。Na の融点は 97℃であるので、溶融した状態で電池として作用することになる。エネルギー密度が高く、充放電効率が高いという特徴を有する。

われわれに最も身近なナトリウムの用途は食塩（NaCl: 塩化ナトリウム）である。体内では、ナトリウムイオンと塩素イオンというかたちで存在し、人体に必要不可欠な無機質の一つで、他の物質では置き換えが不可能である。食塩に

は「人体の体液、細胞の浸透圧を一定に保つ」「神経や筋肉の働きを調整する」「たんぱく質の溶解とアミラーゼを活性化し消化を促進する」という重要な働きがある。

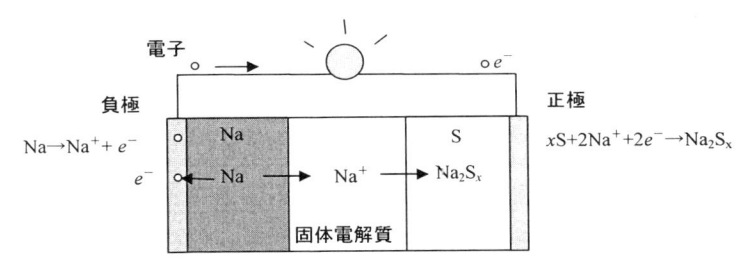

```
                    電子
         負極                          正極
                 ┌──┬──┬──────┬──┐
  Na→Na⁺+e⁻      │Na│  │   S  │      xS+2Na⁺+2e⁻→Na₂Sₓ
         e⁻      │  │Na│→Na⁺ →Na₂Sₓ
                 └──┴──┴──────┴──┘
                        固体電解質
```

NaS電池の動作原理（放電時）：充填時は逆反応となる。

また、水酸化ナトリウム（NaOH）は滴定の標準溶液としてよく用いられる。化学の**中和**（neutralization）実験では、必ずといっていいほど登場する強アルカリ性の化合物である。酸と出会うことで、中和反応を起こす。ただし、目に入ると失明するほど危険な物質なので、その取り扱いには注意が必要である。

酸である「脂肪酸」と、アルカリであるNaOHが中和反応を起こすと、脂肪酸ナトリウムと水ができる。

$$\text{RCOOH} + \text{NaOH} \rightarrow \text{RCOONa} + \text{H}_2\text{O}$$

この脂肪酸ナトリウムが「石けん」である。

亜硝酸ナトリウム（$NaNO_2$）は、食肉製品や、いくら、すじこ、たらこなどの発色剤または防腐剤として用いられている。生肉は、焼くと色が褐色になるが、ハムなどを加熱してもきれいな赤色を呈しているのは、亜硝酸ナトリウムを添加しているからである。また、ボツリヌス菌の繁殖を抑える効果もある。

☞教授のコメント

昔の学校の先生には豪傑が多かった。確か、中学校の理科の先生が、授業の一環でナトリウム金属が水と激しく反応するのを見せてくれたことがある。ナトリウムは石油の入った褐色のビンに保存されていた。水のはったプールに行ってビンから小片を取り出して投げ入れると、小さなかけらが爆発したことを覚えている。おかげで、ナトリウムがいかに反応性の強い金属であるかということは脳裏から離れたことがない。いま、こんな実験をしたら、おそらく懲戒処分を受けるであろう。

₁₂Mg

マグネシウム Magnesium [mægníːziəm] 「マグニージウム」

❏由来❏
1808 年にイギリスの化学者デービー（H. Davy）が、はじめて金属として単離することに成功した。エーゲ海に面したマグネシア（Magnesia）地方の半島にMagnes という神様が住んでいるといわれていたことから、その半島で採れた鉱石をマグネシウムと呼ぶようになった。

❏性質❏
第3周期の2族（旧分類ではIIA族）のアルカリ土類に属する金属元素である。Li, Na についで 3 番目に軽い金属元素である。非常に燃えやすく、水ともはげしく反応する。天然には単体として産出せず、海水中の塩化マグネシウム（$MgCl_2$）を溶融塩電解することでえられる。海水中には、$MgCl_2$ が 0.13％も含まれており、資源は無尽蔵といっても過言ではない。酸化物を炭素などで還元することでもえられる。意外なことに、金属元素としては、宇宙の存在率が Fe の次に高いと考えられている。（データによっては、Fe よりも宇宙存在比が高いというものもある。）

電子配置：$[Ne]3s^2$ ❖ 原子量：24.3 ❖ 融点：651℃ ❖ 沸点：1019℃ ❖ 密度：1.74 g/cm³（20℃）❖ 磁化率：0.26×10^{-6} cm³/g（20℃）❖ ヤング率：4.52×10^{10} N/m² ❖ 熱伝導率：155 W/m·K（27℃）❖ 比熱：24.89 J/mol·K ❖ 金属結合半径：1.6Å ❖ イオン半径：0.75 Å（Mg^{2+}）❖ 安定同位体および存在比：^{24}Mg: 78.992％、^{25}Mg: 10.003％、^{26}Mg: 11.005％

❏用途❏
単体金属は、その燃えやすい性質を利用して、写真撮影のフラッシュランプに用いられていたが、1 回しか使えないため、いまはほとんど利用されていない。酸素との結合が強いので、脱酸剤として利用される。

合金は、用途に応じて Al, Zn などを添加する。特に、Mg-Al-Zn 系合金は軽量で、機械特性に優れているうえ、リサイクル性に優れる材料として、ノート

パソコンなどの筐体（写真）や、携帯電子機器、航空機部品、自動車部品などに利用されている。

マグネシウム合金は錆びやすく、汗などの塩水に対する耐食性が悪い。よって、携帯用の機器へマグネシウム合金を利用するには表面のコーティングが不可欠である。しかし、コーティング材が表面にあると、リサイクルが難しくなる。最近になって、表面コーティングされた不純物を取り除く処理法が開発され、リサイクルが可能になったおかげでマグネシウム合金の応用開発が進んだ。

ちなみに、Mg-37%Li 合金は、比重が 0.96 で水よりも軽い合金である。

❑トピックス❑

マグネシウムは、体内における総量の 2/3 以上が骨、約 1/4 が筋肉細胞内に存在する微量無機質である。精神のイライラを和らげ、安定した精神状態を保つとされている。また、糖質の代謝を助け、心臓や血管系を健康に保つうえ、筋肉の収縮を円滑にして、筋肉痛を緩和する働きがある。

∽教授のコメント１

あるパソコンメーカーが、Mg 合金を使うことで、世界ではじめて重量が 1kg を切るノートパソコンを販売したら、人気が人気を呼んで、市場から製品が消えたことがあった。品薄の原因は、なんと筐体に使う Mg 合金の生産が間に合わなかったためと聞いた。今もパソコンや携帯電話などの軽量化を可能にする夢の合金として大きな注目を集めている。

∽教授のコメント２

CNN ニュースでアメリカのマグネシウムのリサイクル工場で火事があったというニュースが流れていた。マグネシウムは引火しやすいため（写真参照）、何らかの事故で爆発が始まったという。しかし、水と反応するため、放水による消化作業ができないとアナウンサーがコメントしていた。運悪く、雨が降ってきたため火災はさらに拡大し、自然に鎮火するまで待つしかないということであった。やはり人間が自然に勝つことは難しい。（自然の悠久さに対する人為のはかなさか）

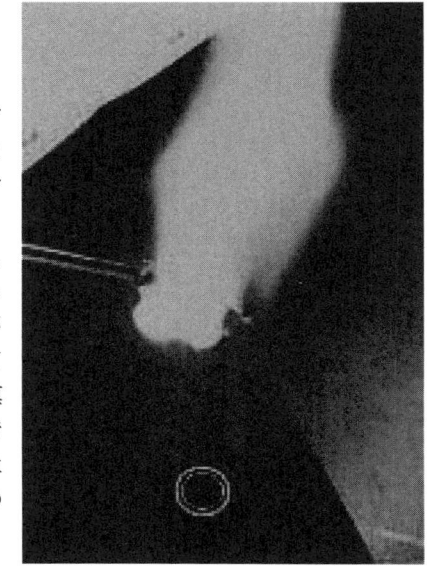

₁₃Al

アルミニウム Aluminum [əlúːminəm]「ゥルーミヌム」

❏ 由来 ❏

1787年にフランスの化学者ラボアジェ（A. L. Lavoisier）がミョウバンのことをアルミンと記載した。イギリスの科学者デービー（H. Davy）はミョウバンからアルミニウム酸化物を1807年に分離し、これをアルミニウムと呼んだ。

その後、金属光沢から「光るもの」（a lumie）という言葉と語呂があうアルミナムに変えられ、アメリカ化学会はこの言葉を採用した。これが英国と米国でスペルと発音が異なる理由である。

金属アルミニウムは、1825年デンマークの電気物理学者エールステッド（H. C. Oersted）が塩化アルミニウムからカリウムアマルガムの反応を利用してはじめて合成に成功した。

❏ 性質 ❏

第3周期の13族（旧分類ではIIIB族）に属する金属元素である。Alはクラーク数1位の酸素の49.5%、2位のSiの25.8%についで3番目に地殻中に多い元素であり、その存在量は7.56%である。

アルミニウムは、天然には金属として存在せず、結合力の大きい酸素などの化合物として地殻中に存在する。そのため、金属であるということがごく近年まで認識されなかった珍しい金属である。よって、ちょっと違和感はあるが、新金属に分類されている。

電子配置：$[Ne]3s^23p^1$ ❖ 原子量：26.98 ❖ 融点：660℃ ❖ 沸点：2467℃ ❖ 密度：2.70 g/cm³（20℃）❖ 磁化率：0.61×10^{-6} cm³/g（20℃）❖ ヤング率：6.85×10^{10} N/m² ❖ 熱伝導率：237 W/m·K（27℃）❖ 比熱：24.35 J/mol·K ❖ 抵抗率：2.655 μΩcm（20℃）❖ 金属結合半径：1.43Å ❖ イオン半径：0.535Å（Al^{3+}）❖ 安定同位体および存在比：^{27}Al: 100%

❏ 用途 ❏

アルミニウムは、数多くの分野に利用されている現代社会を代表する金属資源のひとつである。アルミニウムは、軽量で、廃棄処理、リサイクルもしやすく、熱伝導率が高いので、食料や飲料を冷やしたり暖めたりするのに適している。さらに、中味の味を変えないという特徴がある。よって、ビールや炭酸飲料など、さまざまな飲料缶やレジャーなどの携帯用食器や食品を包むアルミホ

イルとして広く用いられている．

アルミ製品

❏トピックス1❏——リサイクル

アルミニウムはリサイクルの王様といわれている。リサイクルするには、使い終わったアルミ製品を集めて溶かし、再び固めて再生地金とする。アルミニウムの融点は約660℃と低く、少ないエネルギーで簡単に溶かすことができる。再生地金を作るエネルギーは、鉱石であるボーキサイトから精錬する場合のわずか3％にすぎず、なんと97％のエネルギーを節約できる。

また、通常のリサイクルでは、元の製品よりもリサイクル後の品質が悪くなるのが通例であるが、アルミニウムの場合、ほぼ同じ品質がえられる。限られた地球の資源を大切にするためにも、アルミニウムはとても重要な素材である。

❏トピックス2❏——アルミニウム化合物

アルミニウムは金属としてではなく、化合物として地中に存在する。その代表が酸化アルミニウム（Al_2O_3）であり、アルミナ（alumina）とも呼ばれる。コランダム（鋼玉石）は Al_2O_3 の結晶である。酸化アルミニウムの結晶は無色透明であるが、これに他の成分が微量に混じると、有名な宝石のルビーやサファイアになる。ルビーは微量のクロムを含むために赤く見え、サファイアは鉄やチタンを含むために青く見える。また、アルミナのモース硬度は9と硬く、アルミナ微粉末は金属の研磨剤に使われる。

第4章　元素の性質

∽教授のコメント１
　アルミニウム缶は、中身の味を変えないので飲料缶として最適といわれているが、これに真っ向から勝負を挑んだのが、スチール缶である。実は、スチール缶のほうが値段が安い。ただし、鉄は強度が高いため、缶を開けるのに余分な力を要するのと、味が微妙に変わるという問題があり、アルミ缶とスチール缶はいい勝負を繰り広げている。
　ある鉄鋼メーカーがスチール缶をビールメーカーに売り込むにあたって、ビールの味に違いが出るかモニター試験を行ったことがある。その依頼を受けて、アルミ缶とスチール缶のビールの飲み比べをする役を仰せつかった。しかし、酔っ払ってしまえば、味の違いなどわからないというのが正直なところである。直接口をつければ別であるが、コップに注いでしまえば、違いはわからなかった。仕事でビールが飲み放題というのには感激したが、モニターとして貢献したかどうかは大いに疑問である。

∽教授のコメント２
　ルビー（写真）やサファイアは女性のあこがれであるが、あるとき知識をひけらかして、「これら宝石はアルミニウムの錆（サビ）みたいなもの」といったところ大顰蹙（ひんしゅく）を買った。確かに、アルミニウムの酸化物であるのだが、生半可な知識で女性の夢を壊してはいけない。

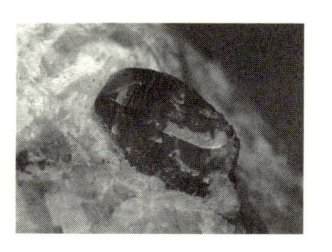

∽教授のコメント３
　いまの学生は、アルミニウムは錆びないと思っているようだが、金属としての存在が近年まで認められなかったほど、酸素などとの結合性が強い元素なのである。昔、日本が貧しかったころは、日の丸弁当と呼ばれるご飯の真ん中に梅干を入れただけのものがあった。その頃、アルミニウムでできた弁当箱があったが、梅干の酸で弁当箱の蓋が腐食されることがよくあった。今日のようにアルミニウムが錆びなくなったのは、精錬技術の発達で、その純度が上がったからに他ならない。つまり、純度の低いアルミニウムはよく錆びるのである。
　余談であるが、錆びやすいと思われている鉄も純度を上げると、強酸にも反応しないことが知られている。これは、もちろん表面被膜のおかげであるのだが、そうなると、元素の性質として、「酸によく溶ける」という表現が、どの程度正しいものか疑わしくなる。もしかしたら、単に純度が低いだけかもしれないからだ。（もちろん、元素にはイオン化傾向という序列はあるが。）

₁₄Si

けい素、シリコン　Silicon [sílikn]「スィリクン」

❏由来❏
英語の元素名 silicon はラテン語のケイ砂（silex　硬い石、火打石）に由来する。1810 年にベルセリウス（J. J. Berzelius）が命名した。

❏性質❏
第 3 周期 14 族（旧分類では IVB 族）に属する非金属元素である。クラーク数は酸素に次いで第 2 位である。シリコン（Si）は炭素と同様に価数が 4 であり、ダイヤモンドと同じ構造をとる。構造的には絶縁体であるが、高温では熱活性によって、これらの一部が切れ、自由に動くことができる電子と正孔（電子の抜けた穴）ができ、わずかながら電気伝導性を示す。これが半導体と呼ばれる所以である。

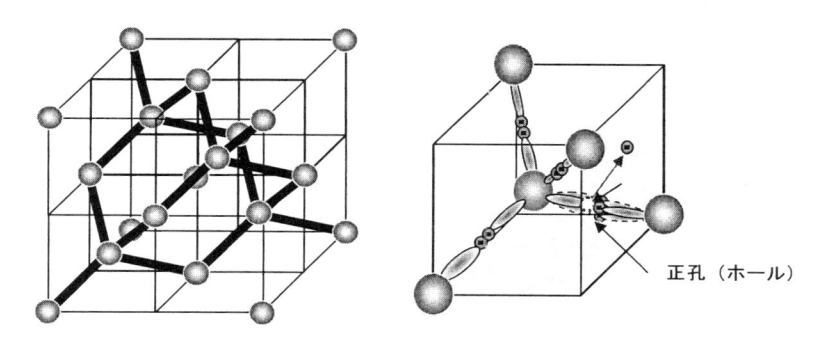

正孔（ホール）

シリコンの結晶構造

ただし、純粋なシリコンは**真性半導体**（intrinsic semiconductor）と呼ばれ、工業的な利用価値は低い。工業用としては、Si に 3 価あるいは 5 価の元素を意識的に添加した半導体が利用される。工業用の半導体では、添加する元素の量（ドープ量）によって、自由に動くことのできる電子および正孔（これらをキャリア: carrier と呼ぶ）の量を制御できる。**正孔**（hole）がキャリアとなる半導体を、「正」の英語 positive の p をとって p 型半導体と呼び、**電子**（electron）がキャリアとなる半導体は、「負」の英語 negative の n をとって n 型半導体と呼ぶ。

p 型半導体と n 型半導体を使うことで、**整流作用**（rectification）のある**ダイオード**（diode）や、**増幅作用**（amplification）のある**トランジスタ**（transistor）を

第4章 元素の性質

つくることができる。現在では、産業のコメと呼ばれる半導体産業を支える最も重要な元素となっている。

電子配置：[Ne]$3s^23p^2$ ❖ 原子量：28.0855 ❖ 融点：1420℃ ❖ 沸点：3280℃ ❖ 密度：2.33 g/cm^3（25℃）❖ 磁化率：-0.11×10^{-6} cm^3/g ❖ ヤング率：1.05×10^{11} N/m^2 ❖ 熱伝導率：148 W/m·K（27℃）❖ 比熱：20 J/mol·K ❖ 抵抗率：40 Ωcm（20℃）❖ 共有結合半径：1.17Å ❖ イオン半径：0.4 Å（Si^{4+}）、1.98 Å（Si^{4-}）❖ 安定同位体および存在比：^{28}Si: 92.22933%、^{29}Si: 4.66982%、^{30}Si: 3.10085%

❑用途❑

Si の大型単結晶をスライスしたウェハー（wafer）の上に、さまざまな電気回路が形成されている。まさに半導体産業の基幹である。最近では、高集積化が進むとともに、単結晶のサイズが大型化しており、12インチ（約30cm）径のものが主流となっている。いかに良質で、大型の単結晶基板を作製するかが世界的な競争となっているが、日本の企業が圧倒的な優位を誇っている。

また、多結晶 Si は太陽電池に利用されたり、アルミニウム、銅など合金強化用成分として添加される。

Si においては、シロキサン結合-(Si-O)-の繰り返しによる主鎖に、側鎖としてアルキル基などをつなげた重合体をつくることができる。この重合体をシリコーン（silicone）と呼ぶ。その状態によりオイル、グリース、ゴム、樹脂などになり、広範囲な応用がある。

二酸化珪素（SiO$_2$）はシリカ（silica）とも呼ばれ、水晶、メノウ、オニックスなどの宝石の主成分である。水晶は薄膜にして電気刺激を与えると非常に正確に振動するので、電波周波数の制御機器やクォーツ時計に使われる。また、圧力を加えると電圧が発生する圧電素子として機能するため、ライターやガスの点火装置にも使われる。

SiO$_2$ のうち石綿（アスベスト）として産出するものは、断熱性がよいので建築材として使われてきた。しかし、発ガン性のあることがわかり、現在では、その使用が禁止されている。SiO$_2$ は酸性酸化物であり、水酸化ナトリウムなどの塩基と反応し、ケイ酸ナトリウム（Na$_2$SiO$_3$）となる。それを水中で加熱するとナトリウムが水酸イオン（OH$^-$）に置換した水ガラスとなる。水ガラスは地盤の改良剤などに使われる。

❑トピックス❑

いまでこそ、半導体材料といえば Si であるが、かつては Si を使うのは難しいと思われていた。それは、Si と酸素の親和力が強いため、純度の高い Si 単体を合成するのが非常に困難であったからである。この難題に挑戦したのが日本の

企業であり、そのたゆまぬ努力の結果として、現在の半導体産業の隆盛がある。

ところで、いまだに良質で大型の Si 単結晶をつくる技術は高度であり、簡単に他の企業が真似をすることができない。最近では、単結晶育成の際に石英（SiO_2）るつぼからの酸素混入を防ぐ目的で、超伝導磁石の強い磁場を利用して融液の対流を抑える手法（MCZ: magnetic field applied CZ）が利用されている。それだけ設備投資をしても、十分の利益があるということであろう。

◌教授のコメント 1

鉄鋼業界にとって Si といえばケイ素鋼板（電磁鋼板とも呼ぶ）である。これは、トランス（変圧器）の材料として利用される。鉄に Si を添加すると電気抵抗が高くなるため、渦電流による損失が低下する。しかし、添加しすぎると脆くなって加工性が低下する。よって、いかに脆性を抑えながら、Si 量を増やすかが秘伝となる。その製法を鉄鋼メーカーは秘匿していた。このため、電磁鋼工場は、まわりから隔離されていた。かつて、アモルファスにすれば Si 濃度を高くしても薄板がえられるということから開発が進められたが、特許問題で米国メーカーに負けてしまった。

◌教授のコメント 2——鉄系形状記憶合金

Fe-30%Mn 合金は弱い形状記憶効果（shape memory effect）を示す。この合金に Si を添加すると形状記憶特性が飛躍的に向上する。常識的には数%の添加が限界と考えられていたが、なんと 6%Si まで合金化することができた。この合金は、世界初の鉄系形状記憶合金として実用化が進められている。

✱コラム✱ベルセリウス（Jons Jakob Berzelius, 1799 - 1848）

1779 年にスウェーデンで生まれる。1802 年にウプサラ大学で医学の学位をとり、1807 年にストックホルム大学の教授となる。しかし、在学中に化学に興味を持ちはじめ、教授就任後は医学の道を断念し、化学に専念するようになる。この頃から、ドルトンの倍数比例の法則に興味を抱き、43 の元素の原子量を決定するため、2000 以上もの化合物の分析を行って、原子量のリストをつくった。1814 年には、現在のアルファベットによる元素の表記法を提案する。ドルトンも元素記号を提案していたが、○や◎などの図形記号であったため不便であった。ベルセリウスのアルファベット表記のおかげで、元素表記は格段と進歩することになる。また、セレンとトリウムを発見し、ケイ素、カルシウム、ストロンチウム、バリウム、タンタルの分離を行ったことでも有名である。ベルセリウスは 19 世紀前半の最も偉大な化学者と評され、1830 年代には、多くの若手学者が彼のもとで勉強した。1818 年にスウェーデンの科学アカデミーの長官となり、1835 年には男爵の称号を与えられた。

₁₅P

リン、燐 phosphorus [fásfərəs]「ファスフルス」

❏由来❏
1669 年、ドイツの錬金術師ブラント（H. Brandt）が、銀から金をつくりだそうとする実験の途中で、尿を加熱した際にリンをえた。元素名は空気中で発光する性質があることから、「光をはこぶもの」を意味するギリシャ語 phosphoros からとられた。

❏性質❏
第 3 周期 15 族（旧分類では VB 族）に属する典型元素の非金属元素である。工業的に広い用途があり、生物にとって必要不可欠の元素である。数多くの同素体があり、それぞれ性質が異なる。

電子配置：$[Ne]3s^2 3p^3$ ❖ 原子量：30.97 ❖ 融点：44.1℃ ❖ 沸点：280℃（黄リン）❖ 密度：1.82 g/cm³ ❖ 熱伝導率：0.235 W/m·K ❖ 比熱：23.82 J/mol·K（黄リン）❖ 共有結合半径：1.113Å ❖ イオン半径：1.86 Å（P^{3-}）、0.44 Å（P^{3+}）、0.35 Å（P^{5+}）❖ 安定同位体および存在比：^{31}P: 100％

代表的なリンの同素体

同素体	融点(℃)	沸点(℃)	密度(g/cm³)
黄リン	44.1	280	1.82
紫リン	416	589.5(43.1atm)	2.34
黒リン	587.5	587.5	2.69
赤リン	416(昇華)	600	2.16

黄リン（white phosphorus）
黄白色のろう状の物質で、特有のニンニク臭がある。毒性の強い物質であり、致死量は 0.1g といわれている。白リンの表面に赤リンが少量生じたものが黄リンといわれており、本来は白リンと呼ぶべき同素体である。実際に英語名では white となっている。

紫リン（violet phosphorus）
α 金属リンともよばれ、黄リンをビスマスと封管中で 500℃に 10 時間加熱す

ると生ずる。暗赤紫色で単斜晶系の結晶で、無毒である。

黒リン（black phosphorus）
β 金属リンともよばれ、もっとも安定な同素体である。黄リンを 1.2GPa で 200℃に加熱するか、常温で 8GPa に加圧するとえられる。

赤リン（red phosphorus）
黄リンを不活性気体中で熱するか、光または X 線を照射するとえられる。暗赤色の粉末物質で、ほぼ無臭で無定形である。赤リンは、黄リンと紫リンの固溶体と考えられている。

❏用途❏
赤リンは**マッチの発火剤**としてつかわれている。マッチ箱の側面に、赤リンと硫化アンチモン SbS を膠着剤とまぜて塗布し、乾燥させている。一方、マッチ先端には酸化剤として塩素酸カリウム $KClO_3$、二酸化マンガン MnO_2、ニクロム酸カリウム $K_2Cr_2O_7$、硫黄 S、ガラス粉、膠などをねりあわせたものが塗ってある。リン酸アンモニウム（$(NH_4)_3PO_4$）は、リン安という略称でよばれており、農作物の肥料となる。

ハイドロキシアパタイト（hydroxyapatite）は化学式 $Ca_{10}(PO_4)_6(OH)_2$ で表されるリン酸カルシウムの一種で、骨や歯の主要成分である。歯のエナメル質の95％以上を占めている。化学的性質は弱アルカリ性（pH7－9）で、酸には良く溶けアルカリには溶けない。物理的性質は、モース硬度5（歯の表面のエナメル質はモース硬度が 6－7）で、ガラスと同程度の硬度である。優れた生体適合性、骨親和性があり、人工歯根、人工骨等に利用されている。

∞教授のコメント
墓場でみられる人魂は、人体から分解して生成したリンが燃えているためといわれている。ある製鉄所の転炉工場でひとりの作業員が行方不明になったことがある。溶鋼の中に落ちたのではないかと心配されたが、探しようがない。何しろ人間など一瞬にして溶けてしまう高温の世界である。その後、できた鋼の分析結果が送られてきたところ、そのバッチのリン濃度が他よりも高かったことがわかり、やはり溶鋼に落ちたのだろうということになった。怖い話である。冥福をお祈りする。

16S

硫黄（いおう）sulfur [sʌ́lfər]「スルフゥ」

❏由来❏

語源はサンスクリット語の「火の元」を意味する sulvere からきたラテン語の sulphurium からきたというものと、十世紀前の中央アジアのトカラ語 salp sälp＝燃やす、からきている。thio- はギリシャ語の硫黄 "theion" に由来する。

❏性質❏

3周期16族（旧分類では VIB 族）に属する典型元素の非金属元素である。天然には単体または金属硫黄物として分布する。右の写真は有名なイタリアシシリー島産の硫黄である。**全ての元素の中で最も多くの同素体を持つ**。固体は環状硫黄とカテナ硫黄に大別される。斜方硫黄・単斜硫黄・S8型硫黄などは前者に含まれ、後者にはゴム状硫黄などがある。硫黄は室温の空気中ではほとんど酸化されないが、250℃以上で発火する。水・無機酸では溶けず、各種の有機・無機溶媒に溶ける。**メチオニン**（methionine）や**システイン**（cysteine）などの**アミノ酸**（amino acid）として、成人の体内には140gの硫黄が存在する。

電子配置：$[Ne]3s^23p^4$ ❖ 原子量：32.07 ❖ 融点：112.8℃ ❖ 沸点：445℃ ❖ 密度：2.07 g/cm³（20℃）❖ 磁化率：8.3×10^{-6} cm³/g ❖ 熱伝導率：0.269 W/m·K（27℃）❖ 比熱：22.6 J/mol·K ❖ 共有結合半径：1.04Å ❖ イオン半径：1.82 Å（S^{2-}）❖ 安定同位体および存在比：^{32}S: 95.018%、^{33}S: 0.75%、^{34}S: 4.215%、^{36}S: 0.017%

❏用途❏

硫酸（H_2SO_4）としての使用がもっとも多い。その他としては、紙・パルプ用・合成繊維・火薬・マッチ・抜染剤などのほか、多くの製造工程、たとえばゴムに硫黄を加えると弾性が増すことが知られている。また、アミノ酸のシステインをはじめとして、各種有機化合物に硫黄が含まれている。

1822年に開発された硫黄マスタードガスは戦場で多くの死傷者を出した。このガスに接触すると皮膚に水泡が発生してやけどの状態になる。

❏トピックス❏——松尾鉱山

松尾鉱山（写真）は、岩手県の八幡平にある有名な硫黄鉱山であった。硫黄は化学肥料や繊維に使われていたため、大正昭和を通して活況を呈していた。かつては、東洋一の大きさを誇ったが、石油精製にともなう回収硫黄による安価な硫黄供給が始まったために昭和 28 年に閉山に追い込まれた。その後、松尾鉱山に多数あった従業員用の学校やアパート、住居は廃墟と化した。

∽教授のコメント 1——デシケーター

濃硫酸には、水分を吸う性質がある。昔は、デシケーター（desiccator）として、硫酸（sulfuric acid）の入った容器を使っていた。ガラス製の容器に硫酸が入っており、穴の開いたスレート製の板を置き、そのうえに水分を嫌う試料などを保存しておいたのである。

昔の大学の研究室は雑然としていたため、床に硫酸入りのデシケーターが何気なく置いてあった。学生が、うっかりデシケーターを蹴ってしまい、硫酸がこぼれ出て大騒ぎになったことがある。ところが、騒ぎが収まると、硫酸のおかげで、汚れて真っ黒だった床がきれいになるというおまけがついた。昔の大学の研究室の環境は実に劣悪だったのである。

∽教授のコメント 2——北上川の汚染

わたしの故郷の盛岡市に流れていた北上川は真っ赤に汚れていた。北上川と聞けば、汚染された川というイメージしかない。魚の住めない死の川であったのである。

この汚染の原因は、上流にある松尾鉱山から出る強酸性の排水であった。松尾鉱山は硫黄鉱山であったが、硫黄が水に溶けると硫酸となり、鉱毒水となる。これが北上川に流れ込んだのである。松尾鉱山がつぶれた後も、強酸性の排水は北上川に流れ続けたが、その後、中和施設を建設したことで清流がよみがえった。いまでは、鮭が遡上するまでになっている。

₁₇Cl

塩素　chlorine [klɔ́ːrin]「クローリン」

❑ 由来 ❑

塩素は主に食塩（NaCl）として海水中に存在するため、有史以前から身近な元素であった。1774年、スウェーデンの化学者、シェーレ（C. W. Scheele）が、二酸化マンガンに塩素を加えることで初めて塩素の単体である塩素ガスを発生させることに成功した。

$$MnO_2 + 4HCl \rightarrow MnCl_2 + 2H_2O + Cl_2\uparrow$$

元素としての存在を正しく認識したのは1810年、イギリスの化学者デービー（H. Davy）である。元素名は塩素ガスが黄緑色なのでその色を指す「chlorus（ラテン語）」または「chloros（ギリシャ語）」にちなみ、デービーが「chlorine」と命名した。（ちなみに末尾の-ine は物質名に付く語尾である）

❑ 性質 ❑

第3周期17族（旧分類ではVIB族）のハロゲンに属する非金属元素である。安定な単体は2原子分子（diatomic molecule）の Cl_2 で、常温常圧で黄緑色の気体である。非常に反応性が高く、強い漂白作用があるので、**漂白剤**（bleach）として用いられる。また殺菌作用があるので、水道水やプールなどの殺菌にも利用されている。アルカリ金属と反応して塩をつくる。NaCl はその代表である。

電子配置：$[Ne]3s^23p^5{}^4$ ❖ 原子量：35.45 ❖ 融点：-101°C ❖ 沸点：-34°C ❖ 密度：0.00321 g/cm³（20°C）❖ 磁化率：8.3×10^{-6} cm³/g ❖ 熱伝導率：0.269 W/m·K（27°C）❖ 比熱：22.6 J/mol·K ❖ イオン半径：1.81 Å（Cl^-）❖ 共有結合半径：0.99 Å ❖ 安定同位体および存在比：^{35}Cl: 75.77%, ^{37}Cl: 24.23%

❑ 用途 ❑

もっとも代表的な応用例は食塩つまり塩化ナトリウム NaCl である。また、漂白作用および**殺菌作用**（sterilization）があるので Cl_2 は水道水の殺菌やパルプの漂白に利用される。また、塩化水素（HCl）は水溶液（塩酸）として、各種無機塩の製造、金属洗浄、溶媒や有機塩素化合物の合成原料になる。塩化カリウム（KCl）は肥料として利用される。その他、化合物と利用分野を列挙すると

塩素酸ナトリウム（$NaClO_3$）：　マッチ、花火、除草剤、漂白剤の原料

次亜塩素酸ナトリウム（NaClO）：漂白剤、殺虫剤、ブリーチ
過塩素酸アンモニウム（NH_4ClO_4）：スペースシャトルブースター固形燃料
フロン：発泡剤、エアゾル噴射剤、冷媒、半導体洗浄
有機塩素系溶剤（ジクロロメタン、四塩化炭素、トリクロロエチレン）：溶媒、洗浄剤、冷媒、不燃性溶剤、接着剤、化学原料、塩素系農薬（ヘキサクロロベンゼン、ニトロフェン、DDT）
ポリ塩化ビニール：フィルム、玩具、合成皮革、電線被覆、建築資材、水道管

❑トピックス❑──塩素による公害

フロン：南極上空のオゾン層にフロンが反応することによって破壊し、紫外線による皮膚がん、温室効果をもたらす。最近では使用禁止となった。

トリハロメタン：水道原水の塩素消毒によって生成される副産物で、水道水利用者の発がんや肝障害をもたらす。

有機塩素系溶剤：近年急増している不法投棄廃棄物による土壌・地下水汚染によって井戸水利用者の発がんリスク増大や、神経系障害（麻酔作用）、肝・腎臓障害を引き起こす。

塩素系農薬：神経系障害、肝・腎臓障害、皮膚障害、内分泌系攪乱が懸念されている。無農薬野菜が流行のきっかけとなった。

PCB（polychlorobiphenyl）：カネミ油症、皮膚障害、消化器障害、肝障害を引き起こす。発ガン、内分泌系攪乱の疑いもある。現在では使用が禁止されている。

ダイオキシン類（PCDD・PCDF・コプラナーPCB）：廃棄物焼却、農薬の製造過程、パルプの塩素漂白による副産物で、ここ数年で世間を騒がせた物質。クロロアクネ、消耗症候群、発ガンリスク増大、生殖毒性などが症状である。また、イタリアのセベソの化学プラントの爆発事故の原因でもあった。

ポリ塩化ビニール：焼却により塩化水素ガス・ダイオキシンを発生する。また廃棄プラスチックのエネルギーリサイクルを困難にさせている。

∞**教授のコメント**

塩素は反応性が強く、比較的簡単に化合物がつくれることから、非常に広範囲の分野で利用されてきた。手軽で便利ということなのであろうが、それが逆に災いして、多くの公害の原因になっている。いまや、塩素は目のかたきにされ、その使用を極力抑える方向へ研究開発が進んでいる。元素自身に罪はない。NaClがこれだけ人体に有用だということが唯一の救いである。

₁₈Ar

アルゴン argon [άːɡɑn] 「アーガン」

❑由来❑
1904年イギリスの物理学者レイリー（S. J. W. Rayleigh）は大気の主成分である窒素と酸素の密度を正確に測ろうとした。ところが、窒素を精製して測った密度が予想と違っていたことから、その原因を追求する過程でアルゴンの存在を発見した。語源は不活性なことから「an（否定）＋ ergon（ギリシャ語で"働く"）」で「怠け者」に由来する。

❑性質❑
第3周期18族（旧分類では0族）の希ガスに属する非金属元素である。常温常圧で無色無臭の気体である。不活性であり、空気の中に0.93%含まれている。空気を液化して分留することによりえられる。

電子配置：$[Ne]3s^23p^6$ ❖ 原子量：39.95 ❖ 融点：$-189℃$ ❖ 沸点：$-186℃$ ❖ 密度：0.001784 g/cm^3 ❖ 磁化率：-0.11×10^{-6} cm^3/g ❖ 熱伝導率：177×10^{-4} W/m·K ❖ 比熱：0.52 J/mol·K ❖ 原子半径：1.91Å ❖ 安定同位体および存在比：^{40}Ar: 99.6%、^{38}Ar: 0.063%、^{36}Ar: 0.37%

❑用途❑
不活性であるので、溶接時に溶融金属を大気の腐食から守るシールドガスとして使われる。また、電球や蛍光灯に封入されて、フィラメントの寿命を延ばすことに利用される。さらに、ネオン管に封入されて、いろいろな発光にも使われている。雰囲気ガスとして高純度シリコンや**集積回路**（integrated circuit）の製造に使用される。

⇨教授のコメント
レイリーがアルゴンの存在を確認する100年以上も前に、キャベンディッシュ（H. Cavendish）が不活性ガスの存在に気づいていた。それは「キャベンディッシュの泡」として知られている。彼は、極端な人嫌いであったために、自分の研究を外部に一切発表することがなかった。彼のノートには、アルゴンの発見だけではなく、数多くの科学的大発見が書かれていた。そのノートを読んだマックスウェル（J. C. Maxwell）は愕然とした。もし、キャベンディッシュが、彼の研究成果を公表していれば、科学の歴史は100年以上も前進していたかもしれないからだ。そして、マックスウェルは5年もの歳月をかけて、キャベンディッシュの実験を再現し、レポートに発表するのである。

$_{19}$K

カリウム　potassium [pətǽsiəm]「プタァシウム」

❏由来❏

カリウムという名は、灰を意味するアラビア語 Kaijian にちなむラテン語の Kalium の音訳によったものである。Potassium という名は pot ashes 灰汁（植物の灰汁）が由来である。1807 年、イギリスの化学者デービー（H. Davy）が金属のかたちで単離に成功した。

❏性質❏

第 4 周期 1 族（旧分類は IA 族）のアルカリ金属に属する金属元素である。カリウムは、自然界に多量に存在し、地殻中の存在量（クラーク数）は全元素中 8 位に位置し、長石、硝石、雲母、カリ岩塩など、さまざまな鉱物のなかに存在する。動植物の細胞内で重要な役割をはたしており、その成長に必須な成分（窒素、燐酸、カリ）のひとつである。

金属カリウムは銀白色で、ナイフで切ることができるくらい軟らかい。空気中ではすぐに酸化され、水とはげしく反応して水酸化カリウムと水素ガスを発生する。

自然発火するので、空気と水に触れないように石油などの液体にひたして保存する必要がある。アルゴンガスを封入したびんで保存することもある。精製法としては、水酸化カリウムや塩化カリウムなどの融液の電気分解があるが、現在では溶融塩化カリウムとナトリウム蒸気を反応させる方法が用いられている。

電子配置：[Ar]4s^1 ❖ 原子量：39.0983 ❖ 融点：63.2℃ ❖ 沸点：765.5℃ ❖ 密度：0.862 g/cm^3（20℃）❖ 磁化率：0.53×10^{-6} cm^3/g ❖ ヤング率：3.61×10^9 N/m^2 ❖ 熱伝導率：102 W/m·K（27℃）❖ 比熱：29.51 J/mol·K ❖ 抵抗率：6.9 μΩcm（20℃）❖ 金属結合半径：2.27Å ❖ イオン半径：1.38 Å（K$^+$）❖ 安定同位体および存在比：^{39}K: 93.25811%、^{40}K: 0.011672%、^{41}K: 6.73022%

❏用途❏

金属カリウムは光電素子に、臭化カリウムは写真、製版、リソグラフィー、医薬で鎮静剤として用いられる。

クロム酸カリウム（KCrO$_3$）はマッチ、花火、繊維の染色、皮革なめし用。ヨウ化カリウム（KI）はヨードチンキなど医薬品。硝酸カリウムはマッチ、黒色火薬、花火、肉の保存。硝酸カリウムは天然には硝石として産する。

第4章 元素の性質

過マンガン酸カリウム（$KMnO_4$）は消毒剤、殺菌剤、漂白剤、化学反応における酸化剤として用いられる。硫酸カリウム、塩化カリウムは重要なカリ肥料であり、カリウムミョウバンなどの原料になる。

炭酸カリウム（KCO_3）はカリともよばれ、木灰などからえられるほか、水酸化カリウムに二酸化炭素を作用させてもつくることができる。用途はガラスや軟石鹸の製造などである。

❏トピックス1❏──カリウム－アルゴン年代測定法

Kの**放射性同位体**（radioactive isotope；radioisotpe）カリウム40（^{40}K）が、崩壊してアルゴン40（^{40}Ar）になることを利用して年代を測定する方法で、岩石の年代決定に広く用いられる。^{40}Kは天然のカリウム中に0.0117％含まれる放射性同位体で、半減期1.28×10^9年である。89％はβ崩壊して^{40}Ca、11％は電子捕獲によって^{40}Arに変わる。大気中にアルゴンが比較的多い（0.934体積％）のは、^{40}Kの崩壊によって生じた^{40}Arが蓄積したためである。^{40}Kは雲母、長石などの鉱物に多く含まれる。

アルゴンは岩石が125°C以上に熱せられると、岩石から遊離してしまう。よって、測定される^{40}Arは、火成岩などが冷えた時を始点として蓄積された量であり、それによって年代を決めることができる。

❏トピックス2❏──体内でのはたらき

KはNaとともにからだの水分バランスの調節や心拍リズムを正常に保つ働きをする。また筋肉中にも多く含まれ、筋肉が運動するために必要なミネラルである。Kが多く含まれる食品として、トマトジュース、サツマイモ、インゲン豆、ひじき、バナナ、柿などがある。

❏トピックス3❏──花火

花火の基本成分は、硝酸カリウム（硝石）などの酸化剤と、酸素と化合して熱や光を発する木炭、硫黄などの可燃性物質である。硝石、硫黄、木炭の混合物は黒色火薬とよばれ、軍事目的にも使用される。1800年以降は、硝酸カリウムの代わりに、塩素酸カリウムも使われるようになり、現在でも塩素酸カリウムあるいは過塩素酸カリウムが、花火の主要成分になっている。

∽教授のコメント

小学校のころに、植物の三大栄養素として窒素、リン酸、カリウムが必須であると習ったが、あらためて考えると不思議である。生物が進化するうえで、これら元素が大きな役割を果たしてきたということなのであろうが、どうして、これら元素なのかがわからない。

$_{20}$Ca

カルシウム　calcium [kǽlsiəm]「キャルシゥム」

❑由来❑

カルシウムを含む鉱物は古くから知られていた。その代表が石灰岩である。1808年にイギリスのデービー（H. Davy）がはじめて金属カルシウムの合成に成功した。彼は、**石灰**（lime）が金属酸化物であることをつきとめ、石灰の溶融電解法によって金属カルシウムを単離した。

カルシウムという名前もデービーによって命名された。ラテン語で石を意味するcalxから、石灰を表すcalcsisに変化し、これに元素名の語尾である-iumをつけてcalciumとした。人間にとっては、**骨の主成分**であり、重要な元素である。

❑性質❑

第4周期2族（旧分類ではIIA族）のアルカリ土類に属する金属元素である。単体は、FCC構造をとる銀白色の結晶で、空気中では徐々に表面が酸化されてCaOになり、さらに、空気中の水分を吸収すると$Ca(OH)_2$になる。水とは室温で反応し水素を発生し、アルコールとも反応して水素を発生する。また、液体アンモニアにも溶けて青色溶液となる。

カルシウムを含む鉱石としては、蛍石（fluorite:CaF_2）、方解石（calcite:$CaCO_3$）等がある。単体の製法は、工業的には無水塩化カルシウム（$CaCl_2$）に少量のフッ化カルシウム（CaF_2）を加えて鉄容器中で約700℃に加熱溶解し、炭素を陽極、鉄を陰極にして**電気分解**（electrolysis）によりつくられる。またイオンは無色で**炎色反応**（flame reaction）は橙赤色である。

電子配置：$[Ar]4s^2$ ❖ 原子量：40.078 ❖ 融点：839℃ ❖ 沸点：1494℃ ❖ 密度：1.55 g/cm^3（20℃）❖ 磁化率：$1.1×10^{-6}$ cm^3/g ❖ ヤング率：$1.55×10^{10}$ N/m^2 ❖ 熱伝導率：170 W/m·K（27℃）❖ 比熱：25.93 J/mol·K ❖ 金属結合半径：1.96Å ❖ イオン半径：1.05Å（Ca^{2+}）❖ 安定同位体および存在比：^{40}Ca: 96.941%、^{42}Ca: 0.647%、^{43}Ca: 0.135%、^{44}Ca: 2.086%、^{46}Ca: 0.004%、^{48}Ca: 0.187%

❑用途❑

古代ギリシャ人やエジプト人は石灰（lime: CaO）をモルタル（mortar）の製造に用いていた。食品の乾燥剤としても石灰（CaO）が使われている。水を吸収して発熱し、水酸化カルシウムになる。マグネシウム合金にカルシウムを0.25%加えると**耐熱性**（thermal resistance）が増加する。

第 4 章　元素の性質

❏トピックス１❏──骨粗ショウ症とカルシウム

　生物とカルシウムの関係は 1882 年にリンゲルによって初めて発見された。彼は、亀から取り出した心臓にカルシウムイオン（Ca^{2+}）を与えると数時間動き続けることを発見した。

　カルシウムは筋肉や骨の中にあり体重 70kg の成人では約 1.0kg のカルシウムが体内に存在するといわれている。近年注目されているのはカルシウムが代謝に関連していることである。その代謝にはホルモン、リン酸、ビタミン D が作用していてそのバランスが崩れると骨密度が低下する骨粗ショウ症になる。（下の写真で左が正常の骨、右が骨粗ショウ症の骨）また、カルシウムが不足すると筋肉などにストレスがたまりイライラするといわれている。このため、カルシウムは健康食品として多くの商品が開発されている。

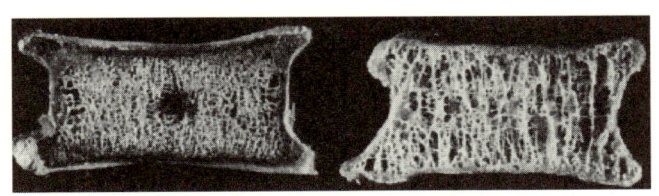

正常　　　　　　　　　　骨粗ショウ症

❏トピックス２❏──カルキ

　カルキはもともとはオランダ語で石灰（Kalk）という意味であった。これが消毒に使われていたのが転じて、現在では、水道水に消毒用に使われている塩素系のさらし粉をカルキと呼ぶようになった。

❧教授のコメント

　1986 年に La-Ba-Cu-O が 30K 近傍で超伝導を示すことを Bednorz と Müller が発表した。最初は無視されたが、東大グループが正しいことを証明してから大騒ぎになった。すぐに、周期表を使った探索が始まった。すると、Ba サイトを同じ族のアルカリ土類元素である Ca および Sr で置換しても超伝導になることがわかった。しかも、La-Sr-Cu-O は何と 8K も高い 38K で超伝導になることが明らかになったのである。残念ながら Ca のほうは超伝導にはなるものの臨界温度が低下することがわかり、表舞台からは姿を消してしまった。しかし、同じ族で超伝導になる温度が低いということにこそ、高温超伝導を理解するヒントがあるのではなかろうか。

₂₁Sc

スカンジウム Scandium [skǽndiəm]「スキャンディウム」

❏由来❏

メンデレーエフが周期表を提案したとき、「エカホウ素」（周期表でホウ素の直下の元素）と名づけ、その存在と性質を予言していた元素である。その10年後の1869年に分析学者ニルソン（Lars Nilson）によって発見された。彼の祖国スウェーデンのラテン語名スカンジアにちなみ Scandium と命名された。

❏性質❏

第4周期の3族（旧分類では IIIA 族）に属し、**最も原子番号の小さい遷移金属**である。$4s$ 軌道が2個埋められた状態で、内殻の $3d$ 軌道に電子が充填されていく過程の出発元素であり、$3d$ 電子は1個である。原子番号の最も小さい**希土類元素**である。塩化物無水塩と塩化アルカリとの混合物を融解し、電解還元してえられる淡灰白色の金属である。高価な元素で、1g あたり約1万円もする。

電子配置：$[Ar]3d^14s^2$ ❖ 原子量：44.956 ❖ 融点：1539℃ ❖ 沸点：2748℃ ❖ 密度：2.985 g/cm³（20℃）❖ 磁化率：7.0×10^{-6} cm³/g ❖ 抵抗率：55μΩcm（20℃）❖ 熱伝導率：15.8 W/m·K（27℃）❖ 比熱：25.56 J/mol·K ❖ ヤング率：8.09×10^{10} N/m² ❖ 金属結合半径：1.62Å ❖ イオン半径：0.83 Å（Sc^{3+}）❖ 安定同位体および存在比：^{45}Sc: 100%

❏用途❏

値段の高さなどがネックとなり、スカンジウムの用途開発はあまり進んでいない。触媒など、ごくわずかの用途があるのみである。

∽教授のコメント

高温超伝導体の $YBa_2Cu_3O_7$ が液体窒素温度以上で超伝導を示すことが報告された直後に、第3族の Y を同じ族でイオン半径の小さい Sc で置換すれば、**化学的ひずみ効果**（chemical strain effect）によって、室温超伝導が実現すると報じられた。

その報告を信じて、高い金を払って、なんとか Sc を5g ほど手に入れたことを記憶している。（確か20万円以上払ったと思う。）残念ながら、苦労してつくった化合物は絶縁体であった。その後、超伝導を再現できたという報告は聞いていない。もし、室温超伝導が本当に実現していたら、いまごろ Sc は元素の中のヒーローであったろう。

$_{22}$Ti

チタン Titanium [tɑitéiniəm] 「タイティニウム」

❑由来❑

1789年イギリス人のグレゴー（W. Gregor）がCornwall産の砂鉄中にルチル（rutile: TiO_2）（写真）を発見した。1795年にドイツ人クラプロート（M. H. Klaproth）は、ルチルが新元素の酸化物であることを見出し、ギリシャ神話の巨神Titanにちなんでチタンと名づけた。その名称が、今日も使用されている。

白い母岩上に柱状に付いているのがルチルの結晶

❑性質❑

第4周期4族（旧分類ではIVA族）に属する遷移金属元素である。チタンは軽くて強く、しかも耐食性に優れている。比重は4.51で、銅やニッケルの約2分の1、鋼の約6割という軽さである。純チタンの比強度は、ステンレス鋼や普通鋼を上まわり、アルミニウムの約3倍にも達する。

また、チタン合金は特殊鋼と同等の強度を有し、アルミニウム合金の2～3倍、マグネシウム合金の5倍で、500℃程度の高温でもその比強度はほとんど変わらず、実用金属中で最高の値を示す。

さらに、耐食性はステンレス鋼と比較しても優れており、特に海水に対する耐食性は白金に匹敵する。また、経年劣化がほとんどなく、100％近くリサイクルが可能で、地球環境を乱すことのない"地球に優しい金属"である。

チタンの精錬は、次の工程からなる。まず酸化チタンを塩素化して、それを還元することによって、スポンジチタンを製造する。

$$TiO_2 + 2Cl_2 + C \rightarrow TiCl_4 + CO_2$$
$$TiCl_4 + Mg \rightarrow Ti（スポンジチタン）+ 2MgCl_2$$

つぎに、このスポンジチタンを溶解することにより鋳塊（インゴット: ingot）を製造し、インゴットから展伸材を製造する。

電子配置：$[Ar]3d^2 4s^2$ ❖ 原子量：47.9 ❖ 融点：1667℃ ❖ 沸点：3285℃ ❖ 密度：4.5 g/cm³（20℃）❖ 磁化率：3.2×10^{-6} cm³/g ❖ 抵抗率：42μΩcm（20℃）❖ 熱伝導率：21.9 W/m·K（27℃）❖ 比熱：24.48 J/mol·K ❖ ヤング率：1.08×10^{11} N/m² ❖ 金属結合半径：1.45Å ❖ イオン半径：0.76 Å（Ti^{2+}）、0.70 Å（Ti^{3+}）、0.64 Å（Ti^{4+}）❖ 安定同位体および存在比：^{46}Ti: 7.99%、^{47}Ti: 7.32%、^{48}Ti: 73.99%、^{49}Ti:

^{49}Ti: 5.46%、^{50}Ti: 5.25%

❏用途❏

金属としてのチタンは軽い、強い、錆びない、溶けない、生体親和性に優れるなどの特徴を持ち、航空宇宙産業、電力・エネルギー産業、化学工業、海洋開発、スポーツ製品などの幅広い分野で利用されている。具体的には、ロケット部品、火力・原子力発電所、化学プラント、エンジン部材、人工骨、ゴルフクラブ、自転車、メガネフレームなどに使われている。また、耐食性に優れていることから食塩電解のアノードにも用いられる。最近では光触媒としての用途も注目を集めている。

❏トピックス❏──光触媒の原理

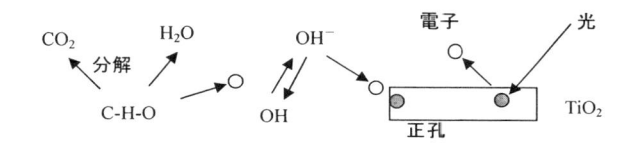

酸化チタン（TiO_2）の重要な応用に光触媒がある。TiO_2 に光（紫外線）が当たると、その表面から電子が飛び出し、正孔（電子が抜け出た穴）ができる。正孔は強い酸化力（電子を奪う力）を持つので、水中にある水酸イオン（OH^-）などから電子を奪い取る。このとき、電子を奪われた OH^- は不安定な状態の「OHラジカル」となる。OHラジカルは強力な酸化力を持ち、近くの有機物から電子を奪って自らが安定になろうとする。電子を奪われた有機物は、結合が分解されて最終的に二酸化炭素や水となって空気中に発散していく。光触媒には大気浄化、脱臭、浄水、抗菌などの働きがある。

∞教授のコメント

米国で Ti-Ni 合金の特徴の説明を聞いていた出席者が、この合金を曲げてその強さを試していたところ、偶然たばこの火が近づいた。そのとたんに、合金がもとのまっすぐの状態に戻ったのである。これが、この合金の**形状記憶効果**（shape memory effect）発見のエピソードと伝えられている。

形状記憶効果は、変形によって誘起されたマルテンサイトという準安定の状態が、加熱によってもとの安定な状態に戻る性質を利用することで発現する。いまではおもちゃ屋でも売られているし、メガネのフレームなどにも利用されている。大学の研究室でこの合金の存在を知ったときは、そんなばかなと思った。その原理を聞いても不思議であった。自然は不思議で満ちている。

23 V

バナジウム　Vanadium [vənéidiəm]「ヴネィディゥム」

❏ 由来 ❏

1801年デル・リオ（A. M. del Rio）がメキシコで最初に発見した。パリのフランス研究所に鑑定を依頼するため、バナジウム鉱石と一緒にその精製方法を書いて送ったが、不幸なことに、その手紙が船旅の間に紛失し、「クロムによく似ている」という手書きのメモだけが届いた。このため、研究所は新しい元素とは認めないという裁定を下した。リオもクロム化合物の一種だとして撤回した。1830年になって、スウェーデンの化学者セフストレーム（N. G. Sefstrom）がこの元素を再発見し、北欧神話の美の女神バナジスにちなんでバナジウムと名づけた。

❏ 性質 ❏

第4周期の5族（旧分類ではVA族）に属する遷移金属元素である。銀白色の際だった光沢があり、**硬度**が高く**耐食性**に優れている。また、**融点、沸点が高い**のも特徴である。

塩酸やアルカリ水溶液、希アルコールには溶けないが、硝酸、濃硫酸、フッ酸などには溶ける。常温の空気中では表面に酸化物の被膜をつくる。高温の空気中で酸化すると、その度合いに応じて褐色、灰色、黒色、暗赤色などに変化する。塩素とも反応し、塩化バナジウムとなる。

堆積岩に広く分布し、地殻中の存在度は比較的高いが、富化鉱床は少ない。石炭、石油に含まれ、ホヤ類の血液細胞にも存在する。

電子配置：$[Ar]3d^34s^2$ ❖ 原子量：50.94 ❖ 融点：1915℃ ❖ 沸点：3350℃ ❖ 密度：6.11 g/cm³（20℃）❖ 磁化率：3.2×10^{-6} cm³/g ❖ 抵抗率：25μΩcm（20℃）❖ 熱伝導率：31.5 W/m·K（27℃）❖ 比熱：32.09 J/mol·K ❖ ヤング率：1.34×10^{11} N/m² ❖ 金属結合半径：1.34Å ❖ イオン半径：0.88 Å（V^{2+}）、0.75 Å（V^{3+}）、0.61 Å（V^{4+}）、0.54 Å（V^{5+}）❖ 安定同位体および存在比：^{50}V: 0.250%、^{51}V: 99.750%

❏ 用途 ❏

バナジウムは単体金属としては、耐食性が高いため化学プラント用の配管などに使われる。ただし、その用途の80%は、鉄鋼材料を中心として、いろいろな合金への添加材である。バナジウムを鋼に添加すると、鋼中の炭素と結合して炭化バナジウム V_4C_3 を形成し微細に分散する。この結果、結晶粒が微細化し、

靭性を損なわずに強度が増すほか、熱および機械的性質も向上する。バナジウム鋼は、強度と靭性が要求される橋梁などの材料として利用される。高層ビルであるシカゴのシアーズタワー（写真）では、強度を増すため、その構造材にバナジウム鋼が使われている。

スパナ、ねじ回しや他の家庭用、機械用工具には、表面の硬度と荷重下でのひずみに対する抵抗力を増やすために、バナジウムとクロムが添加される。

この他、ニッケル・バナジウム合金、クロム・バナジウム合金などの合金にも利用される。チタン・バナジウム合金はミサイルの外被、ジェット・エンジンのカバー、原子炉の構造材に使われている。

❑トピックス１❑——バナジウム系触媒

V_2O_5 は二酸化硫黄を酸化して三酸化硫黄を生成する触媒として有名である。また、硫化水素除去、窒素酸化物除去用の触媒として、高価な Pt に代わり工業的に広く利用されている。

❑トピックス２❑——バナジウム系水素吸蔵合金

バナジウム合金は 3.0mass％近い水素吸蔵量を持っている。代表組成としては、V-Ti-Mn、V-Ti-Cr および V-Ti-Cr-Mn 等がある。水素原子を金属原子の 2 倍吸蔵することができる

∽教授のコメント

新元素バナジウムの発見を権威あるフランスの研究所によって否定されたことは、リオにとっては大変なショックであったろう。この判断を下したのが、フランス人化学者のデソチルス（Collet-Desotils）である。彼は一躍悪役となるが、もともとの原因はバナジウム鉱石からの抽出方法を書いた手紙を紛失したことにある。もし、この手紙が届いていたらデソチルスも別な判断を下していたに違いない。その 30 年後に、リオの名誉は回復することになるが、それは、セフストレームの発見後に、ある研究者がリオの仕事に気づいてくれたおかげであった。それがなければ、リオの名は歴史に残らなかったであろう。

手紙が届かずに不幸になった話はやまのようにある。それでわかれてしまった恋人どうしや家族の話も多い。簡単に携帯電話でメールが送れる現代では、とても信じられない話である。

$_{24}$Cr

クロム　Chromium [króumiəm]「クロウミゥム」

❏ 由来 ❏

1797 年フランスのボークラン（N. S. Vauquelin）が紅鉛鉱を分析した際、黄色の三酸化クロムを発見した。それを塩化スズ（$SnCl_2$）で還元して緑色の Cr^{3+} イオンをえた。この元素は酸化状態によって紫、赤、黄、緑と色が変化するため、ギリシャ語で色を示す言葉「クロマ」にちなんで Chromium と名づけられた。

❏ 性質 ❏

第 4 周期 6 族（旧分類では VIA 族）に属する遷移金属元素である。電子配置は $[Ar]3d^44s^2$ とならずに、s 軌道、d 軌道ともに半分だけ充填された $[Ar]3d^54s^1$ となる。これは $3d$ と $4s$ 電子のエネルギー準位が近いうえ、各電子軌道において、すべての電子状態が埋められた飽和状態のちょうど半分の電子数になったとき（half-filled の状態）に電子軌道が安定するからである。

脆くて硬い灰色がかった金属で、通常は BCC 構造を呈するが、クロム酸塩の電解でえたものは HCP 構造をとる。HCP 構造のものは約 800℃に加熱すると BCC 構造に変わる。常温では安定で、空気、水とは反応しない。600〜900℃に加熱すると酸化被膜を生じる。強熱すればハロゲン、窒素と直接反応する。塩酸、希硫酸に可溶で、濃硝酸、王水に対しては**不動態**（passive state）となる。

電子配置：$[Ar]3d^54s^1$ ❖ 原子量：51.996 ❖ 融点：1900℃ ❖ 沸点：2690℃ ❖ 密度：7.19 g/cm³（20℃）❖ 磁化率：3.2×10^{-6} cm³/g ❖ 抵抗率：13μΩcm（27℃）❖ 熱伝導率：90.3 W/m·K（27℃）❖ 比熱：23.35 J/mol·K ❖ ヤング率：2.48×10^{11} N/m² ❖ 金属結合半径：1.28Å ❖ イオン半径：0.89 Å（Cr^{2+}）、0.65 Å（Cr^{3+}）、0.55 Å（Cr^{4+}）、0.49 Å（Cr^{5+}）、0.44 Å（Cr^{6+}）❖ 安定同位体および存在比：^{52}Cr: 83.7895%、^{53}Cr: 9.5006%、^{54}Cr: 2.3467%、^{50}Cr: 4.3452%

❏ 用途 ❏

クロムは不動態をつくりやすいので**耐食性**（corrosion resistance）に富み、光沢、硬さ、耐摩耗性にも優れているため、**メッキ**（plating）としての用途が極めて広い。また X 線用対陰極や鏡などにも使用される。

鉄鋼などのには耐食性、耐熱性（thermal resistance）を向上させる目的で添加される。また、エメラルドやルビーの色はクロムが不純物として入っているために着いたものである。エメラルドのあざやかな緑色は＋6 価、ルビーの赤い色は

＋3価のクロムイオンの色と考えられている。

　クロムメッキでは、従来は6価クロム（Cr^{6+}）が金属表面の耐食性・防食性に優れるため、多くの工業製品の**表面処理**（surface treatment ; surface coating）に使用されていた。しかし、毒性が強く危険なため、最近その使用の規制が始まっている。ヨーロッパ連合（EU）では2003年7月1日からEU市場で登録される新車への6価クロムの使用禁止案が採択されている。この規制では、防錆用途の亜鉛メッキ等の表面処理で1車輌当り6価クロムの使用量が2gを超えてはならないとされている。

　6価クロムに変わる最有力メッキ技術として3価クロムを使ったメッキがある。その他の代替技術も色々と研究されているが、「6価クロムメッキ」の被膜特性、量産性、コスト、操作、浴管理の容易さなどの全ての特長を満たす代替技術は開発されていない。3価クロムは3価クロム塩を主成分とするため毒性はなく、作業環境が改善されると同時に廃水処理も簡単になることで注目を集めている。

❏トピックス❏――6価クロムの毒性

　Crの6価としての化合物、二クロム酸カリウム（$K_2Cr_2O_7$）の致死量は0.5〜1gとされている。この化合物を製造する工場で働く人に鼻中隔穿孔症が多く、肺ガンで亡くなる人も出て社会問題となった。

　最近の研究によると6価クロムが3価クロムに還元される過程で5価クロムがかなりつくられることがわかった。この5価のクロムはDNAを切断する作用があり、これが発ガンの原因物質ではないかと疑われている。

∽教授のコメント

　Crと聞いてすぐ頭に浮かぶのはステンレス鋼である。正式には12%以上のCrを含む鉄合金の総称であり、JIS記号がSUSである。Crの酸化物が強固な不動態膜を表面に形成するため、耐食性に優れている。われわれがよく使うステンレスはFe-Cr-Ni合金であり、有名なSUS308はFe-18%Cr-8%Ni合金で18-8ステンレスとも呼ばれる。

　それが、最近では6価クロムの毒性のほうが注目を集めるようになった。実は、昔、電解研磨用の液の成分としてリン酸クロム酸を使っていた。毒々しいクロム色（濃いオレンジ色）をしていたのを覚えている。加熱して研磨をするのであるが、過熱しすぎると突沸する。そのため、お湯の中に入れて加熱していた。ところが、うっかり加熱したまま食事に出かけたとき、湯浴の水がすべて蒸発してしまい、帰ってきたら実験室が黄色になっていたという事件があった。ぞうきんで掃除をしたが、今にして思えば危険なことをしたものである。その場にいなかったのが不幸中の幸いであった。

₂₅Mn

マンガン manganese [mǽŋŋəniːz]「マァングニーズ」

❏由来❏

1774年にスウェーデンのシェーレ（C. W. Scheele）らが軟マンガン鉱中に新元素を発見したが、単離には至らなかった。同じ年に友人のガーン（J. G. Gahn）が軟マンガン鉱を木炭と一緒に強熱することによりマンガンの単離に成功した。

❏性質❏

第4周期7族（旧分類ではVIIA族）に属する遷移金属元素である。純粋なものは銀白色を呈し、常温常圧ではBCC構造をとる。鉄より硬いが非常にもろい。塊状のものは空気中で酸化被膜をつくるので、加熱しても反応はそれ以上進まないが、粉末は酸化されやすく発火することもある。粉末は水と反応して水素を発生する。

第7属に属するMn, Tc, Reの3つの元素はマンガン族元素と呼ばれる。最外殻のs軌道と、ひとつ内側のd軌道を占有する電子の和が7個になる。したがって、最大の原子価は+7価である。ただし、通常は+2価および+3価をとる。

工業的には酸化物をそのまま炭素で還元してつくるが、テルミット法ではMnO_2をいったんMn_3O_4にしてから還元する。塩化マンガン、塩化アルカリの融解塩を電解するか、塩化マンガン水溶液を水銀を電極として電解し、水銀を蒸留することによってもえられる。

電子配置：$[Ar]3d^5 4s^2$ ❖ 原子量：54.94 ❖ 融点：1244℃ ❖ 沸点：2060℃ ❖ 密度：7.44 g/cm³ (20℃) ❖ 磁化率：9.6×10^{-6} cm³/g ❖ 抵抗率：185μΩcm (20℃) ❖ 熱伝導率：7.82 W/m·K (27℃) ❖ 比熱：26.53 J/mol·K ❖ ヤング率：2.48×10^{11} N/m² ❖ 音速：5150 m/s (20℃) ❖ 金属結合半径：1.30Å ❖ イオン半径：0.91 Å (Mn^{2+})、 0.62 Å (Mn^{3+})、 0.52 Å (Mn^{4+}) ❖ 安定同位体および存在比：^{55}Mn：100%

❏用途❏

鉄に添加してマンガン鋼として使われる。また、鋼材の脱酸素剤としても使われる。最も有名なものは、マンガン乾電池の陽極として利用される二酸化マンガンとしての用途であろう。マンガン乾電池は家電などに使うことを目的とした最も安価な1次電池としてコンビニなどでも売られている。

ロトピックスロ——マンガン乾電池

マンガン乾電池は、正極に MnO_2、負極に Zn、電解液には $ZnCl_2$ または NH_4Cl を使っている。公称電圧は 1.5V で、機器が必要とする電圧や電流に応じて、複数の電池を並列や直列にして使う。乾電池という呼び名のとおり、それまでの液漏れする構造の電池を改良し、液体を使っているが漏れない電池、すなわち「乾いた電池: dry battery」として開発された。

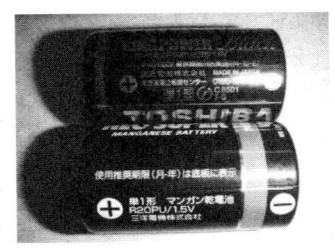

マンガン乾電池の原型は、1868 年にフランスのルクランシェが開発したルクランシェ電池である。それまでに開発されていたダニエル電池では、使用の際に水素ガスが発生し電流を妨げてしまうという問題があった。ルクランシェ電池は、二酸化マンガンを用いることにより水素ガスを酸化して水に変えることで、水素ガスの発生を抑えることに成功した。これをきっかけに長時間利用可能な電池が誕生し、その後の実用化に道を切り開いた。

マンガン乾電池は、放電が進んだ後にしばらく休ませると電圧が回復するという特性があり、短時間の使用を繰り返すものやときどき使用するものなど、小電流で長期間に渡って使う用途に向いている。一方、電流が大きいほど電圧低下が早くなり、すぐに消耗してしまう。したがって、大きな電流を流す機器には適さない。デジカメに、マンガン電池を使うとすぐに放電してしまうのはこのためである。

これまで乾電池の主役として用いられてきたマンガン乾電池だが、現在ではアルカリ乾電池に主役の座を譲っている。アルカリ乾電池は、電解液に水酸化カリウムを用いた 1 次電池で、マンガン乾電池よりも容量が大きく、寿命も長いという特長を持つ。

☞教授のコメント

私の博士論文の研究対象がマンガン鋼である。Fe に Mn を添加すると強度や靭性が増す。そこで、この材料を極低温で使えないかという研究を行ったのである。実は、低温用鋼としては Fe-Ni 合金が使われていたが、Ni は高価であった。Mn は安価であるうえ、当時は海底にマンガン団塊があることが明らかになって、その資源の豊富さが注目されていた。熱処理による組織制御で低温でも使える材料が開発できたが、企業で採用されることはなかった。Mn を合金化するときに出るヒュームが人体に害を与えるため、溶解してくれる企業が見つからなかったのである。その後、Fe に 30%Mn と 6%Si を添加した合金が形状記憶効果を示すことがわかり、現在実用化が進められている。これについては Si の項ですでに紹介した。

₂₆Fe

鉄　iron [áiərn] 「アィゥｯﾝ」

◻由来◻

鉄は、人類に古くから知られていた金属である。英語の iron の語源は、ゲルマン系のものとされ、古代英語の isern、アイルランド語の iarann とされる。ただし、鉄文明は紀元前 8 世紀ごろ、ユーゴスラビア地方に発生していたので、その地域に語源があるという説もある。元素記号の Fe はラテン語で「鉄」を表す ferrum に由来する。英語でも鉄系材料を ferrous materials という。また、強磁性は ferromagnetism である。

◻性質◻

第 4 周期 8 族（旧分類では VIII 族）に属する遷移金属元素である。地殻中では酸素、ケイ素、アルミニウムに次いで 4 番目の存在量を誇る。^{56}Fe の原子核が全ての原子の中でもっともエネルギー的に安定である。このため、原子量が大きいにもかかわらずも、宇宙全体での Fe の存在量はかなり多いと考えられている。また、地球の核（コア）は鉄が主成分であると推定されている。

単体金属は、室温では BCC 構造をとるが高温では FCC 構造に変態する。**低温相の密度が低い**という特異な性質を示す唯一の金属である。この理由として、磁性が関係していると考えられているが、その理由はまだ明らかにされていない。

非常に反応性の高い金属で、乾燥空気中ではかろうじて安定であるが、水分を含むと酸化してさびを生じる。希酸にも水素を発生して簡単に溶け、Fe^{2+}を生じるが、濃硝酸に対しては表面に酸化被膜を生じて不動態となり溶けない。

鉄を含む鉱石としては、赤鉄鉱（hematite：Fe_2O_3）、磁鉄鉱（magnetite：Fe_3O_4）、褐鉄鉱（limonaite：$Fe_2O_3 \cdot nH_2O$）等があり、これら酸化物をコークス（C）で還元して精錬する。

鉄は古代にヒッタイト人が使用してから、常に工業の中心にあった金属であり、そのため様々な製造法が考案され、また各種の金属との合金も作られてきた。値段は金の 10000 分の 1 にも満たないが、人類の文明の中心にある元素といっても過言ではない。

電子配置：$[Ar]3d^6 4s^2$ ❖ 原子量：55.847 ❖ 融点：1535℃ ❖ 沸点：2750℃ ❖ 密度：7.87 g/cm^3（20℃）❖ 磁化率：強磁性 ❖ 抵抗率：9.71 μΩcm（20℃）❖ 熱伝導率：80.3 W/m·K ❖ 比熱：25.23 J/mol·K ❖ ヤング率：2.06×10^{11} N/m^2

音速：4910 m/s（20℃） ❖ 金属結合半径：1.27Å ❖ イオン半径：0.92 Å（Fe^{2+}）、0.79 Å（Fe^{3+}） ❖ 安定同位体および存在比：^{54}Fe: 5.81%、^{56}Fe: 91.75%、^{57}Fe: 2.15%、^{58}Fe: 0.29%

❏用途❏

かつて、鉄は**産業のコメ**といわれた。鉄筋コンクリートをはじめとして、数多くの建築物に使われている。鉄骨とは、非常に丈夫という意味になる。また、多くの金属と合金化することで、多種多様な性質がえられ、産業のあらゆる分野で中心的な存在となっている。

鉄が錆びるということは常識であるが、Fe-Cr-Ni 合金はステンレス（stainless：すなわち錆び（stain）がない（less）という意味）と呼ばれ、錆びない合金として重用されている。

また、リサイクル性が高く、**くず鉄**（scrap iron）を原料として**電気炉**（electric furnace）で鉄を再生することができる。**鉄鉱石**（iron ore）を還元して精錬する設備を**高炉**（blast furnace）と呼んでおり、この鉄鋼メーカーを高炉メーカーと呼んでいる。一方、電気炉を使って鉄のリサイクルを行う企業を電炉メーカーと呼んでいる。鉄鋼メーカーは、かつては国を代表する大企業であった。高純度化が進んだことで、深絞り加工が可能となり、スチール缶が飲料用缶としてシェアを伸ばしている。

鉄が乾燥空気中では酸化が遅く、湿気があれば錆びて発熱する性質を利用して携帯カイロがつくられている。鉄粉が袋の中に密封されており、袋を破れば湿気と酸素を含む空気が入り、鉄粉が酸化され発熱するという原理である。

❏トピックス１❏——鉄と地球の関わり

地球は生まれたての頃は高温で、少なくとも半溶融状態にあったと考えられる。このとき、重力により重いものから順に中心に集まり、地球の中心に 400 万気圧・5000℃の鉄の固体が集まって**内核**（inner core）を形成した。そのまわりに溶融した鉄が**外核**（outer coure）を形成し、これらの層が直径の約半分を占めている。その外周に、さらに**マントル**（mantle）がかぶさり、その上にごく薄い表皮が乗

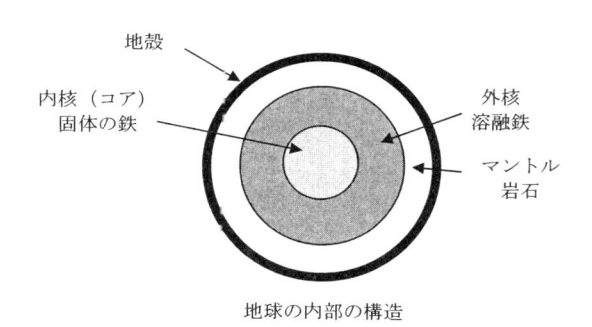

地球の内部の構造

第 4 章　元素の性質

るという地球の構造が出来上がった。
　地球の核にある溶融した鉄が回転しているために、**磁場**（**地磁気**：terrestrial magnetism；geomagnetism；earth's magnetic field）が発生すると考えられている。

▢トピックス２▢──生体内での鉄の役割
　体内の鉄分の多くはヘモグロビンの中に含まれており、鉄イオンの酸化還元によって酸素と結合し、酸素を運搬している。そのため、鉄分が不足すると貧血になるのである。鉄分の豊富な食品として、のり、ひじき、レバー、ゴマ、貝といったものがあげられる。

▢トピックス３▢──マグネタイト
　マグネタイトすなわち磁鉄鉱の化学式は Fe_3O_4 と書き、四酸三鉄と呼ぶ。しかし、よく考えれば、この化学式はおかしいことに気づく。酸素は−2 価であるから、鉄の価数が $+8/3$ となってしまう。実は、マグネタイトは正確には $FeO \cdot Fe_2O_3$ のように 2 種類の酸化物からなる混合物である。これを足し合わせて、Fe_3O_4 と表記しているだけのことである。

∽教授のコメント１
　かつて、鉄の加工を生業としていた旋盤工場では、寒い冬には、削った鉄くずを手ぬぐいに巻いて、少量の水を垂らして、暖をとったと聞く。まさに携帯カイロの原理である。生活の知恵とはこのことか。

∽教授のコメント２
　かつて、製鉄所で三交代を経験した。鉄は高炉で鉄鉱石（鉄の酸化物）をコークス（C）で還元することによって銑鉄（C を多量に含んだ鉄）となる。高炉は一度点火すると、ずっと操業を続ける必要があるため、製鉄所で働くひとたちは、24 時間仕事を続ける必要がある。これが三交代で休みなく操業する理由である。
　高炉の中で、どのような反応が起きているかは、コンピュータ解析などでかなり明らかになってきているが、いまだにブラックボックスの面もある。これだけ科学が進んだ世の中でなぞのひとつである。
　高炉から出てきた銑鉄は、C の量が多すぎるので、つぎの工程では C を減らす必要がある。これが転炉工程である。酸化鉄を還元するために使った C がじゃまになるという事実は皮肉な気もする。最初の工程で、うまく制御すれば銑鉄ではなく、C 量の適度な鉄ができそうな気もするが、そう簡単にはいかない。何しろ、鉄の値段は安いので大量に処理する必要があるからだ。

$_{27}\text{Co}$

コバルト　Cobalt [kóubɔ:lt]「コゥボールト」

❏由来❏

1735年ブラント（H. Brandt）によって名づけられたという説もあるが、もともとドイツ語のKobold「面白い」という単語に由来している。Koboldは、いたずら好きの鬼の意味もあり、銀鉱山から銀を盗んだ盗人の名ともされている。このため、銀の廃鉱石をKobaltと呼んだが、その中から有用なコバルトが見つかったことも、その名の由来のひとつとされている。

❏性質❏

第4周期9族（旧分類ではVIII族）に属する遷移金属元素である。コバルトは、鉄と同じ強磁性体であり永久磁石を構成する材料となっている。鉄と似た性質を多く持っているため、ニッケルとあわせてFe, Co, Niを鉄属金属と呼ぶこともある。このように遷移元素では、族ではなく隣どうしの元素が似た性質を示すことがよくある。

コバルトの単体金属は、室温ではHCP構造をとる。安定な酸化状態は+2価及び+3価である。水には溶けないが、塩酸、硫酸などの各種酸性水溶液には徐々に溶けて、水素を発生し2価の陽イオン（Co^{2+}）となる。

鉱石として、主にコバルトを含むものには、ヒコバルト鉱（smaltite: $CoAs_2$）、輝コバルト鉱（cobaltite: CoAsS）といったヒ素と共存する鉱石が主であり、またニッケルと共存していることが多い。主要な産地は、コンゴ、ザイール、ザンビアやカナダである。コバルトは、第4周期の遷移金属元素としては、スカンジウムに次いで存在量が少ない。単体の価格としては、純度99.8%のもので1kgあたり7000円前後となっている。

電子配置：$[Ar]3d^74s^2$ ❖ 原子量：58.93 ❖ 融点：1495℃ ❖ 沸点：3100℃ ❖ 密度：8.9 g/cm^3（20℃）❖ 磁化率：強磁性 ❖ 抵抗率：6.24 μΩcm（20℃）❖ 熱伝導率：99.2 W/m·K（27℃）❖ 比熱：25.23 J/mol·K ❖ ヤング率：2.10×10^{11} N/m^2 ❖ 音速：4720 m/s（20℃）❖ 金属結合半径：1.25Å ❖ イオン半径：0.82 Å（Co^{2+}）、0.65 Å（Co^{3+}）❖ 安定同位体および存在比：^{59}Co: 100%

❏用途❏

CoとAlの複合酸化物は、美しい青色を持つため、古来より青色の染料として用いられてきた。一方、Znとの複合酸化物は緑色で、コバルトグリーンとも呼

第4章　元素の性質

ばれ、絵の具等に用いられている。
　Co は、Fe, Ni, Cr, W などとの合金が広く使用されており、例えば Ni-Fe-Co 合金は、ガラスと金属の接合に用いられ、Cr-Co-W 合金は歯科、外科材料として使用されている。また、Sm-Co は強力な永久磁石材料である。

感想
　そういえば、鉄腕アトムの兄弟の名前がコバルトだった。なぜコバルトとつけたのだろう。

教授のコメント
　数多い元素の中で、Fe、Ni、Co のごくありふれた金属元素が強磁性を示す。右の写真は、Co 微粒子の磁区を撮影したものである。右の電子線ホログラフィーの観察像を見ると、強磁性にともなう磁区構造がはっきり見える。（理化学研究所ホームページより転載。外村彰らのホログラフィー電子顕微鏡写真である。）

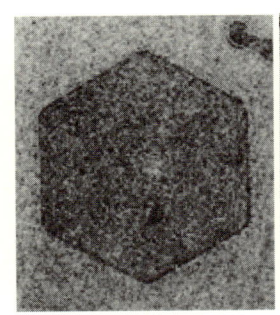

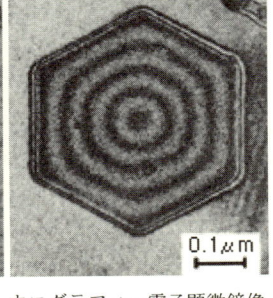

透過型電子顕微鏡　　　　ホログラフィー電子顕微鏡像

　第1章でも紹介したように、遷移金属では電子軌道のエネルギー準位の逆転現象によって、最外郭の $4s$ 軌道が埋まった状態で、内殻の $3d$ 軌道が埋められていく。このとき、ある特定の電子数の金属では、不対電子ができるというのがその逆転現象の理由であるが、まさに奇跡という他ない。自然がつくり出した偶然とはいえ、強磁性元素がなかったら、人類は長い間、磁場の存在に気がつかなかったのではなかろうか。
　いまでは、$4f$ 軌道に由来する遷移金属にも同様の効果が生じ、ランタノイド元素のいくつかに強い磁性を示すものが見つかっているが、やはり、磁性に関する鉄、ニッケル、コバルトの鉄族元素の存在感は大きい。
　ところで、鉄腕アトムの兄にコバルトという名前をつけたのは、当時コバルト 60（^{60}Co）という放射性同位元素が有名であったからと思われる。人工の放射性元素で、中性子を照射すると、比較的放射能の高いものができることから、いろいろな分野に利用されていた。何しろ、アトムの妹の名前は有名な放射性元素のウランである。

$_{28}$Ni

ニッケル nickel [níkl] 「ニクル」

❏由来❏

1751年にスウェーデンの鉱物学者で科学者のクローンステット（F. Cronstedt）が実験を重ねて、クッフェルニッケル（kupfernickel：銅の悪魔という意味）から銅と性質のまったく異なる金属の単離に成功した。クッフェルニッケルの中に含まれているので、ニッケルと短縮して呼んだのが名の由来である。

❏性質❏

第4周期10族（旧分類ではVIII族）に属する遷移金属元素である。銀白色の光沢をもつ。常温において、塊状のものは空気や湿気などに対して安定であるが、粉末状のものは発火性を有する。また、硬くて脆く、熱すると黒粉に変化し、酸に溶解すると緑色を呈する。安定同位体は、^{58}Ni、^{60}Ni、^{61}Ni、^{62}Ni、^{64}Niの5つがある。面白いことに、原子量の小さい^{58}Niの存在比率が68.27%と大きいため、Niの原子量は58.69であり、原子番号の小さいCoの58.93よりも小さくなる。

電子配置：[Ar]3d^{8}4s^2 ❖ 原子量：58.69 ❖ 融点：1455℃ ❖ 沸点：2920℃ ❖ 密度：5.34 g/cm^3（20℃）❖ 磁化率：強磁性 ❖ 抵抗率：6.84 μΩcm（20℃）❖ 熱伝導率：90.5 W/m·K（27℃）❖ 比熱：25.23 J/mol·K ❖ ヤング率：2.10×10^{11} N/m^2 ❖ 音速：4970 m/s（20℃）❖ イオン半径：0.83 Å（Ni^{2+}）、0.74 Å（Ni^{3+}）❖ 金属結合半径：1.24Å ❖ 安定同位体および存在比：^{58}Ni: 68.27%、^{60}Ni: 26.1%、^{61}Ni: 1.13%、^{62}Ni: 3.59%、^{64}Ni: 0.91%

❏用途❏

ニッケルの応用範囲は非常に広く、数多くの分野に利用されている。最も身近なものは、硬貨への応用である。日本では、50円や100円硬貨は銅とニッケルを3対1で混ぜた白銅でできている。硬貨には、入手のしやすい銅が多用されるが、硬貨の種別をつけるために、ニッケルを混ぜて色を変えている。過去には鋳造性、加工性、耐食性に優れている純ニッケルが用いられたこともある。米国では5セント貨がニッケルでできているため、この硬貨をニッケル（nickel）と呼ぶ。ちなみに新500円硬貨はニッケル黄銅で、銅・ニッケル・亜鉛がそれぞれ7：1：2の合金である。

また、鉄などの合金にも添加される。耐食性の高いステンレス鋼は、Fe-Ni-Cr

合金である。Fe に 9%Ni を添加した**低温用鋼**（steel for cryogenic use）は、**液化天然ガス**（LNG: liquified natural gas）を運搬する船舶などに利用されている。

　ニッケルはメッキにも利用される。その特性はメッキを2層3層と重ねると、防錆、防食性が飛躍的に向上するということである。この特性により自動車部品、精密部品など、数多くの分野に使われている。ただし、空気中でわずかに変色するので、美観の付与と保持に役立つクロムメッキをつけることが多くある。その他に、ニッケルメッキは下地メッキとしての効果も高く、金メッキ、銀メッキなどの下地メッキとしても利用されている。

　ニッケルは、電池にも利用される。かつては Ni-Cd 電池（ニッカド電池）が有名であったが、Cd の毒性のために、現在は Ni-H 電池が利用されるようになっている。正極にニッケル酸化物、負極にカドミウムのかわりに水素吸蔵合金、電解液にイオン導電性の良い水酸化カリウム水溶液を用いている。

▫トピックス1▫——針ニッケル鉱

　針ニッケル鉱は、ヤマアラシやハリネズミの背中の毛のような針状の結晶となる。色は普通黄金色で、ニッケルを含む鉱物の中では、その含有量はもっとも多い。また、世界中に広く分布しているが、産出量が少ないため、産業用には採掘されていない。珍しい形をしているので、コレクションとしての需要が高い。

▫トピックス2▫——ニッケルによる金属アレルギー

　耐食性を向上させるために用いるニッケルメッキは金属アレルギーを引き起こすことがある。金属が直接皮下組織と接触し、組織液によって微量ながら溶けだし、金属イオンが体内に取り入れられて、アレルギーを起こすといわれている。このため、最近は、ニッケルを含まないメッキ商品が開発されるようになってきている。

∽教授のコメント

　昔は、金属アレルギーということがほとんど認識されていなかった。研究が進むにつれて、数多くの金属がアレルギーを引き起こすことがわかってきた。しかし、アレルギーには個人差があり、金属単独の作用であるのか、他の要因が絡んだ複合的なものなのかは明らかになっていない。

　ニッケルが硬貨の材料として使われてきたのは、その資源が豊富ということもあるが、人間に害を及ぼさないと考えられてきたからである。それがアレルギーとは、材料研究者として考えさせられる問題である。

₂₉Cu

銅 copper [kápər] 「カプゥ」

❏由来❏

われわれにとって、最もなじみの深い金属元素のひとつである。人類が銅を利用した歴史は非常に古く、最古のものは、紀元前 8800 年ごろの北イラクで発見された天然の銅で作られたと考えられている小玉である。銅の語源は、古代の銅鉱山の中で特に有名な地中海の島、キプロス島（Cyprus）であると考えられている。

❏性質❏

第 4 周期 10 族（旧分類では IB 族）に属する遷移金属元素である。Cr とともに遷移元素の中では特殊な電子配置をとる。本来ならば $[Ar]3d^94s^2$ のようになるべきであるが、Cu では $[Ar]3d^{10}4s^1$ のように $3d$ 軌道がすべて充填され、$4s$ 軌道にひとつ空席ができる。このため、磁性を示さない。また、最外殻の電子が 1 個であるため、電子が自由に動くことができるので、電気抵抗の小さな金属の代表である。実は、同じ 11 族の Ag, Au も同様の電子配置をしており、その結果、これら金属では、すべて電気抵抗が小さくなっている。

赤色の光沢のある金属である。このため、日本ではかつて「あかがね」と呼ばれた。展性・延性・加工性に富んでいる。乾燥した空気中では安定であるが、湿った空気中に長時間置くと炭酸水素化塩を生じて、緑色の緑青（ろくしょう）が金属の表面を覆う。硫化水素を含む気体中では硫化銅（I）の被膜ができる。1000℃以上に加熱すると赤紫色の酸化銅（I）を生じ、1000℃以下では暗色の酸化銅（II）を生ずる。

硝酸および熱濃硫酸には良く溶け、塩酸には徐々に溶ける。また、アンモニア水と錯塩を作って溶け、酢酸などの有機酸にも容易に溶ける。銅の可溶性塩は有毒である。精錬が比較的簡単であるので、最も古くから用いられている金属の 1 つである。天然には自然銅としてまれに産出するが、主として黄銅鉱・輝銅鉱（写真）・赤銅鉱などとして存在する。硫化物・酸化物または炭酸塩の形で産出することも多い。

電子配置：$[Ar]3d^{10}4s^1$ ❖ 原子量：63.546 ❖ 融点：1083℃ ❖ 沸点：2570℃ ❖ 密度：8.96 g/cm³ (20℃) ❖ 磁化率：-0.086×10^{-6} cm³/g ❖ 抵抗率：1.673 μΩ·cm

（20℃）❖ 熱伝導率：398 W/m·K（27℃）❖ 比熱：24.44 J/mol·K（25℃）❖ ヤング率：1.23×10^{11} N/m² ❖ 音速：3570 m/s (20℃) ❖ 金属結合半径：1.28Å ❖ イオン半径：0.77 Å（Cu^{1+}）、0.73 Å（Cu^{2+}）、0.54 Å（Cu^{3+}）❖ 安定同位体および存在比：^{63}Cu: 69.174%、^{65}Cu: 30.826%

❏用途❏

銅は古来より広い分野で使われてきた金属である。現在でも数多くの分野で使われている代表的な金属元素である。リサイクルがしやすいので、地球にやさしい金属元素である。地震や凍結にも強い。環境ホルモンとは無縁であり、大腸菌の一種であるO157の働きを抑える抗菌効果もある。

用途としては銅管として各種高性能特殊伝熱管、水道用銅管などに利用されている。また、銅条として半導体用銅条、各種合金条、MG異形条、極薄圧延銅箔、ケーブル、導体用高品質銅条、各種電気機器部材用銅条などに使われる。さらに、電気用伸銅品としては銅帯、銅棒、整流子片、成型銅など実に多種多様な用途がある。

❏トピックス❏──低熱膨張銅合金

銅と亜酸化銅（Cu_2O）が網目状に混在する結晶組織からなる合金（写真）。熱伝導性の良い銅と熱膨張係数の低い亜酸化銅を複合することにより、両者の特徴を兼備した機能性材料を低価格で実現できる。配合組成を変えることで特性を自由にコントロールできる。銅と銅酸化物だけで構成されているため、リサイクルが容易である。さらに、機械加工性に優れ、特に切削が容易という特徴がある。

∞教授のコメント

銅は耐食性や電気伝導性など数多くの特性に優れており、広範囲の分野に使われている。しかし、青銅器時代が鉄器時代にとってかわられたように、鉄こそが金属の中の金属という地位を占めてきた。鉄は斜陽産業といわれているが、おそらく鉄の地位はゆるがないであろう。

人類の歴史において、なぜ銅が主役に成りえなかったかということは考えさせられることである。これは、ひとえに鉄が大量生産可能であることと、その強度が銅よりもはるかに大きいため、構造物の柱として役にたったという事実によるものであろう。もちろん鉄のクラーク数が第4位で、資源的にも豊富で、その値段が安いということも鉄の地位を不動のものにしている。

₃₀Zn

亜鉛（あえん）Zinc [ziŋk]「ズィンク」

❑ 由来 ❑

　亜鉛は古くから人類が利用している金属である。英語名 zinc は、溶融冷却したときの結晶のかたちがフォークの先に似ていることから、ドイツ語の zinken（フォークの先）にちなんで命名された。

　日本では、その色かたちが鉛に似ていたので、その亜種だろうということから亜鉛と命名された。このため、当初は鉛と同様に毒性が強いと考えられていたが、人体に必須なミネラルであることが明らかとなっている。

❑ 性質 ❑

　第4周期12族（旧分類では IIB 族）に属する。周期表の位置では遷移元素であるが、典型元素にも分類される。その理由は、遷移元素の最後の位置にあるため、電子配置が$[Ar]3d^{10}4s^2$となって、内殻の $3d$ 軌道がすべて充填されているからである。このため、遷移元素の特長である「最外殻電子が充填された状態で内殻に空きがある」という電子配置とはなっていない。実際に、性質的にも遷移金属とは異なり、融点も低い。単体は、金白色の結晶であり、HCP 構造を呈する。両性元素で、酸ともアルカリとも反応して水素を発生する。人体に必須のミネラルで、数多くの酵素に含まれている。

　製法としては、鉱物を処理してえた酸化亜鉛を1200℃でコークス（C）により還元する方法と、硫酸に溶かして、電解還元する手法がある。

電子配置：$[Ar]3d^{10}4s^2$ ❖ 原子量：65.39 ❖ 融点：420℃ ❖ 沸点：903℃ ❖ 密度：7.12 g/cm³ (20℃) ❖ 磁化率：-0.14×10^{-6} cm³/g ❖ 抵抗率：5.8 μΩcm (20℃) ❖ 熱伝導率：121 W/m·K (27℃) ❖ 比熱：25.5 J/mol·K ❖ ヤング率：1.03×10^{11} N/m² ❖ 音速：3700 m/s (20℃) ❖ 金属結合半径：1.33Å ❖ イオン半径：0.74 Å (Zn^{+2}) ❖ 安定同位体および存在比：^{64}Zn: 48.63%、^{66}Zn: 27.9%、^{67}Zn: 4.1%、^{68}Zn: 18.75%、^{70}Zn: 0.62%

❑ 用途 ❑

　鉄板に亜鉛メッキをして耐食性が向上したトタン板は今でもいろいろな場所に使われている。これは、Zn のほうが腐食されやすい（Fe よりもイオン化傾向が大きい）ため、Fe を保護してくれるためである。Mn の用途のほぼ50%が耐

食用のメッキに使われる。

　銅に亜鉛を添加した合金は、黄銅あるいは真鍮（しんちゅう）と呼ばれている。英語ではブラス（brass）である。強くて加工しやすいので、装飾品や金管楽器などに使われている。楽団をブラスバンドと呼ぶのは、これに由来する。

　また、水素よりもイオン化傾向が大きいので、酸に溶けるため、電池の陰極に利用されている。ボタン型電池の大半は、亜鉛を陰極に使っている。同じ大きさの水銀電池に比べ2〜3倍の容量がある。小型のものは補聴器に、大型のものはポケベルなどに使われている。

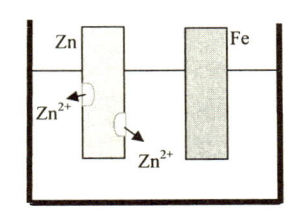

腐食液の中にZnとFeを同時に入れると、Znのイオン化傾向が大きいため、Feが腐食されずにZnのみが腐食される。これがトタン板での鉄が錆びにくい理由である。

ロトピックスロ

　亜鉛は、体内で活性酸素などの有害物質を無害化したり、身体に有害な金属を排出したりする働きがあることが知られている。また、体内の300以上の酵素の活性化や、DNAの主成分である核酸の合成やたんぱく質の合成などの新陳代謝にも関わっており、人が生きていく上で重要な役割を担っている。

☞教授のコメント

　トタンは鉄板に亜鉛メッキをしたものである。ちなみに、その名前はポルトガル語の亜鉛（tutanaga）から来ている。鉄は空気中で簡単に錆びるが、亜鉛は鉄よりも錆びやすいので、自分が犠牲になって鉄を守ってくれるのである。とはいっても、亜鉛の効用がなくなれば鉄が錆びるので、トタンの上にペンキなどを塗って保護している。しかし、自分の身を犠牲にして鉄を守るというのは殊勝である。私も、亜鉛のような生徒が欲しい。

　このような性質を利用して金属製のタンクを腐食から守るのに、亜鉛板を入れる。これを犠牲電極と呼んでいる。ただし、水にZnが溶け出すので飲料には向かない。缶詰にトタン板を使わないのは、このためである。缶詰には鉄よりも耐食性の高いスズをメッキしたブリキを使う。

31Ga

ガリウム Gallium [gǽliəm] 「ギャリウム」

❏由来❏

ガリウムは1870年にメンデレーエフが元素の周期律表を提唱したときに、エカアルミニウム（周期律表でアルミニウムの下（エカ）に位置する）と予想した元素である。1875年にフランスの化学者ボアボードラン（P. E. Lecoq de Boisbaudran）が、ピレネー山脈の鉱山産の閃亜鉛鉱（ZnS）中から発見した。発見者のボアボードランの祖国、フランスのラテン名 Gallia をとってガリウムと命名された。

❏性質❏

第4周期の13族（旧分類ではIIIB族）に属する典型元素の金属である。特筆すべき特徴は、**融点が 29.8℃と異常に低い**という点である。ガリウムが属する13族のインジウムやタリウムも融点は比較的低いが、それよりも極端に低く、お湯で溶けてしまう。その理由としては、ガリウムの結晶が斜方晶系に属し、原子核間距離のひとつが 2.44Å であるのに対し、他の六つの近接原子が 2.7〜2.8Å と比較的離れた位置にあるという不均一な形をしているためと考えられる。このため、一部で原子間結合が切れ、融解しやすいものと考えられる。

また、**固体よりも液体のほうが 3.4%体積が小さくなるという異常液体**の性質も有している。これは水にも見られる現象である。

主成分としてガリウムを含む鉱石は、ガリウム銅鉱（gallite $CuGaS_2$）があるが、希少であり、生産量はほとんどない。ガリウムは、実際には、硫化亜鉛鉱やボーキサイトから、亜鉛、アルミニウムの副産物としてえられる。価格としては、1gあたり99.99%品で、65円前後である。

電子配置：$[Ar]3d^{10}4s^24p^1$ ❖ 原子量：65.39 ❖ 融点：29.8℃ ❖ 沸点：2403℃ ❖ 密度：5.9 g/cm³（25℃）❖ 磁化率：-0.31×10^{-6} cm³/g ❖ 抵抗率：27 μΩcm（20℃）❖ 熱伝導率：40.6 W/m·K（27℃）❖ ヤング率：9.44×10^{10} N/m² ❖ 金属結合半径：1.35Å ❖ イオン半径：0.62 Å（Ga^{+3}）❖ 安定同位体および存在比：^{69}Ga: 60.1%、^{71}Ga: 39.9%

❏用途❏

単体金属では、その低融点を利用してシールドや接合などに利用されるが、工業用としての広範囲な利用はない。液体として存在する範囲がなんと30〜2400℃と元素の中で最も広いので、高温用温度計に用いられる。

第4章　元素の性質

工業応用として有名なものは、半導体材料としてのヒ化ガリウム（GaAs）（一般にはガリウムヒ素、略してガリヒソと呼ばれる）である。シリコンよりも電子の移動速度が速いため、高速演算処理の可能な半導体素子として期待されている。ガリウム単体と亜ヒ酸から精製した金属ヒ素から合成される。シリコンよりも作製プロセスが複雑で高価となるため、シリコンほど普及していないが、GaAs 半導体レーザは、コンパクトディスク（CD: compact disc）（録音再生システム）の信号読み取り装置につかわれている。

❏トピックス1❏──ガリウムシンチグラフィ

ガリウムシンチグラフィは、クエン酸ガリウム（Ga67 citrate）という ^{67}Ga 放射性同位元素を含んだ薬を用いた核医学検査のことである。この試薬は、腫瘍や炎症した部位に集まる性質がある。そこで、全身の画像をとり、ガリウムの集積の度合いや分布状態などから、腫瘍や炎症の進行具合や活動の程度を診断することができる。また、ガンなどが再発していないかどうか、どの程度治療効果があったかを診るためにも、この検査が行われることがある。また窒化ガリウム（GaN）は現在有名な青色発光ダイオードとなる。

❏トピックス2❏──GGG （3G）

ガドリウムを含む結晶として最近注目を集めているガドリニウム・ガリウム・ガーネット（gadolinium gallium garnet）がある。自然界には存在しない人造結晶でダイヤモンド類似石として知られる。ジージージー、またはスリージーと発音される。化学組成：$Gd_3Ga_5O_{12}$ であり、結晶系は等軸晶に属する。屈折率：1.97 モース硬度：6.5 比重：7.05 の結晶である。

❏トピックス3❏──ガリウムを含む宝石類

ツァヴォライト（Tsavorite）は1968年に発見されたエメラルド・グリーンのグロシュラー・ガーネットである。ケニアのツァヴォ国立公園で発見されたことに因み、新種の宝石のプロモーションに熱心なティファニー宝石店によって名付けられた。

---

*ガーネットの語源はラテン語の「ざくろの実」である。花崗岩や片麻岩の割れ目にざくろの実のように結晶化していることからこの名がついた。日本名もざくろ石である。ただし、ガーネットは単一の石を指すのではなく、共通の結晶系と、類似した化学組成を持つ7種類の鉱物グループにつけられた名称である。

₃₂Ge

ゲルマニウム germanium [dʒəméiniəm]「ジューメィニゥム」

❏由来❏

1871 年、ロシアの化学者メンデレーエフが、周期律表でケイ素の下に位置するはずの未発見の元素をエカケイ素とよび、ゲルマニウムの存在とその化学的性質を予測した。1886 年、ドイツの化学者ウィンクラー（K. A. Winkler）が、当時発見されたばかりの銀の鉱物アージロド鉱 $4Ag_2S \cdot GeS_2$ を分析して、アンチモンに似た性質をもつ新元素を発見し、これをドイツのラテン名ゲルマニアにちなんでゲルマニウムと命名した。その後の研究でこの新元素がメンデレーエフの予測したエカケイ素に相当することがわかった。

❏性質❏

第 4 周期 14 族（旧分類では IVB 族）に属する典型元素の非金属である。ただし、金属的な性質も示すので、半金属元素として分類することもある。灰白色を呈し、硬くて脆い。ダイヤモンド型構造をとる。典型的な真性半導体で、室温での比抵抗は約 $60\Omega cm$ であるが、200℃では約 100 分の 1 に減少する。ガリウムとヒ素を微量加えると、それぞれ p 型と n 型の半導体となる。空気中では室温で安定、赤熱すると酸化される。塩酸、希硫酸に不溶。熱濃硫酸には二酸化硫黄を放って溶ける。アルカリ溶液には溶けないが、王水、過酸化ナトリウムなどに侵され、粉末は濃硝酸により二酸化ゲルマニウム水和物となる。塩素と熱すれば四塩化ゲルマニウムとなり、濃塩酸溶液から蒸留できる。

単体の Ge は Si と似た性質を持っており、温度の上昇とともに電気伝導率が増す半導体性を示す。絶対零度から徐々に温度を上げていくと、一部の結合が切れて電子が飛び出し、同時にホール（正孔: hole）が生じる。

また、Si よりも電気伝導率が高い。これは Ge–Ge 結合が Si–Si 結合よりも弱いため、温度上昇に伴い結合が切れて、より多くの自由電子と正孔が生じるためと考えられる。

Ge はケイ酸塩中のケイ素を置換して広く分布する。また石炭、硫化物にも微量含まれ、さらに植物に吸収されることもある。四塩化ゲルマニウムとして蒸留によって精製、加水分解して二酸化ゲルマニウムとした後、水素で還元して単体をつくる。1970 年代に可能となった帯溶融法（zone melting method）による高純度化によって不純物 1 億分の 1%程度の純度、すなわちテンナイン（99.99999999%）の高純度のものがえられる。

電子配置：$[Ar]3d^{10}4s^24p^2$ ❖ 原子量：72.61 ❖ 融点：945℃ ❖ 沸点：2850℃

第 4 章　元素の性質

❖ 密度：5.323 g/cm^3（20℃）　❖ 磁化率：-0.11×10^{-6} cm^3/g　❖ 抵抗率：60 Ω·cm（20℃）　❖ 熱伝導率：60 W/m·K（27℃）　❖ ヤング率：9.44×10^{10} N/m^2　❖ 共有結合半径：1.22Å　❖ イオン半径：2.72 Å（Ge^{4-}）、0.73 Å（Ge^{+2}）、0.54 Å（Ge^{+4}）　❖ 安定同位体および存在比：^{70}Ge: 20.5%、^{72}Ge: 27.4%、^{73}Ge: 7.8%、^{74}Ge: 36.5%、^{76}Ge: 7.84%

❏用途❏

　Ge は主として半導体素子（ダイオード、トランジスタ）に利用される。1948年のゲルマニウム・トランジスタの発明以来、Ge の応用がさかんとなったが、最近では Si の高純度化技術が開発されたため、半導体材料としての主役の座を Si に奪われている。これは、前述したように Ge-Ge の結合が弱いため、高温では半導体としての性質を失い金属的となるためである。1970 年代以降に可能となった高純度化により、γ 線のエネルギーを精密に測定するゲルマニウム半導体検出器が作られている。

❏トピックス❏──ゲルマニウム整流器

　ゲルマニウム整流器は接合部の許容電流密度が高いため、気密封止のためのケース、放熱のためのラジエーターおよび冷却装置いっさいを含めても、整流体の容積が小さくて済むうえ、逆方向の漏れ電流が少なく、逆耐電圧も高いという利点を有している。ただし、シリコン整流器に比べて順方向電圧降下が半分以下と効率は勝るものの、高温・高耐圧特性は劣り、値段も高い。このため、低電圧大電流の電源装置には欠かすことができないが、一般にはシリコン整流器のほうが広く浸透している。

☙教授のコメント

　Ge には昔から国内外で種々の病気を治すことができるという伝説がある。ゲルマニウム温泉と称して、その効用を謳った温泉も各所に存在する。水を飲むことによって難病が治癒したと伝えられている奇跡の泉を分析すると、Ge が検出されるともいわれている。しかし、水に不溶な Ge がどのようなかたちで溶けているのか不明である。Ge に限らず、元素にはこのような伝説がつきものであるが、公正な科学的検証が必要であろう。そうしないと、思わぬ不幸を呼ぶこともある。かつて、高濃度の二酸化ゲルマニウムを含有した健康食品が販売され、それを長期間摂取した人が中毒にかかり、死亡したという不幸な事例も報告されている。1988 年以降、二酸化ゲルマニウムを含有する食品については行政指導がなされている。

33As

砒素、ヒ素　arsenic [ɑ́ːrsənik]「アースニク」

❑由来❑

1600 年以前に発見された物質であるため、発見者は不明である。ヒ素という言葉はギリシャ語の雄々しさを意味する「arsen」に由来し、「男性的で激しい性質の元素」という意味を持つ。

❑性質❑

第 4 周期の 15 族（旧分類では VB 族）に属する典型元素の非金属である。物理的性質は金属に類似しているので半金属に分類されることもある。ヒ素は毒物としても有名な元素である。

ヒ素には 3 種類の同素体がある。灰色ヒ素は灰色を主とする普通のヒ素のことであり、いくぶん金属光沢があり、金属ヒ素とも呼ばれる。菱面体の結晶（六方晶系、ヒ素型構造）を有し、熱伝導体である。黒色ヒ素は、灰色ヒ素の蒸気を冷たい表面に蒸着させた無定形ヒ素を水銀の存在下 100～175℃に熱してえられる。黄色ヒ素は、灰色ヒ素の蒸気を急冷すると生じ、透明でロウのように柔らかい小結晶（立方晶系、構造は不明）であり電気伝導性がない。二硫化炭素に溶け、にんにく臭を放つ。水蒸気とともに揮発し、強い還元性を有する。白リンに似た性質であるが不安定で、弱く熱するか、光を照射するだけで灰色ヒ素に変わる。

また薬にも用いられる三酸化砒素は、無色半透明の 8 面体結晶をした方砒素華（砒華）の結晶（写真）を有す。

電子配置：[Ar]3d^{10}4s^{2}4p^3 ❖ 原子量：74.92 ❖ 融点：817℃（36 atm）❖ 昇華点：617℃ ❖ 密度：5.323 g/cm^3（20℃）❖ 磁化率：-0.075×10^{-6} cm^3/g ❖ 抵抗率：33.3 μΩ·cm（20℃）❖ 熱伝導率：50 W/m·K（27℃）❖ 比熱：24.64 J/mol·K（25℃）❖ ヤング率：3.98×10^{10} N/m^2 ❖ 共有結合半径：1.21Å ❖ イオン半径：1.91 Å（As^{4-}）、0.58 Å（As^{3+}）、0.46 Å（As^{5+}）❖ 安定同位体および存在比：^{75}As: 100%

第4章　元素の性質

❏用途❏
　ヒ素は毒物としてよく知られているが、薬理効果があり、古くはマラリアや結核などの治療として使われていた。現在では、三酸化ヒ素（As_2O_3）を歯科医は、歯の神経を殺す薬として使っている。
　Ga の項目でも述べたように、Ga の化合物であるガリウムヒ素（GaAs）は、Si よりも速度の速い電子回路用の半導体として注目されており、携帯電話などに使われている。Ga は13族、As は15族であり、その間の14族が Ge である。赤色発光ダイオードには AlGaAs や GaAsP などが使われている。

❏トピックス❏
　毒薬としてのヒ素は、1955年の森永ヒ素ミルク事件や1998年のヒ素カレー事件が有名だが、単体のヒ素は毒性が低く、三酸化ヒ素（亜ヒ酸：As_2O_3）が中毒を起こしやすい。この化合物は**鶏冠石**（realgar: AsS）を焼くとできるもので、鶏冠石は火山の多い地中海地域では簡単に手に入れることが出来る。亜ヒ酸を大量に体内に摂取すると急性中毒になり、数時間後に症状が現れ、死に至ることもある。

∽教授のコメント
　ヒ素の毒性は和歌山カレー事件などで一般にも広く知られている。古くはナポレオン一世がヒ素で毒殺されたという噂があった。
　いまでは、ほとんど見かけなくなったが、昔はねずみの駆除用に「猫いらず」という毒薬を使った。これにヒ素（実際には亜ヒ酸）が使われていたのである。ねずみが食べそうな団子などに猫いらずを忍ばせていた。しかし、誤飲も多かったらしい。なにしろ見た目は普通の団子である。
　わたしの母が小さい頃、学校から帰ってきたら、おじ（母の弟）が猫いらず入りの団子をつまみぐいしようとした。母が慌ててたしなめたのだが、そのまま口に入れてしまった。母が大声で騒いだので、ようやく口から放り出したという。もし、そのとき、母が家にいなかったら、私はおじの顔を見ることはなかったであろう。
　昭和初期のころは、多くの犬や猫が「猫いらず」を誤飲して死亡した事故が後を絶たなかったという。最近、大型スーパーマーケットで「猫いらず」という商品を見つけた。こちらは、毒薬ではなくねずみを接着できる吸引剤のついた大きな「ごきぶりホイホイ」に似た商品であった。これならば誤飲の心配はない。

₃₄Se

セレン　selenium [səlíːniəm]「スリーニウム」

❑由来❑

ギリシャで月の女神「Selene」という意味に由来している。あまりにも特性がテルル（地球が語源）に似ていて区別が最初はできなかったことから、地球の惑星のセレン（月）を語源にした。1817年に、ベルセリウス（J. J. Berzelius）とガーン（J. G. Gahn）が発見した。

❑性質❑

第4周期16族（旧分類はVIB族）に属する典型元素の非金属である。ただし、半金属に分類されることもある。地殻中の存在量は極めて少ないが、用途は広い。また、意外なことに、**世界一の生産国は日本**である。鉱石としてセレンを含むものには、生野鉱（ikunolite: $Bi_4(S,Se)_3$）等があるが、実際には各種の硫黄化合物を含む鉱石にセレン化物として多量に含まれている。同族の硫黄化合物と異なり、セレン化合物は4価が最も安定である。この4価の化合物である二酸化セレン（SeO_2）は常温で固体であるが、水に溶ける。その結果生成する亜セレン酸は、猛毒な結晶である。このような、強力な毒性を持つ化合物があるにもかかわらず、セレンは生体必須元素でもある。セレン欠乏による症状としては心不全の一種が知られている。

電子配置：$[Ar]3d^{10}4s^14p^4$ ❖ 原子量：78.96 ❖ 融点：220℃ ❖ 沸点：684℃ ❖ 密度：4.79 g/cm³（20℃）❖ 磁化率：-0.28×10^{-5} cm³/g ❖ 抵抗率：10 μΩcm（25℃）❖ 熱伝導率：4.52 W/m·K（27℃）❖ ヤング率：57.9×10^9 N/m² ❖ 共有結合半径：1.17Å ❖ イオン半径：1.93 Å（Se^{2-}）、　0.5Å（Se^{4+}）、　0.35 Å（Se^{6+}）❖ 安定同位体および存在比：^{74}Se: 0.88%、^{76}Se: 8.95%、^{77}Se: 7.65%、^{78}Se: 23.51%、^{80}Se: 49.62%、^{82}Se: 9.39%

❑用途❑

国内での消費量は1000～2000t程度と、比較的小規模な利用であるが、その用途は幅広い。高純度なものは感光体として乾X線撮影板に利用される。また半導体分野では整流素子として利用される。

また、セレンはガラスの中で赤色やブロンズ色を発色するうえ、ガラスの中の不純物の色を吸収して透明にするという性質があるため、ガラス工業に幅広く利用されている。さらには、毒性を利用した動物用の皮膚病軟膏、殺虫剤、

欠乏症予防のための動物飼料添加物への利用がなされている。

❏トピックス１❏──人体に及ぼす影響

セレンは人体に重要なミネラルである。効能として、活性酸素の除去、生活習慣病の予防があげられる。単体よりもビタミンEと一緒に摂取すると大きな効果がえられる。ただし、摂りすぎると、毒性の強さはヒ素に匹敵する。

❏トピックス２❏──ファクシミリの誕生

1873年に、イギリスのスミス（W. Smith）はセレンに光をあてると電気抵抗が低下することを発見した。この発見が、それまで実質的な用途がなく注目されなかった元素を表舞台に引きずり出すことになる。

光の強弱により電気抵抗が変化するという性質は、映像を記録することに利用できるからだ。画像を何本かの1次元データとして順番にスキャンさせる。すると、それぞれのラインには、光の強弱が電気信号として記録される。これを連続的にスキャンすれば、画像データが電気信号に変換されることになる。これを伝送し、受け取った側が電気信号を光の強弱に再変換すれば画像データを再構築できるのである。1881年、イギリスのビッドウェル（S. Bedwell）は、セレンを使ったセンサを用いて、この方式を考案し、Scanning Phototelegraph（あえて訳せば走査型写真電信機）と命名した。ファクシミリ（facsimile）の誕生である。

☜教授のコメント

1986年の高温超伝導の発見は研究者の通信手段をいっきに変えた。それまでは、自分の研究成果を論文として発表する際、掲載までに時間がかかるため、プレプリント（preprint: つまり正式な論文となる前の原稿）を信用のおける研究者仲間に郵送していたのである。これには、論文が拒絶（reject）された場合でも、自分にpriority（研究のアイデアは自分が最初であるという優先権）があるということを証明する担保にもなる。しかし、郵送には時間がかかる。高温超伝導フィーバー当時は、毎日のように新しいデータが報告され1日がそれまでの1年に相当するといわれた。よって、郵送などという悠長な手段をとっている暇などなく、研究者は通信手段としてファクシミリを使うようになったのである。まさにセレンのおかげである。当時は、セレンに敬意を表して、セレン化合物の探索も行ったが、残念ながら超伝導を示す新物質を発見することはできなかった。あれから15年以上が経過し、研究者間の通信手段もすっかり変わってしまった。いまではe-mailを使って電子ファイルでプレプリントのやり取りが可能となり、ファクシミリを使う研究者はいなくなった。時代の変遷の速さを実感する次第である。

$_{35}$Br

臭素　Bromine [bróumi:n]「ブロウミーン」

❏由来❏

1826年バラード(A. J. Balard)によって発見された。ギリシャ語の悪臭(bromos)にちなんで命名された。色ではなく、においで命名される元素は珍しい。

❏性質❏

第4周期の17族（旧分類ではVIIB族）のハロゲン元素に属している典型元素の非金属元素である。単体はBr_2分子となる。ただし、天然には単体として存在せず、岩塩鉱床中あるいは海水中に臭化物として少量存在する。常温常圧では、赤褐色を呈する不快な刺激臭のある重い液体である。気体は赤褐色、固体は褐色で弱い金属光沢のある結晶塊で結晶構造は斜方晶系である。臭素は水に溶けるが、有機溶媒にも溶けるので、種々の有機臭素化合物が合成されており、有機合成の重要な分野を担っている。

電子配置：$[Ar]3d^{10}4s^24p^5$ ❖ 原子量：79.904 ❖ 融点：-7.25℃ ❖ 沸点：59.5℃ ❖ 密度：4.05 g/cm^3（-150℃）❖ 磁化率：-0.353×10^{-6} cm^3/g ❖ 抵抗率：0.045 Ω·cm（-7.25℃）❖ 比熱：36.02 J/mol·K（気体、25℃）❖ 共有結合半径：1.14Å ❖ イオン半径：1.96 Å（Br$^-$）❖ 安定同位体および存在比：^{79}Br: 50.686%、^{81}Br: 49.314%

❏用途❏

臭素は写真の**感光剤**（photosensitive agent）として利用される。写真感光の原理は、AgBrなどのハロゲン化銀結晶の**光化学反応**（photochemical reaction）を利用したものである。この化合物を**ゼラチン**（gelatin）と混合して作った「乳剤」を**アセテート**（acetate）などのシートに塗って乾かしたものが写真フィルムである。このフィルムに当たると

$$AgBr + h\nu \text{（光エネルギー）} \rightarrow Ag \text{（潜像核）} + (1/2) Br_2$$

の反応が起こる。撮影したフィルムを現像処理すると、Brなどのハロゲンは現像液と一緒に洗い流され、Agの潜像核がフィルム上に現像として黒く残り、ネガ像ができる。

❏トピックス❏──臭素系難燃剤

　テレビ（写真）やパソコンなどの電化製品のプラスチック部分やカーテンなどの不燃性の繊維製品に難燃剤として有機臭素化合物が使われている。かつては、塩素系の有機化合物（ポリ塩化ビフェノール: polychlorinated biphenyl など）が難燃剤として使われていたが、有毒物質の塩素化ダイオキシン（chlorinated dioxin）が、加熱や燃焼により生成するため、社会的な問題に発展した。このため、塩素を臭素に置換した臭素系難燃剤が使われるようになったのである。
　しかし、有機臭素化合物の加熱や燃焼からも臭素化ダイオキシン（brominated dioxin）が生成することが実験的に認められている。その毒性や健康への影響などについては、不明の部分も多いが、WHO（世界保健機構: World Health Organization）は塩素化ダイオキシンと類似の毒性があると指摘している

∞教授のコメント

　「塩ビ」と略して呼ばれる塩素系難燃剤は、非常に便利な存在で、電線などのケーブルを代表として、いろいろな部分に利用されてきた。しかし、一見便利に見える化学製品は必ず、負の部分を持っている。これら難燃剤を加熱して発生するダイオキシンが問題になったのも、その典型であろう。
　しかし、塩素化ダイオキシンが問題になったので、その対策として、臭素系の難燃剤に変えたというのは、あまりにも安易すぎたのではないだろうか。素人考えであるが、臭素と塩素はともにハロゲン元素で化学的性質が似ている（最外殻電子の数が7個で−1価の陰イオンになりやすい）ので、その燃焼や加熱で同じような物質が生成されるのは、ごく当たり前のような気がする。案の定、臭素化ダイオキシンが生成され、塩素系と同様の毒性を持つことが指摘された。

₃₆Kr

クリプトン Krypton [kríptɑn]「クリプタン」

❏由来❏

1898年、イギリスのラムゼー（W. Ramsay）とトラバース（M. W. Travers）により液体空気を蒸発した残液より分離して発見された。空気の中に「かくれている」存在であったので、そのギリシャ語"kryptos"にちなんで命名された。

❏性質❏

第4周期の18族（旧分類では0族）の希ガスに属する非金属元素である。無色無臭で不活性な気体である。単原子分子として存在しており、化学的に不活性であるが、$Kr6\ H_2O$（分解圧 14.5 気圧 0.1℃）や $Kr2\ C_6H_5OH$（分解圧 6〜10気圧、0℃）のような**付加化合物**（addition compound）が結晶としてえられる。これら付加物では Kr が原子として結晶の中に入っているのではない。同様に $Kr3\cdot C_6H_4(OH)_2$ なるクラスレイト化合物も結晶としてえられている。

化合物としては KrF_2 のみが知られている。KrF_2 は、Kr と F_2 を−196℃に冷却して放電すると、揮発性の固体としてえられる。固体は FCC 構造（格子定数 a=5.7Å、−185℃のとき）で、紫色部に著しい輝線スペクトルを示す。

電子配置：$[Ar]3d^{10}4s^24p^6$. 原子量：83.8. 融点：−157.2℃. 沸点：−153.35℃. 密度：2.82 g/cm³（−157.2℃）. 磁化率：-0.35×10^{-6} cm³/g. 熱伝導率：0.00854 W/m K. 原子半径（ファンデルワールス半径）：2.01Å. 安定同位体および存在比：^{78}Kr: 0.360%、^{80}Kr: 2.277%、^{82}Kr: 11.58%、^{83}Kr: 11.52%、^{84}Kr: 58.96%、^{86}Kr: 17.30%

❏用途❏

クリプトンガスを封入して放射効率を高めた白熱電球としてクリプトン電球がある。白熱電球は白熱線条の熱損失及び蒸発を防ぐために、普通アルゴンガスが封入されている。この熱損失及び蒸発は封入ガスの原子番号の増加とともに減少するから、アルゴンよりもクリプトン、さらにキセノンを封入したもののほうが放射効率は良い。例えば40Wクリプトン白熱電球はアルゴン白熱電球に比べて 20〜25% 放射効率が良い。

❏トピックス１❏

最近ではウランやプルトニウムの核分裂の際に ^{85}Kr という放射性同位体が作

第4章　元素の性質

られ、大気中に広がり問題となっている。

□トピックス2□
　長さの単位であるm（メートル）の基準は1799年にフランス科学アカデミーが白金でつくった原器に端を発する。その後1875年には、国際条約（メートル条約：convention of meter）が制定され、純Ptよりも安定なイリジウムを添加したPt-10%Ir合金で世界初のメートル原器がつくられた。しかし、ものに頼っている限り、その変化を完全に抑制することはできない。例えば、メートル原器は熱膨張によって長さが変化するので、0℃での長さと規定されている。さらに、科学技術の進歩にしたがって、長さの基準に対しても、より厳しい精度が要求されるようになった。
　そこで、より信頼の置ける長さの基準として、1960年に新しい定義が提案された。それが「クリプトン86原子（^{86}Kr）の準位$2p^{10}$と$5d^5$との遷移に対応する真空中の光の波長の1650763.73倍に等しい長さ」を1mとするという定義である。ところが、クリプトンの天下は長くは続かなかった。1983年に、より高い精度を誇る基準として「真空中で光が1/299792458秒間に進む距離」を新しい1mの基準と定めたのである。これが現在のメートル原器となっている。

∽教授のコメント
　メートル原器にも元素それぞれの栄枯盛衰があって面白い。はじめは、安定と考えられていたPtが主役となるが、Irを添加した合金がより安定であるということがわかって、Irが注目を浴びる。しかし、ものに頼っていては、精度がえられないということで、Krの電子準位の遷移が基準に使われるようになる。しかし、Krの天下も長くは続かない。後ほど紹介するCs（セシウム）原子時計の登場で、1秒の長さが非常に正確に決められるようになった結果、長さの基準は（光の速さ）×（時間）＝（長さ）という定義に移っていった。まさに、白金を蹴落としたクリプトンが、セシウムに蹴落とされた感がある。人間の社会でも常にトップを維持するのは難しい。
　ところで、私にとっては、クリプトンという名は、スーパーマンの生まれた星というイメージが強い。それが元素名ということを知ったのは、高校のときである。地球から50光年離れた銀河にある惑星クリプトンは赤い太陽の爆発で消滅する。それを事前に知ったスーパーマンの両親が地球から彼を脱出させるというストーリーである。しかし、なぜクリプトンという名前をつけたのであろうか。その原作を考えたのが二人の高校生だったというから、化学の授業で習った元素名を拝借したのかもしれない。

₃₇Rb

ルビジウム rubidium [ruːbídiəm] 「ルービディウム」

❏由来❏

1861年にドイツのブンゼン（R. W. Bunsen）によって発見された。炎色反応で紅紫色を示すのでラテン語"rubidus"つまり赤にちなんで命名された。

❏性質❏

第5周期の1族（旧分類ではIA族）のアルカリ金属に属する元素である。単体は、銀白色の柔らかい結晶で、BCC構造をとる。第一イオン化エネルギーはカリウムよりもさらに低く、全元素中セシウムに次いで二番目に低い。よって、反応性は、ナトリウムやカリウムよりもさらに高く、水、アルコール、液体アンモニアなどと反応する。気体は青色で、一部 Rb_2 という二原子分子となる。また、炎色反応では赤色を示す。

クラーク数は18位で、地殻での存在量がは多いが、主成分としてルビジウムを含む鉱石は存在しない。しかし、紅雲母などのアルカリ金属を含む鉱石中には、成分として微量含まれているので、リチウム製造の副産物としてえられる。

ルビジウムの化合物としてはRbOHは強塩基性であり、潮解性もある。また他にもいろいろな化合物を作るがほとんどが水に容易に溶ける。

電子配置：$[Kr]5s^1$ ❖ 原子量：85.47 ❖ 融点：39℃ ❖ 沸点：688℃ ❖ 密度：1.53 g/cm³（20℃）❖ 磁化率：$0.23×10^{-6}$ cm³/g ❖ 金属結合半径：2.49Å ❖ イオン半径：1.49Å（Rb^+）❖ 安定同位体および存在比：^{85}Rb: 72.17%、^{87}Rb: 27.83%

❏用途❏

^{87}Rb は半減期488億年ほどの放射性同位体である。^{87}Rb はβ壊変（中性子が陽子と電子にわかれ原子番号が一つ増える）して ^{87}Sr になることから、^{87}Rb と ^{87}Sr の比率から岩石の誕生した年代がわかる。この方法を用いて、月の石や隕石の出来た年代を測定している。

また、1年の誤差が0.1秒程度のルビジウム原子時計*が比較的安価（20〜100万円）に提供されている。また、この原理を利用して発振器としても利用されている（写真）。水晶発振器よりもはるかに精度が高い。

半減期18.6日の ^{86}Rb が生体の代謝モニター用の医薬物質として用

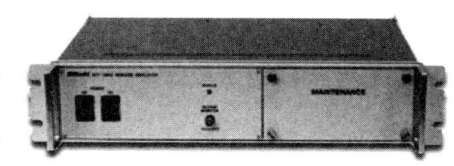

第4章　元素の性質

いられる他、電子の放出しやすさを利用した、光電池としての使用も見られる。

*原子時計（atomic clock）は誤差が30万年～160万年に1秒という高い精度を持つ究極の時計である。時刻を決めるのに原子のエネルギー準位を用いている。原子が外部からエネルギーを受けると、そのまわりを回っている電子がエネルギーを吸収し、軌道を変えてエネルギーの高い準位に移る。電子は、再びそのエネルギーを放出してもとの準位に戻るが、そのとき一定のエネルギーを放出する。

　レーザなどはこの原理を利用して波長の揃った光を放出する。原子時計もまさに原子が励起して放出するエネルギーの波長を利用して、時を刻む発振周波数としているのである。このように原子（分子）の固有共鳴周波数を基準にした最も精密な時計が原子時計である。ただし、精度に関しては、ルビジウムよりも後で紹介するセシウム原子時計のほうがすぐれている。

∽教授のコメント

　^{87}Rb の半減期はなんと488億年と長い。このため、$^{87}Rb/^{87}Sr$ の比率を測定することによって、数10億年以上の岩石の年代を調べることができる。そして、地球の岩石の年代を調べることによって、その年齢がおおよそ46億年であることがわかっている。もちろん、この値には誤差が含まれるが、概算値としては、かなり信頼の置けるものであろう。元素の崩壊が、われわれに時を刻む手法を与えてくれていることは不思議である。

　ところで、宇宙の年齢は130～140億年といわれているが、これはどのようにして測定したのであろうか。地球のように実測値として求めることはできない。実は、宇宙が創生時から膨張を続けているという仮定のもとに、宇宙の果ての恒星が遠ざかる速度から見積もった値なのである。

✴コラム✴ブンゼン（Robert Wilhelm Bunsen, 1811-1899)

　1811年にドイツのゲッチンゲンに生まれる。ゲッチンゲン大学を卒業後、いろいろな大学の教授を経て、1852年にハイデルブルグ大学の教授となる。
　1850年に高温加熱用に考案したブンゼンバーナーはいまでも重用されており、学校の化学実験では大事な加熱器具となっている。1859年にセシウムとルビジウムを発見した。また、マグネシウム、クロム、マンガン、ナトリウムを単離したことでも有名である。

₃₈Sr

ストロンチウム Strontium [stránʃiəm] 「ストランシウム」

❏由来❏

1790年にクロフォード（A. Crawford）がストロンチウムを含む鉱石を発見した。1808年にデービー（H. Davy）が電解法により単体金属の精製に成功している。名前はスコットランドにある産地名ストロンチアン Strontian に由来する。

❏性質❏

第5周期2族（旧分類では IIA 族）のアルカリ土類に属する金属元素である。銀白色を呈し Ca よりも柔らかい。結晶は正方晶系である。空気中では常温で金属の表面に酸化被膜をつくる。水とは激しく反応し、水酸化ストロンチウムを生成するとともに水素を発生する。ハロゲンと反応し、水銀とアマルガムをつくる。塩酸には水素を発生しながら溶ける。天然にはセレスタイト・ストロンチアン石中に存在する。単体は酸化物を高温でアルミニウムによって還元すればえられるが、硫化物の溶融塩電解も用いられる。

電子配置：$[Kr]5s^2$ ❖ 原子量：87.62 ❖ 融点：769℃ ❖ 沸点：1383℃ ❖ 密度：2.6 g/cm³（20℃）❖ 磁化率：1.05×10^{-6} cm³/g ❖ 抵抗率：23 μΩ·cm（20℃）❖ 比熱：64.77 J/mol·K（25℃）❖ ヤング率：1.18×10^{10} N/m² ❖ 金属結合半径：2.15Å ❖ イオン半径：1.18 Å（Sr^{2+}）❖ 安定同位体および存在比：^{84}Sr: 0.5574%、^{86}Sr: 9.8566%、^{87}Sr: 7.0015%、^{88}Sr: 82.5845%

❏用途❏

炎色反応が赤色なので、硝酸ストロンチウム $Sr(NO_3)_2$ が花火に用いられている。また、酸化物高温超伝導体の構成成分でもある。他の用途としては、合金への添加元素、真空管のゲッター、銅合金の脱酸剤などがある。

∽教授のコメント

周期表では、上に Ca 下に Ba が位置しており、両方とも有名な元素であるが、その間にある Sr はどちらかというと、あまりなじみがない。応用もないわけではないが、Ca や Ba に比べると目立たない存在である。

ところが、すでに実用化されている高温超伝導材料の Bi-Sr-Ca-Cu-O にとっては必須の元素となっている。Sr と Ca は同じ族だから片方だけで良さそうだが、それでは超伝導にならないのである。また、Ba ではだめで、必ず Sr が必要となる。不思議である。

39 Y

イットリウム yttrium [ítriəm] 「イッリウム」

❑ 由来 ❑

1794 年、フィンランドのガドリン（J. Gadolin）がストックホルム近郊の Ytterby 産の鉱石中から発見した。新元素の酸化物として、はじめはイッテルビアと呼ばれた。のちに、イットリア、テルビア、エルビアの 3 種に分けられたが、そのうちのイットリアから新元素として確認されたのでイットリウムと命名された。

❑ 性質 ❑

第 5 周期 3 族（旧分類では IIIA 族）の遷移金属に属し、希土類元素の一つである。銀白色の金属で、展性、延性はない。空気中で酸化しやすく酸化物 Y_2O_3 となるほか、熱水にとけて水酸化物 $Y(OH)_3$ を形成する。酸に溶けるが、アルカリには溶けない。希土類元素の中では、化学的性質からイットリウム族として分類される。ガドリン石、ゼノタイム、モナズ石などの希土類鉱石中に酸化物として存在する。三フッ化イットリウム YF_3 をカルシウムで還元して製造する。

電子配置：$[Kr]4d^15s^2$ ❖ 原子量：88.91 ❖ 融点：1530℃ ❖ 沸点：3264℃ ❖ 密度：4.47 g/cm^3（25℃） ❖ 磁化率：2.1×10^{-6} cm^3/g ❖ 熱伝導率：16.2 W/m·K（27℃）❖ 抵抗率：57～70 μΩ·cm（20℃）❖ ヤング率：6.61×10^{10} N/m^2 ❖ 金属結合半径：1.81Å ❖ イオン半径：0.95 Å（Y^{3+}）❖ 安定同位体および存在比：^{89}Y: 100%

❑ 用途 ❑

YIG（Yttrium Iron Garnet）：YIG はイットリウムを含む鉄ガーネット $3Y_2O_3·5Fe_2O_3$ でフェリ磁性を示す。キュリー温度は 560K で飽和磁気モーメントは 9.44μ$_B$ である。室温での飽和磁化は 0.17Wb/m^2 程度で、損失が小さいのでマイクロ波用磁性材料や、赤外用のファラデー素子として用いられている。

YAG（Yttrium Aluminum Garnet）：YAG は酸化イットリウム Y_2O_3 と酸化アルミニウム Al_2O_3 との複酸化物（$3Y_2O_3·5Al_2O_3=Al_5Y_3O_{12}$）である。融点は約 1900℃ で無色透明の立方晶系結晶、ざくろ石構造をとる。添加物として Nd^{3+} を微量（約 1at%）加えた単結晶は紫色で、発振波長 1.06μm のレーザ（ヤグレーザ、YAG laser）用素子として使用される。Nd-YAG レーザは連続波固体レーザで、近赤外の 1.06μm の石英ファイバーを導光路として用いることができ、操作性がよい。

He-Ne レーザをガイド光に用いた医療用 Nd-YAG レーザメスは切開よりも止血や凝固にすぐれた作用を持つ。また工業的応用として切断、穴あけ、溶接、表面改質（焼入れ、合金処理など）に用いられている。

カラーテレビ：Y_2O_3 はユウロピウムなどとくみあわせて、カラーテレビの受像管の赤色蛍光体として広く用いられている。この受像管が最初に使われたとき、希土類元素にちなんで「キドカラー」という商品名で販売された。

高温超伝導体 high-temperature superconductors：
イットリウムはイットリウム系酸化物高温超伝導体、$YBa_2Cu_3O_7$（YBCO）の成分である。イットリウムの代わりにほかの希土類元素（RE）を用いた RE-Ba-Cu-O 系も高温超伝導体になる。YBCO は常伝導から超伝導へ相転移する温度（超伝導転移温度 T_c）が 90-95K で、安価な液体窒素（77K）による冷却で超伝導になる。

Y-Ba-Cu-O 超伝導体を利用した人間浮上

∽ **教授のコメント**
1987 年にヒューストン大学のグループが、液体窒素温度よりも高い温度で超伝導になる物質を発見したというニュースは、超伝導研究者を震撼させた。当時、液体窒素温度を越えるのは 10 年先と考えられていたからだ。あまりにも競争がはげしいため、ヒューストン大学は、実際に見つけた Y-Ba-Cu-O ではなく Yb-Ba-Cu-O という異なる組成をあえて発表した。後で誤報を非難されたときに、Ba と打つべきところを小文字を打ってしまい、Y ではなく Yb になってしまったと言い訳するためである。私もだまされて、Yb を買いに走ったことを覚えている。しかし皮肉なことに、Yb でも超伝導になることがすぐに確認された。

それから 10 年経ったある日、出張先の米国の新聞でアラバマ大学がヒューストン大学を裁判で訴えているという記事を目にした。実は、最初の発見者はアラバマ大学のグループであったが、超伝導を確認する装置がなかったためにヒューストン大学に装置を借りにいったというのである。ところが、測定結果を横目で見ていたヒューストン大学の教授が相談もなく単名で特許を出してしまったというのだ。事実関係は明らかではないが、科学の分野にもいろいろなドラマがあるものだと考えさせられた。

₄₀Zr

ジルコニウム zirconium [zərkóuniəm] 「ズゥコゥニゥム」

❑由来❑
1798年、ドイツの化学者クラプロート（M. H. Klaproth）が発見した。名前は宝石のジルコンに由来するが、もともとはアラビア語で「金色」を意味する zarqun が語源である。

❑性質❑
第5周期4族（旧分類ではIVA族）に属する遷移金属元素である。地殻中の存在比率は遷移元素の中ではFe、Ti、Mnに次いで4番目に多い。単体は銀白色でHCP構造をとる。空気中では酸化被膜を作り表面を保護し耐食性に優れているが、高温では、酸素、水素、窒素、ハロゲン等と反応し数々の化合物を作る。もっとも安定な酸化数は4価であり、また8配位の錯体を作りやすい。酸に対しても酸化被膜をつくるが、酸化力のある酸に対しては、高温で溶ける。

電子配置：[Kr]$4d^25s^2$ ❖ 原子量：91.224 ❖ 融点：1857℃ ❖ 沸点：4200℃ ❖ 密度：6.51 g/cm³（20℃）❖ 磁化率：1.3×10^{-6} cm³/g ❖ 熱伝導率：22.7 W/m·K（27℃）❖ 抵抗率：57～70 μΩ·cm（20℃）❖ 比熱：25.2 J/mol·K（25℃）❖ ヤング率：9.39×10^{10} N/m² ❖ 金属結合半径：1.60Å ❖ イオン半径：0.80Å（Zr^{4+}）❖ 安定同位体および存在比：^{90}Zr: 51.449%、^{91}Zr: 11.32%、^{92}Zr: 17.283%、^{94}Zr: 17.283%、^{96}Zr: 2.759%

❑用途❑
Zrは、天然の金属元素の中で**中性子をもっとも吸収しにくい**。さらに、耐食性や機械的性質にも優れているので、原子炉材料として使われている。面白いことに、Zrと一緒に産出されるハフニウム（Hf）は、逆に最も中性子を吸収しやすい金属である。よって、原子炉材料に用いる際は、Hfをできる限り除去した高品位なものが用いられる。

単体よりも、スズ、鉄、ニッケル、クロム等との合金であるジルカロイ（zircalloy）として、燃料被覆材などに用いられる。

Zrのフッ酸（HF: hydrofluoric acid）などに対する耐食性はチタンより優れている。比重も6.5とニッケル系の合金よりも軽いので、工業用の耐酸、耐食用の設備などにも使われている。このほか、耐食性を利用した電子材料や医用機器材料等に用いられる。また気体吸収性を利用して**水素吸蔵合金**（hydrogen storage alloy）の構成成分としても用いられる。

他には、酸化ジルコニウム ZrO_2 が白色顔料や化粧品として用いられる。紫外線防止効果がある。炭酸ジルコニウム $Zr(CO_3)_2$ や酸化ジルコニウムが、皮膚炎の薬として用いられている。

❑トピックス❑——ZrとHfの分離法

鉱石として Zr を含むものには、バデレイ石、ジルコン（写真）などがあり、Hf を必ず同時に含んでいる。ZrとHfの分離手法としては、イオン交換法および有機溶剤抽出法が開発され、すでに実用化段階にある。現在 Hf 濃度50ppm以下のZrの製造とその分析法の確立に成功し、研究継続中である。

ジルコン（$ZrSiO_4$）の結晶

∽教授のコメント

Zrと聞いてすぐに思い浮かべるのは、YSZである。Yttria Stabilized Zirconia（イットリア安定化ジルコニア）の略で、Y_2O_3（Yttria）で安定化した ZrO_2 であり、代表的な構造用セラミックスである。セラミックスは、機械的特性は低いものの、耐熱性や耐食性に優れており、いろいろな分野への応用が期待されている。

ZrO_2 は、セラミックスとしては比較的靭性に優れているが、立方晶、正方晶、単斜晶の相変態があり、冷却過程で割れてしまう。これに Y_2O_3 を添加すると、立方晶が安定化して、割れのない成型体をつくることができる。YSZボールは、種々の酸化物の原料粉末を微細化するのに利用されている。また、YSZるつぼも、金属や酸化物の溶解によく利用されている。

かつて、わたしの勤めていた鉄鋼会社がYSZボールを売り出した。セラミックス粉末の粉砕用に自社製品を使ってくれという指示で購入したことを覚えている。色が白ではなく少しにごっているうえ、かたちも球ではなくいびつであった。しかも値段が他社製品よりも高かったのである。使っているうちに、だんだん丸くなっていったが……。

₄₁Nb

ニオブ niobium [naióubiəm]「ナィオゥビゥム」

❏由来❏

1801年にイギリスのハチェット（C. Hatchett）がコランブ石から発見し、コロンビウム（columbium）と命名した。しかし、タンタルと性質が似ているとして、その発見に疑問が呈された。その後、ハチェットの発見が正しいことが認められたが、その途上で、ニオブの存在を確認した研究者が、ギリシャ神話のタンタロス（Tantalos）の娘のニオベ（Niobe）にちなんで命名した。

❏性質❏

第5周期5族（旧分類ではVA族）に属する遷移金属元素である。バナジウム族元素のひとつである。灰白色を呈し、空気中で酸化被膜を作り内部を保護する。一般の酸には溶けないが、フッ酸には溶ける。展延性に富み加工し易い。酸化数としては5価が最も安定であるが、+3価、+4価の化合物もある。

電子配置：$[Kr]4d^4 5s^1$ ❖ 原子量：92.91 ❖ 融点：2458℃ ❖ 沸点：4758℃ ❖ 密度：8.57 g/cm³（20℃）❖ 磁化率：1.5×10^{-6} cm³/g ❖ 熱伝導率：53.7 W/m·K（27℃）❖ 抵抗率：17.0 μΩ·cm（20℃）❖ 比熱：25.1 J/mol·K（25℃）❖ ヤング率：12.5×10^{11} N/m² ❖ イオン半径：0.72 Å（Nb^{3+}）、0.68 Å（Nb^{4+}）、0.64 Å（Nb^{5+}）❖ 金属結合半径：1.46 Å ❖ 安定同位体および存在比：^{93}Nb: 100%

❏用途❏

Nbは鋼材に少量添加すると強度および耐熱性を向上させることが知られている。高純度のニオブ金属は中性子の吸収が少なく、耐食性や耐溶融ナトリウム性に優れている。Nbは単体金属として最も高い超伝導臨界温度を有し、その合金であるNbTi, Nb_3Ge, Nb_3Sn などは超伝導材料として優れている。

∽教授のコメント

1986年の高温超伝導体の登場で、超伝導応用はすべて高温超伝導に置き換わるものと多くのひとが考えた。それは、液体ヘリウムで冷却する必要がなくなるからである。ところが、いまだに超伝導応用の主役はNbTiである。その理由は、NbTiが合金であるため、**加工性**（machinability）と**機械特性**（mechanical properties）に優れているからである。残念ながら、高温超伝導体は脆いセラミックスでできているため、その製造や取り扱いで苦労する。最近になって、ようやく応用開発が進んできている。

₄₂Mo

モリブデン molybdenum [məlíbdənəm] 「ムリブデヌム」

❏由来❏

1778 年、スウェーデンのシェーレ（C. W. Scheele）は輝水鉛鉱からモリブデン土（酸化モリブデン）を取り出した。さらに 1781 年、彼の示唆を受けた友人のイェルム（P. J. Hjelm）が、モリブデン土を炭素で還元して金属を単離し、新元素として molybdenum と命名した。日本ではこれをモリブデンと呼んでいる。

❏性質❏

第 5 周期 6 族（旧分類では VIA 族）に属する遷移金属元素である。同じ族の Cr と同様に、$[Kr]4d^4 5s^2$ という電子配置ではなく $[Kr]4d^5 5s^1$ という配置をとる。これは、$4d$ と $5s$ 電子のエネルギー準位が近いうえ、電子軌道のちょうど半分の電子数になったときに軌道が安定するためである。

銀白色の金属で、常温では BCC 構造をとる。室温では空気中で酸化被膜ができて安定で、塩酸、硫酸には溶けないが、硝酸、王水に対しては、酸化被膜をつくるものの、溶かすことはできる。また、0.92K 以下で超伝導を示す。

鉱石としてモリブデンを含むものは、輝水鉛鉱（molybdenite : MoS_2）、ボウエル石（powellite : $CaMoO_4$）等がある。単体の製法としては、鉱石を燃焼して酸化物とし、高温で水素還元することで出来る。価格としては、1kg あたり 1500 ～2000 円程度である。

電子配置：$[Kr]4d^5 5s^1$ ❖ 原子量：95.94 ❖ 融点：2620℃ ❖ 沸点：4650℃ ❖ 密度：10.22 g/cm³（20℃）❖ 磁化率：0.93×10^{-6} cm³/g ❖ 熱伝導率：138 W/m·K（27℃）❖ 抵抗率：5 μΩ·cm（20℃）❖ 比熱：260.4 J/mol·K（25℃）❖ ヤング率：3.34×10^{11} N/m² ❖ 金属結合半径：1.39Å ❖ イオン半径：0.69 Å（Mo^{3+}）、0.65 Å（Mo^{4+}）、0.61 Å（Mo^{5+}）、0.59 Å（Mo^{6+}）❖ 安定同位体および存在比：^{92}Mo: 15.9201%、^{94}Mo: 9.2466%、^{95}Mo: 15.9201%、^{96}Mo: 16.6756%、^{97}Mo: 9.551%、^{98}Mo: 24.1329%、^{100}Mo: 9.6335%

❏用途❏

利用法の 90%以上がステンレス鋼（Fe-Ni-Cr 合金）や特殊鋼への添加材である。Mo 添加により機械的特性が改善される。Mo 添加のステンレス鋼はモリブデン鋼と呼ばれ、錆びずに切れ味のよい包丁の材料（写真）として重宝されている。

化合物としては、NiやCoとの複合酸化物を、石油精製において、水素化脱硫触媒として使用する。この複合酸化物に代表されるように、Moは複核もしくは多核構造を取りやすい。

現在確認されている中では、第4および第5周期の遷移金属の中で生体必須元素であるのは、Moのみである。Moは、人体に必要なだけでなく、微生物が持つニトロゲナーゼ（nitrogenase）という、窒素分子を固定する生態系に重要な**酵素**（enzyme）の活性中心として働く。

❏トピックス❏

Moの主要鉱石である輝水鉛鉱は地球上の比較的広い範囲に分布する。なかでも米国コロラド州のクライマックス鉱山は有名で、Moの世界総生産量の半分以上がここから供給されている。同州にはモリブデン鉱山が多く、一帯の牧草地にもその影響が見られる。牧草1kgあたり通常なら3〜5mg程度含まれるMoが、この地方では20〜100mgに及ぶ。そのため牧草を食べる牛が、モリブデノーシスという病気に罹ることがある。Moは生体必須元素ではあるが、摂り過ぎは体に悪いのである。

◦*教授のコメント*

日本刀をつくる技術は、刀鍛冶が古来より伝えてきた技術を継承している世界に誇れる技術である。日本刀の材料の鋼は、鍛錬により強靭性が増す。明治時代、刀鍛冶たちは、伝統の製造技術を使って、登山用のピッケルを製造した。ところが、いくら技術の粋を重ねても、冬山では脆くなって割れてしまう。これに対しドイツ製のピッケルは寒い冬山でも頑丈であった。

なぜ、世界に誇る日本の刀鍛冶の技術が、この問題を克服できなかったのであろうか。実は、ドイツ製の鋼にはMoが（自然に）含まれていたのである。鋼には、低温で急に脆くなる温度（専門的には延性脆性遷移温度: DBTT: ductile to brittle transition temperature）がある。Moを添加すると、この温度が低下するのである。化学組成が原因であるならば、いくら加工技術がすぐれていても、適うわけがなかったのである。

₄₃Tc

テクネチウム technetium [tekníːʃiəm]「テクニーシゥム」

❑由来❑

周期表の 43 番目に位置する元素の探索は、周期表の発表以来進められていた。その後、原子核の構造についての理解が進むにつれて、この元素には安定な核種が存在しないことが明らかとなった。自然界に安定に存在しないならば、元素を人工的につくり出すしかない。イタリアのセグレ（E.Segre）とペリエ（C. Perrier）は、カリフォルニア大のサイクロトンで加速した重陽子を、原子番号 42 の Mo に照射して、その合成に成功した。新元素の化学的性質は、周期表の真上にある Mn と真下にある Re に似ていると予想し、照射した試料の中から Mn と Re に似た性質の物質を集めることで 1947 年にその抽出に成功した。

人工的に最初につくられた元素であることから、ギリシャ語の「人工の」という意味の technikos からテクネチウムと命名された。

❑性質❑

第 5 周期 7 族（旧分類では VIIA 族）に属する遷移金属元素である。金属塊は銀白色であるが粉末は灰色であり HCP 構造をとる。塩酸、フッ酸には不溶だが、濃硫酸、硝酸、王水には溶ける。Tc は、天然にはウラン含有鉱物中にごくわずかに存在している。また、同位体（isotope）が 20 種類以上存在するが、全て放射性元素（radioactive elements）であるため、安定な同位体は存在しない。このため、他の元素に比べて化学的性質に関する研究が遅れているというのが現状である。

電子配置：$[Kr]4d^5 5s^2$ ❖ 原子量：98 ❖ 融点：2170℃ ❖ 沸点：4650℃ ❖ 密度：11.5 g/cm^3 （計算値）❖ 磁化率：0.93×10^{-6} cm^3/g ❖ 熱伝導率：50.6 W/m·K ❖ 抵抗率：0.15 μΩ·cm ❖ 比熱：20.8 J/mol·K ❖ 金属結合半径：1.35Å ❖ イオン半径：0.72 Å（Tc^{4+}）、0.56 Å（Tc^{5+}）❖ 安定同位体および存在比：自然界には存在しない

❑用途❑

自然界には安定に存在せず、すべて放射性同位体であるので、用途はないように思われるが、放射性医薬品として利用されている。

放射性医薬品とは、核医学診断や治療に用いられる放射性同位元素（RI: radioisotope；ラジオアイソトープ）を含む製剤のことである。^{99m}Tc は核医学検

第4章 元素の性質

査に広く用いられている。その大きな理由として、半減期が6時間という点にある。半減期が長いRIを含む放射性医薬品を体内に投与すると、患者の被曝量が多くなる。一方、半減期が短かすぎると放射能がすぐになくなってしまい、計測や治療ができない。6時間というのは、長くもなく、短くもなく、ちょうどよい時間なのである。

❑トピックス❑――幻のニッポニウム

すでに紹介したように、Tcの存在は周期表により予測されていた。このため、この謎の元素の発見にいろいろな研究グループが挑戦した。日本からも発見の報告が1906年に小川正孝博士によってなされ、元素名をニッポニウム（Nipponium）と命名したが、公式には認められなかった。当時は科学の後進国であった日本の発表など世界が相手にしなかったというのが実情であろう。

もちろん、Tcは人工的につくるしかないので小川博士の発見は間違いであったということになるが、実は、これには後日談がある。数10年後、ある化学者が彼のもとを訪れたところ、合成した金属試料をまだ持っていたというのである。その化学者が興味をもって分析したところ、小川博士が合成した金属試料は、なんとレニウム（Re）の結晶であることがわかったのである。レニウムはTcと同じ7族に属し、周期表ではTcの真下にある遷移金属元素である。どうやら、小川博士は原子量の計算を1周期分だけ間違えていたようなのだ。

1906年当時には、まだレニウムは発見されていなかったので、もし、その存在が認知されていれば、TcではなくReがニッポニウムと命名されていたかもしれなかった。ちなみに1906年は明治39年で、日本が欧米の列強国に追いつこうと必死になっていた時代である。（吉原賢二著：「科学に魅せられた日本人　ニッポニウムからゲノム、光通信まで」岩波ジュニア新書2001参照）

☞教授のコメント

自然界に存在しないにもかかわらず、周期表によってその存在が予言されていた元素であると聞くと、あらためてメンデレーエフの周期表の提唱は偉大な業績であったと認識させられる。

ただ、この元素記号がTcというのがややこしい。というのも、キュリー点や超伝導の臨界温度をT_cと表記するからである。日本の業績が認められていればNnという元素名がついていたのであろうか。それならば混乱が少ない。Tcは単体の金属では高い8.8Kで超伝導を示す。つまり「TcのT_cは8.8K」である。ただし、臨界温度の場合、添え字のcは下ツキとなるのが通例である。

それにしても小川博士の発見は惜しかった。海外の誰かが、少しでも興味を持ってくれれば、Reの発見は日本ということになっていたはずである。

₄₄Ru

ルテニウム ruthenium [ruːθíːniəm]「ルーシーニゥム」

❏**由来**❏

1828年にベルセリウス（J. J. Berzelius）とオサン（G. W. Osann）がウラル地方の鉱石の中から発見した。その後1844年ロシアのクラウス（K. Klaus）が王水には溶けない6 gのルテニウムを単離した。語源はラテン語でロシア「Ruthenia」という意味である。

❏**性質**❏

第5周期8族（旧分類ではVIII族）に属する遷移金属元素である。Feと同じ族であり、遷移元素であるが**強磁性は示さない**。これは鉄の電子配置が$[Ar]3d^64s^2$のように最外殻の$4s$軌道が充填された状態で、内殻の$3d$軌道に空席があるという電子配置であるのに対し、Ruでは$[Kr]4d^65s^2$とはならず$[Kr]4d^75s^1$のように、最外殻の$5s$軌道に電子が1個しか入っていないためである。これは、$5s$軌道と$4d$軌道のエネルギー準位が近いためと考えられる。もし、Ruの電子配置が$[Kr]4d^65s^2$であったならば、強磁性を示したかもしれない。同様のことは、隣のRh, Pdにもあてはまる。結局、旧VIII族（現8, 9, 10族）の遷移金属で強磁性を示すのは、第4周期のFe, Co, Niだけである。

白金族元素のひとつであり、灰白色を呈し硬くて脆い。粉末は灰黒色で、4種の変態があると推定されているが、立方晶系と六方晶系の2種類が知られている。空気、水、酸には侵されないが融解アルカリには溶ける。空気中で加熱すると表面が酸化されて黒色になる。白金族の中で最も存在量の少ない元素であり天然には他の白金族元素に伴って産出する。

電子配置：$[Kr]4d^75s^1$ ❖ 原子量：101.07 ❖ 融点：2282℃ ❖ 沸点：4050℃ ❖ 密度：12.41 g/cm³（20℃）❖ 磁化率：0.43×10^{-6} cm³/g ❖ 熱伝導率：117 W/m·K（27℃）❖ 抵抗率：6.71 μΩ·cm（20℃）❖ 比熱：260.4 J/mol·K（25℃）❖ ヤング率：4.20×10^{11} N/m² ❖ 金属結合半径：1.34Å ❖ イオン半径：0.68 Å（Ru^{2+}）、0.62 Å（Ru^{3+}）、0.565 Å（Ru^{4+}）❖ 安定同位体および存在比：^{96}Ru: 5.52%、^{98}Ru: 1.86%、^{99}Ru: 12.74%、^{100}Ru: 12.60%、^{101}Ru: 17.05%、^{102}Ru: 31.57%、^{104}Ru: 18.66%

❏**用途**❏

スーパーパラマグネティック効果（superparamagnetic effect）によりハードデ

第 4 章　元素の性質

ィスク装置（HDD）の記録密度を従来の 4 倍に高めることができる。原子 3 個分の厚さのルテニウム層を境にして磁性層の磁化が反転することが可能になる。この反強磁性結合（anti-ferromagnetic coupling：AFC）によって狭い領域を磁化することが可能になる。

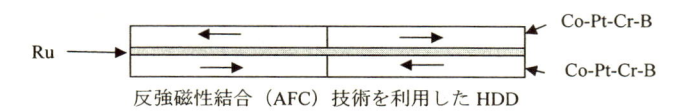

```
              ←――――― | ―――――→        Co-Pt-Cr-B
Ru →  ――――――――――――――――――――――――
              ―――――→ | ←―――――        Co-Pt-Cr-B
```
反強磁性結合（AFC）技術を利用した HDD

オスミウムとの合金は万年筆の筆先に用いられる。ルテニウムメッキは他の白金族金属に比べて難しいが、2μm くらいの光沢メッキが可能である。色調は暗いが、その独特の色調が装飾品に使われる。

◻トピックス◻
　ハードディスクの磁性層の間に、Ru 層を挿入すると、その記憶容量が大幅に向上することを発見した IBM の研究者は、この層のことを Pixie dust と名づけた。日本語に訳せば「妖精のほこり」である。
　以前から、コンピュータ開発者は、コンピュータの中には小さな妖精がたくさん住んでいて、それがコンピュータを動かしているというロマンチックな伝説を好んで使っていた。Pixie dust という命名も、この伝説に由来したものなのであろう。

⌒教授のコメント
　AFC によるハードディスクの記憶容量の増大は画期的な発明であるが、なぜ Ru なのであろうか。原理から考えると、磁性層をある距離だけ隔てればよいのであるから、Ru でなくとも非磁性の物質ならば、どんな材料でも同様の機能がえられるはずである。おそらく、その層の厚さが、原子にして 3 個分しかないという条件が鍵を握っているのではなかろうか。この厚さを均一に蒸着するには Ru が最適であったということであろう。
　実は、同様の効果を発見したというプレスリリースが、日本の半導体各社から発表されている。IBM が先駆者と思っていたが、日本の企業もたくましくなったものである。しかし、すべてが Ru を使っているということは、他の元素でも試したが、結局、うまくいかなかったということであろう。
　ところで、コンピュータの中に妖精が潜んでいるという発想は面白い。無味乾燥な世界にいるからこそ、その反動でロマンチックなものを夢想するのであろうか。

₄₅Rh

ロジウム rhodium [róudiəm] 「コゥディウム」

❑由来❑

1803年に白金の研究をしていたイギリスの化学者のウォラストン（W. H. Wollaston）によって発見された。白金鉱を王水に溶かして、白金やパラジウムを分離した残液は赤色を示す。この残液からえられた物質を還元して金属ロジウムを単離した。ロジウムという名は、塩の水溶液（白金やパラジウムを分離した残液）がバラ色（ギリシャ語でrodeos）であることに由来している。

❑性質❑

第5周期9族（旧 VIII 族）に属する遷移金属元素である。銀白色の硬い貴金属である。酸には溶けず、王水にもほとんど溶けない、化学的に極めて安定な物質である。ロジウムを溶かすには、硫酸水素ナトリウムと混ぜて加熱する必要がある。また、封管中で塩素を含む塩酸と混合して125～150℃に加熱すると溶かすことができる。ロジウムは、白金、パラジウムより加工しにくいが、800℃以上で鍛造できる。日本国内では全く産出されず、世界的にも産出量が少なく、高価である。

電子配置：$[Kr]4d^85s^1$ ❖ 原子量：102.9 ❖ 融点：1960℃ ❖ 沸点：3760℃ ❖ 密度：12.41 g/cm³（20℃）❖ 磁化率：1.08×10^{-6} cm³/g ❖ 熱伝導率：150 W/m·K（27℃）❖ 抵抗率：4.33 μΩ·cm（20℃）❖ 比熱：24.7 J/mol·K（25℃）❖ ヤング率：3.80×10^{11} N/m² ❖ 金属結合半径：1.34Å ❖ イオン半径：0.665Å（Rh^{3+}）、0.60 Å（Rh^{4+}）❖ 安定同位体および存在比：^{103}Rh: 100%

❑用途❑

硬度、耐食性、耐摩耗性、均一電着性に優れ、白い光沢の見栄えが良いことから装飾用メッキとして多く利用される。さらに、白金などの傷防止、銀や下地金属の変色防止などにも利用さる。

自動車の排ガスコントロールや水素化反応の触媒として使用されており、白金族の中で最も活性であるが、高価であるため、他の元素で代用できるものには使用しない。活性炭やアルミナに担持したかたちで、不斉水素化のような特殊な反応に対して用いられる。

1973年にノーベル賞を受賞したウィルキンソン（G. Wilkinson）が、有機金属錯体の研究を行い、サンドイッチ構造をもつ有機金属化合物を発見し、遷移元

素錯体触媒の有機合成化学への応用に対し大きな功績を残した。今日の合成工業，高分子工業の発展はこの研究に負うところが大きい。ロジウムは、このときの水素添加触媒として用いられ、ウィルキンソン触媒と呼ばれている。

白金、パラジウムなどよりも電気抵抗が小さく、酸化膜を形成しにくいため電気接点材料に用いられる。また、白金との合金と白金を使った Pt-(Pt, Rh) 熱電対は有名である。白金・白金ロジウムと呼んでいる。

❏トピックス❏

ロジウムを融点以上に加熱すると、空気から酸素を吸収する。ただし、酸化物を形成するわけではなく、温度を下げて固体にすると、吸収した酸素は全て吐き出される。いわば、**呼吸をする金属**である。

∽**教授のコメント**

材料の実験を行う者にとって熱電対は欠かせない存在である。熱処理には、必ず温度制御が必要となり、その測定に熱電対が必要となるからである。しかし、白金・白金ロジウム熱電対は値段が高く、貧乏な研究室にとっては高嶺の花であったことを覚えている。

熱電対は、異なる合金あるいは金属の熱起電力の差を利用して、2つの接点間の温度差を測定するデバイスである。よって、片方の接点を氷水などの温度がわかる状態にしておけば、もう片方の接点の温度の絶対値を測定できることになる。

この熱電対で大失敗をしたことがある。試料の加熱実験を行うために、直接試料に熱電対をつけて測温していたときである。赤外線加熱装置の電源を入れたとたん、試料があっという間に真っ赤になり溶けてしまった。後で調べたら、熱電対の配線を逆にしていたことがわかった。つまり、装置は試料の温度が低いと認識してしまい、全出力のパワーで試料を加熱してしまったのである。

最近、宇宙実験にかかわるようになったが、打ち上げ失敗の原因に配線ミスがあったと聞いた。単純なところこそ、注意を払う必要があると実感した。まさに徒然草第百九段の「高名の木のぼり」の教えである。「あやまちは、やすき所になりて必ず仕る事に候」。

₄₆Pd

パラジウム　Palladium [pəléidiəm]「プレィディウム」

❏由来❏

1803年に、イギリスの化学者であるウォラストン（W. H. Wollaston）によって発見された。この元素が発見される1年前に見つかった火星と木星の間にある小惑星Pallasにちなんで命名された。Pallasはもともと処女神アテネの「乙女」という意味の添名でパラス・アテネのように使う。

❏性質❏

第5周期10族（旧分類ではVIII族）に属する遷移金属元素である。遷移元素であるが、電子配置は$[Kr]4d^{10}$のようにs軌道が空となっている。存在量が非常に少なく、白金族に属する貴金属で、Pt、Rh、Os、Ru、Irとともに産出される。単体は銀白色で、FCC構造をとる。水には溶けず、酸に対しても一般の酸には溶けないが、酸化力のある酸には溶ける。機械加工は白金族元素の中で最も容易である。大気や水に対する耐食性が高い。

Pdを含む鉱物資源としては、銅ニッケル鉱などに、単体や硫化物で存在するほか、ポタロ石（potarite: PdHg）にも含有されている。単体は、白金族混合物の状態にした後、王水処理し他の元素を取り除き、$[PdCl_2(NH_3)_2]$として生成した後、強熱するとえられる。

Pdは気体を多量に吸収するという特性を持ち、特に水素を吸蔵する能力に優れている。最大で自己の**体積の935倍もの水素を吸蔵する**ことが出来るので、水素化の触媒や、水素精製に利用されている。

電子配置：$[Kr]4d^{10}$ ❖ 原子量：106.4 ❖ 融点：1552℃ ❖ 沸点：2940℃ ❖ 密度：11.99 g/cm³（20℃）❖ 磁化率：5.1×10^{-6} cm³/g ❖ 熱伝導率：75.5 W/m·K（20℃）❖ 抵抗率：9.93 μΩ·cm（20℃）❖ 比熱：0.025 J/mol·K（25℃）❖ ヤング率：1.26×10^{14} N/m² ❖ 金属結合半径：1.37Å ❖ イオン半径：0.86Å（Pd^{2+}）、0.76Å（Pd^{3+}）、0.615Å（Pd^{4+}）❖ 安定同位体および存在比：^{102}Pd: 1.02%、^{104}Pd: 10.14%、^{105}Pd: 22.233%、^{106}Pd: 27.33%、^{108}Pd: 26.46%、^{110}Pd: 11.72%

❏用途❏

最も利用されている分野は、触媒である。先に述べた水素化触媒としての利用をはじめとして、パラジウム錯体は、エチレンからアセトアルデヒドを生成する触媒としても使用されてきた。自動車の排気ガスの触媒としても優れてお

り、PtやRhよりも安価なことから、特に欧州ではPdへの転換が進んでいる。

電子・電気分野は需要の最大シェアを持っており、携帯電話（PHS）や、コンピュータ部品に使用されていることから、総需要量は増加傾向にある。そのほかの用途としては、歯科治療用の金属や、装飾品としての利用もある。

❏トピックス❏

パラジウムは地球上には24000トンほどしか存在しないとされている貴重な元素である。最大の生産国は旧ソ連とされているが、正確な生産量を把握することはできておらず、また機密扱いとなっている。ただし、埋蔵量は白金よりも豊富とされている。

パラジウムは1gあたり650～800円で白金の1gあたり2,500円と比べると比較的安い。とはいっても、貴重な元素であることに変わりはなく、利用法も限定されている。

∞教授のコメント

パラジウムと聞くと、すぐに思い出すのが**常温核融合**（cold fusion）事件である。パラジウムは水素を大量に吸うことが知られている。1989年米国のポンズ（S. Pons）とフライシュマン（M. Fleischmann）の二人は、パラジウムを陰極として、重水素の入った溶液を電気分解すると、常温で核融合が起こる（可能性がある）と発表した。パラジウムという固体の中で、重水素が起こす特殊な反応に違いないと、多くの研究者は予想した。

このニュースは世紀の大発見として大きな注目を集めた。なぜなら常温で核融合が実現できれば、無尽のエネルギーを人類が手にすることになるからである。核融合反応は、地球が大きな恩恵を受けている太陽エネルギーの源泉である。しかし、核融合を起こすためには、超高温が必要とされる。このため、各国が巨額の予算を投じて、核融合炉の開発を行っている。それが、卓上でできるとなれば、画期的な大発見である。

さらに、その興奮に拍車をかけるように、世界各国から追試に成功したという発表が続いた。3年前の1986年に起こった高温超伝導フィーバーを彷彿とさせる事件であり、この騒ぎに便乗して、研究予算を政府から引き出す山師の研究者も跋扈した。連日マスコミも加熱ぎみに報道し、パラジウムの値段が高騰するという事態にもなった。

ただ、残念ながら、核融合の決定的な証拠となる^{3}Heと中性子の検出に関しては、明確なデータは提示されなかった。懐疑的な見方をする研究者が増えてきた頃、衝撃的な本が、ある米国の科学ジャーナリストによって上梓された。このジャーナリストは、綿密な取材を続け、常温核融合の証拠など何もえられ

ていないという結論を出したのである。

　この本は日本でも出版され、大きな衝撃を各所に与えた。この研究テーマに対してすでに巨額の予算が計上されていたからである。その後、アメリカでは調査委員会も発足し、結論として、常温核融合の明確な証拠はえられていないということになった。

　当のポンズとフライシュマンが失踪するという事件も重なって、かなりスキャンダラスな取り扱いをされたことを覚えている。いまでも、科学史のスキャンダルといえば、常温核融合が引き合いに出される。

　ところが、驚いたことに、常温核融合研究は、脈々と続いていたのである。いまだに国際会議が定期的に開かれていると聞く。一流の科学ジャーナルでは、常温核融合関係の論文は掲載が拒否されているが、固体内反応には、何か面白いネタがあるということであろうか。

　ところで、最近は、常温核融合ではなく、普通の核融合が話題になっている。日本が六ヶ所村に核融合実験炉を誘致しようと積極的に動いている。今のところ、フランスとの競争になっていて結論は出ていないようだ。しかし、材料の専門家からみると、核融合実験は危険としか思えない。何しろ、発生する中性子を遮断できる材料がない。中性子は電気的に中性であるため、どんな材料でも簡単に通り抜け、原子核にぶつかると放射性元素をつくりだす。実験の後には、巨大な放射性廃棄物が残るはずである。この問題にどう対処するのであろうか。

✾コラム✾核融合（nuclear fusion）

　本来原子は非常に安定であり、それゆえ物質を構成する基礎を成している。しかし超高温に加熱すると、原子構造そのものが不安定になる。このような条件下で、原子どうしを衝突させると、原子核が反応して、原子番号のより大きな原子が生成される。この反応を核融合反応と呼んでいる。

　この反応によって、非常に大きなエネルギーが解放される。太陽エネルギーが、まさに核融合によるエネルギーである。また、これを利用した発電が核融合発電である。しかし、核融合を起こすには1億℃以上の超高温が必要となること、また、核融合によって多量の中性子が発生するなどの問題がある。このような高温物質を閉じ込められる材料はない。そこで、高温では物質が電離したプラズマ状態になっていることを利用して、容器ではなく、超伝導磁石の強磁場を使って核融合プラズマを閉じ込める方法が考案されている。

47Ag

銀　Silver [sílvər]「スィルヴッ」

❏由来❏

銀は紀元前 3000 年ごろから人間生活に浸透している金属である。銀の元素記号 Ag の語源は、ギリシャ語のアルギュロスであり、「輝く」や「明るい」という意味である。

❏性質❏

第 5 周期 11 族（旧分類では IB 族）に属する金属元素である。電子配置$[Kr]4d^{10}5s^1$ となっており、同じ 11 族の Cu（電子配置$[Ar]3d^{10}4s^1$）と同様に電気伝導率と熱伝導率が高いという特徴を有する。しかも、銀はあらゆる金属の中で、**電気伝導率及び熱伝導率が最大**である。

銀は、一般の酸には溶けないが、酸化力のある酸には溶ける。結晶は、銀白色で FCC 構造をとる。また、延性および展性が金に次いで優れている。生産量が多い地方としては、ペルー、メキシコ、ロシアがあげられる。銀単体の価格は、1kg あたり 20000 円前後である。

電子配置：$[Kr]4d^{10}5s^1$ ❖ 原子量：106.4 ❖ 融点：961℃ ❖ 沸点：2155℃ ❖ 密度：10.49 g/cm³ (20℃) ❖ 磁化率：0.19×10^{-6} cm³/g ❖ 熱伝導率：427 W/m·K (20℃) ❖ 抵抗率：1.59 μΩ·cm (20℃) ❖ 比熱：25.2 J/mol·K (20℃) ❖ ヤング率：7.32×10^{10} N/m² ❖ 金属結合半径：1.44Å ❖ イオン半径：1.15Å（Ag^+）、0.94 Å（Ag^{2+}）❖ 安定同位体および存在比：^{107}Ag: 51.8392%、^{109}Ag: 48.1608%

❏用途❏

銀は古くから宝飾品や食器（写真）として用いられてきた。銀製品を放置すると黒ずむのは、銀が空気中の硫黄分と反応するからである。特に指輪が黒ずみやすいのは、皮膚にはシステイン（cysteine）というイオウを含むアミノ酸があるためである。

銀は室温の電気伝導率および熱伝導率があらゆる金属の中で一番大きいうえ、光の反射率がよいので、エレクトロニクス産業でも使用される。

また、銀メッキも広く使用されている。銀は展延性に優れているためメッキ層の厚さを 0.0015mm まで薄くすることも可能である。魔法瓶の内面に銀メッキ

を施すと断熱性を高めることができる。

銀化合物の応用として、よく知られているものは AgBr および AgI である。これら銀化合物は光にあたると銀を遊離する性質を持っているので、写真用感光材料として広く用いられてきた。

❑トピックス❑

少し違和感があるが、純度が 92.5%以上の銀を純銀と呼んでよいとされている。銀製のリングの内側等に 925 とか 950 と刻印されているのが純度の印で、92.5%および 95.0%に対応している。純銀は Sterling とも刻印されている。これは昔イギリスで Sterling 家が一手に銀を取り扱っていたことから、この一族の名前が純銀の印として使われるようになったことに由来する。純度を 92.5%とか 95%にするのは、100%では色が白すぎるのと、柔らかすぎてアクセサリーや加工には向かないためである。銅を少し添加することで硬さと輝きを出しているのである。

銀製品は自然に放置しておくと次第に黒く変色していく。これは空気中の硫黄分が表面に付着して反応するために起こるが、専用の磨き布でこするとすぐにとれる。また、車や台所用のクリーナーや歯磨き粉を布につけて磨いてもよい。ただし長期間磨かずに放置しておくと磨いただけでは簡単に落ちなくなり強酸の液に浸けておく必要がある。

年月を経て渋く黒色になった状態をいぶし銀と呼ぶ。年期の入った職人技を「いぶし銀の働き」と呼ぶことがある。黒くなるのは銀特有の特徴なので、この性質を積極的にデザインに利用し、わざと銀表面に硫黄を塗って黒くするのが、いぶし加工である。

∽教授のコメント

昔の研究室では、自分で写真を現像するのが当たり前であった。苦労して撮影した組織写真が本当にうまく撮れているかどうかはネガにするまでわからないのである。冬の寒い日に温度が低いまま現像液を調整してしまい、1 日かけて撮影した写真をすべて台無しにしたことがある。いまでは、撮影した像を直接コンピュータに画像として取り込むことができるので、このような苦労はしなくて済むようになった。

ところで、**感光**（photosensitivity）の原理は AgBr や AgI などのハロゲン化銀が、光にあたると銀を遊離する性質を利用したものである。よって、現像した後の廃液には多量の銀が溶け込んでいた。この廃液を引き取り業者に売ると結構な収入になった。年末に予算が枯渇しそうな貧乏研究室にとっては貴重な収入源であった。時代は変わり、今では実験室でも写真現像をすることがなくなってしまった。銀の有用な用途が一つ減ってしまうのは時代の流れであろうか。

₄₈Cd

カドミウム　cadmium [kǽdmiəm] 「キャドミゥム」

❏ 由来 ❏

1908 年にストロマイヤー（F. Stromeyer）によって発見されたとされているが、古代ギリシャの鋳物工場の金属くずに含まれていたとされる。当時すでに、カドミウムによる公害もあったとされる。フェニキアの伝説上の王子カドモス（kadmos）に因んで命名された。

❏ 性質 ❏

第 5 周期 12 族（旧分類では IIB 族）に属する遷移金属元素であるが、電子配置が$[Kr]4d^{10}5s^2$と内殻準位が充填されているため、典型元素に分類されることもある。Zn、Hg と同じ族にある。性質としては Zn に近いが、毒性の強さにおいては Hg に近い重金属である。

単体は銀白色の金属結晶で、HCP 構造をとる。空気中では酸化被膜を作って内部を保護する。酸には水素を発生して溶け、二価の陽イオン（Cd^{2+}）になる。天然の鉱石としてカドミウムを含むものは、硫化カドミウム鉱があるが、工業的には、閃亜鉛鉱から、亜鉛を取り出す際の副産物としてえられる。価格としては、1kg あたり 250 円程度で手に入れることが出来る。

カドミウムの化合物は無色のものが多いが、塩基性の硫化水素水溶液で沈殿する硫化カドミウム（CdS）は黄色を帯びている。共有結合性が強くなるに従い発色するものと考えられている。電気陰性度が 1.7 である Cd に対し S の電気陰性度は 2.5 であり共有結合性が強い。

電子配置：$[Kr]4d^{10}5s^2$ ❖ 原子量：112.411 ❖ 融点：320℃ ❖ 沸点：765℃ ❖ 密度：8.65 g/cm³ （20℃） ❖ 磁化率：$0.19×10^{-6}$ cm³/g ❖ 熱伝導率：96.8 W/m·K（20℃） ❖ 抵抗率：7.5 μΩ·cm（20℃） ❖ 比熱：26.1 J/mol·K（20℃） ❖ ヤング率：$4.95×10^{10}$ N/m² ❖ 金属結合半径：1.51Å ❖ イオン半径：0.95Å（Cd^{2+}）❖ 安定同位体および存在比：^{106}Cd: 1.25%、^{108}Cd: 0.89%、^{110}Cd: 12.49%、^{111}Cd: 12.80%、^{112}Cd: 24.13%、^{113}Cd: 12.22%、^{114}Cd: 28.73%、^{116}Cd: 7.49%

❏ 用途 ❏

空気中の安定性からメッキとして利用される。また、融点が低いので、はんだの材料となる。Bi-Sn-Cd 合金にはお湯で溶けるものもある。

応用として最も進んでいるものは、ニッケルの項で紹介したニッケル－カド

ミウム電池である。正極にニッケル酸化物、負極にカドミウム、電解液として水酸化カリウムと水酸化リチウムを少量含んだ水溶液を用いる。この電池は寿命の長さと、充放電の繰り返しが利くために重宝されている。

ロトピックスロ——カドミウムの毒性

富山県神通川流域でイタイイタイ病というカドミウム中毒が発生した。これは、カドミウムが腎臓に蓄積すると、類似元素の亜鉛が本来はたすべき酵素の活性化を阻害し、その結果腎障害が起こるためである。その結果カルシウムの代謝に異常をきたし骨からカルシウムが失われていき、骨折しやすくなる。

◌教授のコメント

カドミウムというと公害というイメージが強い。古代ギリシャの時代から公害を引き起こしていたというのであるから、その歴史は古い。その原因が Zn と同じ 12（旧 IIB）族に属しており（周期表では Zn のすぐ下に位置する）、人体が Zn と勘違いするために、本来 Zn がはたすべき酵素を助ける働きが阻害されるからだという。そういえば、同じ族には Hg という毒性の強い元素が存在する。元素に罪はないが、人間にとっては相性の悪い族である。

＊コラム＊風変わりな天才　キャベンディッシュ
（Henry Cavendish, 1731 - 1810）

1735 年にケンブリッジ大学を卒業し、父のチャールズとともに熱の研究を始める。1766 年に、金属と酸が反応するときに発生するガスが空気ではないことを確かめ、水素ガスを発見した。1784 年には酸素ガスと水素ガスを反応させて水を生成することに成功し、元素と考えられていた水が水素と酸素の化合物であることを初めて明らかにする。この他にも、万有引力定数の測定やクーロンの法則、オームの法則など数多くの歴史的な発見を行ったが、ほとんど業績を外部に発表しなかった。

無類の人間嫌いで、召使とすら会わないようにして毎日を過ごしていた。教授と議論するのが苦痛で、大学に残らなかったといわれている。女性とも縁がなく、一生を独身で通した。貴族の長男に生まれ、大変な資産家であったので、生活には困らず、自由に科学研究に没頭することができた。

キャベンディッシュの業績は、彼の死後、その遺産で設立されたキャベンディッシュ研究所の初代所長となったマックスウェル（J. C. Maxwell）によって公表された。

₄₉In

インジウム Indium [índiəm] 「インディウム」

❑ 由来 ❑

1836 年にドイツのリヒター（H. T. Richter）とライヒ（F. Reich）が閃亜鉛鉱の発光スペクトルに新しい元素のものがあることを発見し、その存在が明らかとなった。インジウムという元素名は、その発光スペクトルが濃い藍色（indigo）であったことに由来する。

❑ 性質 ❑

第 5 周期 13 族（旧分類では IIIB 族）に属する典型元素の金属元素である。柔らかく、融点が 156.6℃ と低く、室温でドロドロの状態で存在する。インジウムは一部の亜鉛製錬の副産物として僅かな量しか産出されない。このため、資源のリサイクルを推進する動きがあり、使用済みのインジウム原料からインジウム回収精製する事業が確立されつつある。また、3.4K 以下で超伝導となる。

電子配置：$[Kr]4d^{10}5s^25p^1$ ❖ 原子量：114.82 ❖ 融点：156.6℃ ❖ 沸点：2080℃ ❖ 密度：7.31 g/cm³ (20℃) ❖ 磁化率：-0.09×10^{-6} cm³/g ❖ 熱伝導率：81.7 W/m·K (20℃) ❖ 抵抗率：8.37 μΩ·cm (25℃) ❖ 比熱：27.5 J/mol·K (25℃) ❖ ヤング率：1.07×10^{10} N/m² ❖ イオン半径：0.9Å （In^{3+}） ❖ 金属結合半径：1.57Å ❖ 安定同位体および存在比：^{113}In: 4.33%, ^{115}In: 95.67%

❑ 用途 ❑

インジウム（写真）は半金属であり半導体材料として広く利用されている。Si は +4 価であり、そのままでは真性半導体で、ほとんど電流が流れないが、+3 価の In を添加することで、キャリアである正孔を注入することにより p 型半導体とすることができる。

一方、In−P 半導体では 3 価の In と 5 価の P の濃度を調整することにより、n 型と p 型両方の半導体を同時につくることも可能である。また、In-Ga-As は、発光ダイオード（LED: light emission diode）として利用される。

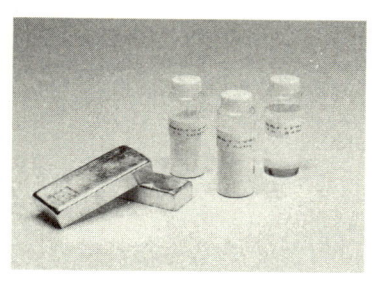

右より、塩化インジウム（溶液）、酸化インジウム（パウダー）、水酸化インジウム（パウダー）、金属インジウム（インゴット）。

インジウムの酸化物は**透明にもかかわらず導電性を示す**ため、パソコンやテレビの液晶ディスプレイに使われている。また、赤外線を遮断する性質があるので、自動車の窓用フィルムとしても利用されている。

金属インジウムは、室温でも柔らかいため、真空機器のシールドに使われる。これをインジウムシールドと呼んでいる。

インジウムは単体または化合物によって形、用途が変化する。以下に、インジウムの形態と用途を表にまとめた。

品名	化学式　分子量	形状	用途
金属インジウム	In　114.82	インゴット	ハンダ材料、歯科用合金材料、軸受、透明電極材料、半導体素子
酸化インジウム	InO_3　277.63	パウダー	透明電極材料、　塗料用材料
塩化インジウム	$InCl_3$　221.18	パウダー、液体	透明電極材料、　塗料用材料

❏トピックス❏

インジウムは発光ダイオードや液晶ディスプレイへの応用などによってハイテク分野で重要性を増しているが、残念ながら産出量が少なく、20年程度で資源が枯渇するともいわれている。このため、インジウム資源のリサイクルを積極的に推進する動きが活発化しており、多くの企業がリサイクル事業に参入しつつある。

実は、一般には知られていないが、インジウムの産出量、埋蔵量ともに世界一の鉱山が日本にある。札幌市内にある豊羽（とよは）鉱山である。この鉱山は、銀、銅、鉛、亜鉛の産出で、いずれも日本最大級である。札幌市内にこのような鉱山があることも意外であるが、鉱山周辺では、現在でも活発な熱水活動[1]が続いている。ハイテク産業注目の鉱山である。

∽**教授のコメント**

真空を扱ったことのある研究者にとって、インジウムはなじみのある金属である。室温でも非常に柔らかいため、真空機器のシールド材として使えるからだ。どんなに精密加工したとしても、金属製品の部品間を完全にパッキングすることは不可能である。そのすきまを埋めるのにインジウムが役に立つのである。

---

[1] 地殻内を高温熱水が循環するシステムであり、CO_2ガスや熱、また様々な元素を含有する熱水を地球表層に放出する大規模な現象で環境変動に大きな影響を与えている。豊羽鉱山深部の坑道では岩盤温度が130℃にも達している。

₅₀Sn

錫（すず）Tin [tín] 「ティン」

❏由来❏

古代より青銅という合金の成分として親しまれている。青銅は銅とスズの合金でありブロンズ（bronze）とも呼ばれる。鉄が人類の歴史に登場する前に、青銅器時代を築いた。元素記号の Sn はラテン語のスズ（stannum）にちなんでつけられた。

❏性質❏

第5周期の14族（旧分類ではIVB族）に属する典型元素の金属である。スズは、両性金属の一つであり、強酸にも強アルカリにも溶ける。特徴のひとつとして、同位体が数多く存在するということがあげられる。また、スズは、常温でハロゲンと反応するが、この反応で生成する塩化スズ（$SnCl_4$）は、無機物でありながら融点が－33.3℃、沸点が114℃という非常に低い値を示す。

単体スズには3種の同素体がある。灰色スズはダイヤモンド型の結晶で非金属性を示すのに対し、白色スズは正方晶の金属結晶であり密度もかなり高い。また、白色スズから灰色スズへの変態温度が13.5℃であるため、白色スズを低温にさらしておくと、灰色スズに変態し、それに伴う膨張で崩壊してしまう。

天然鉱石として、スズを多く含むものには、錫石（cassiterite: SnO_2）（写真）や、黄錫鉱（stannite: Cu_2FeSnS_4）がある。生産量は、輸入も合わせてトータルで年間3万トン程度である。単体の価格は、1kgあたり800から850円程度である。

水晶上に付いてる黒い鉱物が錫石（SnO_2）

電子配置：$[Kr]4d^{10}5s^25p^2$ ❖ 原子量：118.7 ❖ 融点：231.9℃ ❖ 沸点：2270℃ ❖ 密度：7.26 g/cm³（20℃）❖ 磁化率：-0.25×10^{-6} cm³/g ❖ 熱伝導率：66.6 W/m·K（20℃）❖ 抵抗率：11 μΩ·cm（25℃）❖ 比熱：77.2 J/mol·K（20℃）❖ ヤング率：5.44×10^{10} N/m² ❖ 金属結合半径：1.508Å ❖ イオン半径：1.18Å（Sn^{2+}）、0.69Å（Sn^{4+}）❖ 安定同位体および存在比：^{112}Sn: 1.01%、^{114}Sn: 0.67%、^{115}Sn: 0.38%、^{116}Sn: 14.76%、^{117}Sn: 7.75%、^{118}Sn: 24.30%、^{119}Sn: 8.55%、^{120}Sn: 32.38%、^{122}Sn: 4.56%、^{24}Sn: 5.64%

❏用途❏

通常のはんだは鉛とスズの合金で、コンデンサやトランジスタ等の回路を組み立てるときに使われているが、最近では環境問題から鉛フリーはんだへの移行が検討されている。鉛フリーはんだはスズを主成分とした銀と銅等を添加した合金である。しかし、はんだの融点が上がってしまうため耐熱性の高い電子部品を使う必要がある。

鉄にすずをメッキしたブリキは、食品の缶詰の内側や、昔のおもちゃに使われている。すずの耐食性が高いことを利用したメッキである。ただし、すずの層にきずがついてしまうと、内部の鉄の腐食がいっきに進んでしまう。ちなみに、英語ではブリキのことを tin（つまりすず）と呼んでいる。

冒頭でも紹介したブロンズは、鋳造性にすぐれているため、現在でも鋳物材料として広く使われている。また、錆び色や音響が好まれ、美術工芸品や寺院の鐘などにも利用される。

◦教授のコメント

鉄に亜鉛をメッキしたものがトタンであり、鉄にすずをメッキしたものがブリキである。トタンでは、亜鉛が鉄よりも耐食性が低いために、自分の身を犠牲にして鉄を守ってくれる。一方、ブリキはすずの耐食性の高さを利用したもので、自分が傷ついたら、あとは鉄が優先的に腐食されるだけである。

ところで、鉄よりも腐食されやすいかどうかはイオン化傾向によって知ることができる。その大きい順に主な金属を並べると

$$K\ Ca\ Na\ Mg\ Al\ Zn\ Fe\ Ni\ Sn\ Pb\ \ \ (H)\ \ \ Cu\ Hg\ Ag\ Pt\ Au$$

となる。

よって、Zn は鉄（Fe）よりもイオン化傾向が大きく、Sn は小さいということがわかる。これが錆びやすいかどうかの基準になる。ところで、この順序は日本の高校生は

貸そうかなまああてにするなひどすぎる借金

という語呂で覚えたものである。高校時代にアメリカ留学したとき、化学の時間にイオン化傾向が話題になった。黒板に出て、これをささっと書いたら、同級生は羨望のまなざしで見つめていた。種あかしをしようにも説明ができない。実は、この他にも「水兵のリーベは僕のふね…」で周期表を書いたこともある。「あいつは天才かもしれない」という噂がたったが、あえて否定はしなかった。日本語にも便利なことがあるのである。

第 4 章　元素の性質

$_{51}$Sb

アンチモン antimony　[ǽntəmòuni]「ｱﾝﾂﾓｩﾆ」

□由来□

　アンチモン化合物は古くからその存在が知られていた。輝安鉱（Sb_2S_3）（写真）の黒色粉末はアイシャドウとして用いられた他、スコットランドでは、なんと紀元前 4000 年に作られた花瓶にアンチモンが含まれている。

　中世のころには錬金術師たちが好んで使っていた形跡があるが、錬金術には秘術も多いため、アンチモンの歴史には明確でない部分が多い。1600 年ごろには、その金属としての存在が知られていたと思われるが、ビスマス、スズ、鉛といった他の元素と混同されていたふしもある。

　元素名の由来は、ギリシャ語の anti-monos（not alone: 孤独嫌い）と考えられている。11 世紀の医師コンスタンティヌス・アフェルが彼の著書 "De Gradibus Simplicibus" の中でこの antimony という言葉を使ったのが最初であるとされている。ただし、彼が金属そのものを指す言葉として用いたかどうかははっきりしない。化学記号の Sb はラテン語の元素名 stibium による。これは古代から知られている硫化アンチモン（輝安鉱：stimmi）の名前に由来している。

□性質□

　第 5 周期 15 族（旧分類では VB 族）に属する典型元素の金属元素である。その性質から半金属に分類されることもある。銀白色を呈し、脆い。常温で安定な金属アンチモンは灰色を呈する。ヒ素と同様の構造をとる他、黒色アンチモン、黄色アンチモンなど、性質の異なる同素体もある。

　主要鉱石は輝安鉱で、中国、フランス、イタリア、日本、メキシコ、ボリビアなどで採掘される。金属アンチモンは水と同様に**固化すると体積が大きくなる**。銀、ヒ素、鉛、銅などの鉱石中にも存在する。水、希酸に不溶であるが、王水、濃硝酸、熱濃硫酸には溶ける。ヒ素と同じ族に属し、毒性が高い。

電子配置：$[Kr]4d^{10}5s^25p^2$ ❖ 原子量：121.75 ❖ 融点：630.7℃ ❖ 沸点：1587℃ ❖ 密度：6.697 g/cm^3（25℃）❖ 磁化率：-0.81×10^{-6} cm^3/g ❖ 熱伝導率：24.3 W/m·K（27℃）❖ 抵抗率：41.7 μΩ·cm（20℃）❖ 比熱：25.36 J/mol·K（20℃）❖ ヤング率：7.75×10^8 N/m^2 ❖ 共有結合半径：1.41Å ❖ 金属結合半径：1.61 Å

❖ イオン半径：0.76Å（Sb^{3+}）、 0.60Å（Sb^{5+}）、 2.08Å（Sb^{3-}） ❖ 安定同位体および存在比：^{121}Sb: 57.25%、^{123}Sb: 42.75%

❏用途❏

合金材料として鉛蓄電池の電極に使われ、生産量の大部分がこれに向けられている。アンチモン化ガリウム（GaSb）はガリウムヒ素（GaAs）と同様に電子工業分野で半導体材料として使われる。また軸受合金、活字合金としても利用される。

アンチモンとカリウムの酒石酸複塩である吐酒石は薬剤に、赤色硫化アンチモンはマッチやゴムの加硫に使用される。他に各種化合物が顔料や媒染剤に使われる。また赤外線反射を起こすため迷装用の塗料にも利用されている。アンチモンの中毒症状は消化不良とよく似ており、毒薬として用いられたこともある。

三酸化アンチモン（SbO_3）は難燃助剤として利用されている。難燃性が要求されるプラスチック、ゴムや繊維製品のほとんどすべてに添加されており、日本での1年の消費量は約20000トンにも達する。携帯電話1個あたり、1~2gものSbが含まれている。火事からわれわれを守ってくれるという点では非常に有用な物質であるが、これら製品が使用後に産業廃棄物として不法投棄されると、Sbによる土壌汚染などが問題となる。

∽教授のコメント

SbはAsと同属元素であり、その毒性が一般に報道されることはあっても、その有用性についてはほとんど知られていない。実は、ヒ素でさえも人体にとって必要な元素であるといわれており、アンチモンも例外ではない。問題は、必要な量はごくわずかであり、少しでも摂りすぎると害になるという点である。特に、ヒ素とアンチモンは猛毒であり、実際に毒薬として使われている。

ところで、皮肉な話ではあるが、人体に有害であるとされる嫌われものの元素のほうが、材料研究者にとって新しい機能を探索する場合に有用な添加元素となる場合が多い。というのも、普通の元素は、多くのひとがすでに試してしまって新しい発見がないのに対し、嫌われものの元素は、ほとんどのひとが実験に使うのを敬遠するため、蓄積データが少ないからである。

ただし、有害元素を使う場合には、環境問題に対して最大限の注意を払う必要がある。企業や公立の研究所のあった跡地から大量の有毒物質が見つかったという報道があとを立たない。いったん汚染された土地を元に戻すには、莫大な費用と時間を要する。

₅₂Te

テルル　tellurium [telúəriəm]「テルゥリゥム」

❏由来❏
1782年オーストリアのミュラー（F. J. Müller）により初めてビスマスの鉱物から遊離された。地球を意味するラテン語 telus が元素名の由来である。

❏性質❏
第5周期16族（旧分類ではVIB族）に属する典型元素の非金属元素である。ただし、半金属に分類されることもある。酸素（O）、硫黄（S）、セレン（Se）と同じ族に属する。金属テルルと無定形テルルがある。金属テルルは無定形テルルを熱してえられ、銀白色、金属光沢のある六方晶系結晶で**にんにく臭**がある。硫酸、硝酸、水酸化カリウム及びシアン化カリウムなどの酸化力のある酸に酸化されて溶けるが、水には不溶である。水素とは直接作用しないがハロゲンとは激しく反応する。

金属テルルは、金属セレンと同じ構造をとり、脆い半導体である。光の強度によって電気抵抗が変化するという性質を有する。また、電気抵抗率が高く、50℃では銀の約10万倍である。人体に有害で吸入による毒性が確認されており、大気中の許容量は $1mg/m^3$ とされている。天然に自然テルルとして存在する場合もある。

電子配置：$[Kr]4d^{10}5s^25p^3$ ❖ 原子量：127.6 ❖ 融点：452℃ ❖ 沸点：990℃ ❖ 密度：$6.24\ g/cm^3$（20℃）❖ 磁化率：$-0.29\times10^{-6}\ cm^3/g$ ❖ 熱伝導率：3.96 W/m·K（27℃）❖ 抵抗率：0.1 Ω·cm（25℃）❖ 比熱：25.7 J/mol·K（25℃）❖ ヤング率：$4.2\times10^{10}\ N/m^2$ ❖ 共有結合半径：1.37Å ❖ イオン半径：2.12 Å（Te^{2-}）❖ 安定同位体および存在比：^{120}Te: 0.096％、 ^{122}Te: 26.03％、 ^{123}Te: 0.908％、 ^{124}Te: 4.816％、 ^{125}Te: 7.139％、 ^{126}Te: 18.952％、 ^{128}Te: 31.687％、 ^{130}Te: 33.799％

❏用途❏
光の強度で電気抵抗が敏感に変化するという性質を利用して、複写機の感光用ドラムに利用されている。また、快削性を改善する目的でステンレス鋼に添加される。テルル化合物は、酸化触媒やゴムの加硫促進剤などに利用される。

❏トピックス❏——優秀な医薬品？
テルルを結核やハンセン病などの治療に使おうという研究が戦前から行われ

ていた。また、テルルはジフテリア菌の検出に必要な培地を作るのに欠かせない元素であった。昭和23年には日本テルル協会が作られ、治療薬としての研究が始められたが、昭和20年代後半にペニシリンなどの抗生物質が出現し、テルルによる治療研究は下火となっていった。

∽教授のコメント

テルルを吸引すると、人体に有害であるとわかっているのに、それが治療薬として研究されていたという歴史には驚かされる。確かに、薬は少量なら効くが、摂りすぎは体に毒といわれる。とはいっても、ひとが摂取するものには、細心の注意が必要であろう。そういえば、ヒ素を不老不死の薬として飲んで、早死にしていった王が歴史にはかなりいる。浅はかというしかない。

❋コラム❋テルルの発見者は？

18世紀の後半にオーストリアのジーベンゲビルゲで青白い色をした奇妙な鉱石が発見された。多くのひとは、その組成よりも、この鉱石が金を含むかどうかということに関心を寄せていた。しかし、金を含まないことがわかってからは興味を失い、アンチモンかビスマスを含んだ鉱石だろうと考えるようになった。

1782年に鉱山技師のミュラー（F. J. Müller, 1740−1817）は、この鉱石を分析し、アンチモンには似ているものの、未知の新しい金属を含んでいるという結論に達し、専門家に鑑定を依頼する。しかし、アンチモンではないということがわかっただけで、新しい元素とは認知されなかった。

それから15年もの間、オーストリアの鉱山技師の発見に誰も興味を示さなかった。ところが、1798年に、ドイツのクラプロート（M. H. Kraproth）がミュラーの分析を再現し、新しい元素が含まれていることを確認し、テルルと命名した。実は、ミュラーがクラプロートに試料とともに手紙を送っていたのである。その後、クラプロートは、ミュラーがテルルの第一発見者であることを公表し、めでたくミュラーの功績が認められることになる。

しかし、テルルの発見には、もうひとりの研究者が影に隠れている。ハンガリーのキタベイルである。彼は、1789年に同僚から輝水鉛鉱として渡された鉱物の中に新しい元素があることを発見し、それがジーベンゲビルゲで発見された奇妙な鉱石の中にある元素と同じことを立証する。しかし、その成果を公表しなかったため、第一発見者の栄誉は与えられなかった。後に、クラプロートはキタベイルの発見も正当なものと評価している。

53 I

沃素（ヨウ素）iodine [áiədàin]「アィゥダィン」

❏由来❏

ハロゲン族で塩素に次いで発見された。1812年にパリの硝石作りの職人であるクールトア（B. Courtois）によって、海藻灰で作られたソーダの中から発見された。Iode の名は蒸気の色であるすみれ色（ioeides イオーデス）にちなんでフランスの化学者ゲイリュサック（J. L. Gay-Lussac）が1813年につけた。

❏性質❏

第5周期17族（旧分類ではVIIB族）のハロゲンに属する非金属元素である。紫黒色の金属光沢のある鱗片状晶で融点付近の蒸気圧が大きいので、急激に熱しない限り融解せずに昇華する。

気体は特異臭があり紫色を呈し、I_2 分子からなる。液体は反射光で褐色、透過光で赤色となる。化学作用は塩素・臭素に似ているが、それらより弱い。水素とは高温で作用し

$$I_2 + H_2 \leftrightarrow 2HI$$

の平衡が成り立つ。でんぷんと反応して藍色になるヨウ素デンプン反応は有名である。

ヨウ素の原料としては、チリ硝石の原鉱石であるカリチエがある。ヨウ化物として、海藻類・海産動物中に存在する。生産量は、年間6000t程度である。価格としては、1kgあたり2700〜2800円程度である。

日本では天然ガスとともに80〜125ppmのNaIを含むかん水＝海水（塩分を含む水）が見いだされた。かん水に塩素を加え、I^- を酸化した後、いくつかの操作を経てヨウ素の単体をえる。現在の**日本の生産量**は世界の40%程度で**世界一**とされている。

電子配置：$[Kr]4d^{10}5s^25p^5$ ❖ 原子量：126.9 ❖ 融点：113.6℃ ❖ 沸点：185.2℃ ❖ 密度：4.94 g/cm³（20℃）❖ 磁化率：-0.35×10^{-6} cm³/g ❖ 熱伝導率：0.449 W/m·K（27℃）❖ 抵抗率：5.85 Ω·cm（25℃）❖ 比熱：54.44 J/mol·K（25℃）❖ ヤング率：1.3×10^{10} N/m² ❖ 共有結合半径：1.34Å ❖ イオン半径：2.20Å（I^-）❖ 安定同位体および存在比：^{127}I: 100%

❏用途❏

単体ヨウ素は、抗微生物作用を有するため、殺菌消毒に使われる。ヨードチンキ（写真）はヨウ素をアルコールに溶かしたものである。また、うがいや消毒に使われるルゴール液はヨウ素と KI にグリセリンを混ぜたものである。

ヨウ素は 16 種類あるといわれる人体にとって必須なミネラルのうちの 1 つである。甲状腺ホルモンや成長ホルモンの分泌と深く関わり、現代病といわれる冷え性や新陳代謝の鈍化などを改善する。ヨウ素が欠乏すると骨軟化症、甲状腺障害などの原因となる。

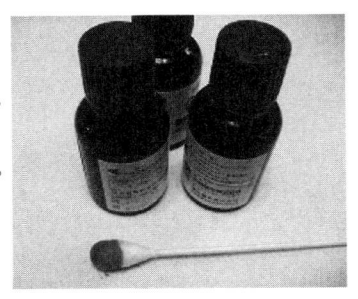

タングステンフィラメントの白熱灯の封入ガス、写真の感光剤（AgI）、色素などに用いられる他、放射性同位体の ^{129}I は、医学用トレーサーとして使用される。

❏トピックス❏

人体に摂取されると、ヨウ素は血液中から甲状腺に集まり蓄積される性質がある。よって、原子力事故時には、なるべく早い段階でヨウ素剤（KI など）を服用することが、被ばく防止の重要な方策の一つとなる。被爆前に放射能をもたないヨウ素を摂取して甲状腺を飽和しておくことにより、放射性の ^{131}I を摂取しても甲状腺に取り込まれなくなるためである。ただし、体内に取り込まれた後では遅いので、被爆後 6 時間以内に投与しなければ意味がない。

感想

硝石作りの職人が発見したという珍しい元素である。医療関係の用途が多いのには驚いた。

教授のコメント

チンキとはアルコール液で植物成分を抽出したものをいうらしい。昔は、ケガをすれば赤チンキをつけていたが、中に水銀化合物が含まれていた。この化合物そのものは無毒であるが、その製造段階で水銀汚染が生じるため、現在では、販売が中止されている。ヨードチンキも似たようなものかと思っていたが、こちらはヨウ素であるから人体には問題がない。

第4章　元素の性質

₅₄Xe

キセノン　xenon [zíːnɑn]「ジーナン」

❏ 由来 ❏

1898年にイギリスのラムゼー（W. Ramsay）とトラバース（M. W. Travers）によって発見された。液体空気の分留により、ネオン、クリプトンとともに発見された。元素の名前はギリシャ語で「奇妙な」を意味する"xenos"にちなんでいる。

❏ 性質 ❏

第5周期18族（旧分類では0族）に属する希ガスの非金属元素である。安定同位体を持つ希ガスで最も原子番号の大きなものがキセノンであり、空気中に0.000008%ほど含まれている。

キセノンは、希ガス（不活性元素）でありながら、化合物を形成することができる。キセノンの化合物として最初に認められたのは、$XePtF_6$という物質である。この物質の発見を機に、その後、数多くの化合物が合成された。そのほとんどはフッ素あるいは酸素との化合物であるが、塩素や他の元素とも不安定ながら結合することがある。

電子配置：$[Kr]4d^{10}5s^25p^6$．　原子量：131.29．　融点：-111.8℃．　沸点：-108.1℃．　密度：3.54 g/cm³（-112℃）．　磁化率：-0.35×10^{-6} cm³/g．　熱伝導率：5.4×10^{-3} W/m K（0℃）．　比熱：20.786 J/mol K（25℃）．　原子半径（ファンデルワールス半径）：1.31Å．　安定同位体および存在比：^{124}Xe: 0.0960%、^{126}Xe:1.919%、^{129}Xe: 26.44%、^{130}Xe: 4.08%、^{131}Xe: 21.18%、^{132}Xe: 26.89%、^{134}Xe: 8.87%

❏ 用途 ❏

キセノンガス中に電圧をかけて放電させると、柔らかな青色の光を放つ。これがキセノンランプである。紫外部への広がりが少ないので、日焼けなどを起こす有害紫外線を含まない。そのため日焼けサロンや、食品製造工業での誘蛾燈や滅菌燈に用いられている。乗用車においてもヘッドライトやフォグランプに使われている。眩しさがなく眼にやさしいという評価がある。

イオンエンジンは、イオンビームを電場で加速し、これを宇宙船から秒速30kmの速度で送り出し（時速にすると約10万km）、その反動で強力な推力をえるものである。このようなイオンエンジンに理想的な原子としては、質量が大きく、

かつ容易にイオン化可能なものであり、水銀、セシウム、キセノンなどが候補元素となっている。この中で、キセノンは取り扱いが最も安全な物質である。2003年5月9日に打ち上げられた小惑星探査機 MUSES-C には、キセノンを推進剤として用いるイオンエンジンが搭載されている。

❑トピックス1❑——キセノンの化合物

キセノンの化合物を実現させ、「希ガスは不活性」という常識を破ったのは、カナダのバートレット（N. Bertlett）である。彼は1962年、PtF と Xe の反応により、$XePtF_6$（ヘキサフルオロ白金酸キセノン）を合成することに成功した。これが最初の希ガス化合物である。今日ではキセノンの化合物は100種を超える数となっており、酸化物やオキソ酸、及びその塩類などのいくつかは市販もされている。

❑トピックス2❑——火星の生物

隕石のキセノン同位体存在比を計ることで、その隕石の母体の星を判別することができる。この方法で火星からの隕石を分析したところ、なんと微生物の化石が見つかり、火星に生物が居た証拠と騒がれている。その真偽は定かではないが、現在、火星探索がさかんに進められている。残念なことに日本の火星探査機は軌道をはずれたために爆破されることになったが。

∞教授のコメント

希ガスは、最外殻の電子軌道がすべて満たされているので、本来は他の元素とは化合しないはずである。しかし、キセノンぐらい原子番号が大きくなると、原子核を取り巻いている電子の数も非常に多くなる（なにしろ54個もある）。このため、希ガスといっても、最外殻のほうでは原子核からの束縛も希薄となり、他の元素と電子軌道を共有するへそまがりの電子が出てきてもそう不思議ではない気がする。これが Xe が希ガスであるにもかかわらず化合物をつくる理由であろう。まあ、化合物があるとわかった今だからこそいえるコメントかもしれないが。

₅₅Cs

セシウム cesium [síːziəm] 「シージウム」

❏由来❏

1860年、ブンゼン（R. W. Bunsen）とキルヒホッフ（G. R. Kirchhoff）によって発見された。彼らは1859年に発光分光分析法と呼ばれる元素のスペクトル分析法を創始した。その翌年ドイツの Durkheim 鉱泉の水 40,000 ℓ を処理し、リチウムを除いた部分を分光分析した。その結果、4555 Å および 4593 Å に空色の輝線を与える新元素を発見し、ラテン語のカエジウス（caesius：英語の sky blue を意味する）にちなんでセシウムと命名した。

❏性質❏

第6周期1族（旧分類では IA 族）のアルカリ金属に属する金属元素である。銀白色を呈し柔らかい。常温常圧で安定な結晶構造は BCC 構造である。反応性が強く、常温でも大気中で酸化され、水ともはげしく反応する。

電子配置：$[Xe]6s^1$ ❖ 原子量：132.9 ❖ 融点：29℃ ❖ 沸点：671℃ ❖ 密度：1.88 g/cm³ (20℃) ❖ 熱伝導率：35.9 W/m·K (20℃) ❖ 比熱：31.92 J/mol·K (25℃) ❖ 金属結合半径：2.63 Å ❖ イオン半径：1.70 Å（Cs^+）❖ 安定同位体および存在比：^{133}Cs 100%

❏用途❏

セシウム原子時計はセシウム133（^{133}Cs）の2つのエネルギー状態間の遷移を利用した時計である。この周波数は 9192631770Hz であり、誤差は 30 万年に 1 秒以下という精度である。多くのセシウム原子時計がすでに利用されていて、そのうちいくつかは地球を周回し、全地球測位システム（GPS: global positioning system）にも利用されている。1秒という単位を決めるのにもセシウムが利用される。具体的には、時計に利用される「^{133}Cs 原子の基底状態の二つのエネルギー状態間遷移の 9192631770Hz に現れるスペクトル」の 91 億 9263 万 1770 周期の継続時間を1秒と定義されている。

❏トピックス❏──セシウム137

セシウム137（^{137}Cs）という放射性同位体が核爆発実験によって生成される。この ^{137}Cs が大気中に拡散すると、セシウムの化学的性質がカリウムと似ているため、体内に取り込んでしまう可能性が高い。この摂取による体内被曝は深刻な被害を人類に及ぼす可能性があり、専門家から危惧されている。

₅₆Ba

バリウム Barium [béəriəm] 「ベゥリゥム」

❑由来❑

1808年に、イギリスの化学者デービー（H. Davy）がボローニャ石の発光源が新元素であることを突きとめた。デービーは、8年前に発明されたボルタ電池を用いた電気分解により金属バリウムをえていたが、すでに知られていたアルカリ土類金属元素に比べて重いことからギリシャ語の「重い」（barys）にちなんで、新元素をバリウムと名づけた。

❑性質❑

第6周期2族（旧分類ではIIA族）のアルカリ土類に属する金属元素である。純粋であれば、柔らかく銀白色を示し、鉛に似ている。また、金属は空気中でたやすく酸化してしまうので、石油中に保存する。水やアルコールとも反応する。炎色反応では緑色を示すので花火の着色に用いられる（写真）。

また硫酸バリウム（$BaSO_4$）（写真）以外のバリウム塩はほとんど有毒であり、反応してイオンが生じると生命の危険にさらされるほどである。

バリウムの炎色反応

母岩（孔雀石）に透明で板状に付いているのが $BaSO_4$ 結晶

電子配置：[Xe]$6s^2$ ❖ 原子量：137.327 ❖ 融点：727℃ ❖ 沸点：1850℃ ❖ 密度：3.62 g/cm² (20℃) ❖ 磁化率：0.15×10^{-6} cm³/g ❖ 熱伝導率：18.4 W/m·K（0℃）❖ 比熱：28.07 J/mol·K（25℃）❖ 抵抗率：50 μΩ·cm（20℃）❖ 金属結合半径：2.22Å ❖ イオン半径：1.35Å（Ba^{2+}）❖ 安定同位体および存在比：^{130}Ba: 0.1058%、^{132}Ba: 0.1012%、^{134}Ba: 2.417%、^{135}Ba: 6.592%、^{136}Ba: 7.853%、^{137}Ba: 11.232%、^{138}Ba: 71.699%

❑用途❑

バリウムはX線を透過しないので、X線検査の際に造影剤（写真）として検査対象の臓器を描出するために用いられる。ただし、多くのバリウム化合物は有毒であるので、造影剤としては無毒の硫酸バリウムを用いている。胃や腸の

検査の際に「バリウムを飲む」というが、正式にはバリウムではなく硫酸バリウムのことである。胃だけでなく、腸や血管、尿管などへの尿路・脈管系の造影剤としても使われる。

花火の色は、もともとの火薬の色ではなく、花火師が火薬に着色料を細工することでつけられる。バリウム塩は緑の色を出すために添加される。また、硫酸バリウム以外のバリウム塩は有毒であるので殺虫剤として用いられる。特に塩化バリウムは水に溶かして殺虫剤や農薬として用いられている。

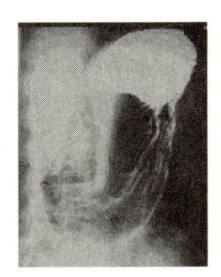

∞教授のコメント

バリウムは高温超伝導体（例えば Y-Ba-Cu-O や Tl-Ba-Ca-Cu-O）の主要な成分である。その基本特性を知るために、単結晶が必要となるが、溶融状態から結晶に成長する際 Ba の反応性が高く、白金るつぼさえも冒されてしまう。

あるとき、Y-Ba-Cu-O の中に不純物が存在することに気づいた。小さな粒子であったが、成分を調べると $BaZrO_3$ であることがわかった。この化合物は、すでに Ba を含んでいるので、Ba と反応しない可能性がある。その後、この材料でつくったルツボで高性能の超伝導体が製造できるようになった。「毒をもって毒を制す」とはこのことか。

❋コラム❋ 元素の最多発見者　デービー（Hunphry Davy, 1778-1829）

1778 年イギリス生まれ。もともとは薬局の使用人であったが、独学で化学を学び 1801 年に王立研究所に助教授として迎えられ、翌 1802 年には教授に昇進する。1807 年にボルタ電池を用いて、いろいろな物質の電気分解を行い、カリウム、ナトリウムを発見する。1808 年にはカルシウム、ストロンチウム、バリウム、マグネシウムを発見した。6 つもの元素を発見した化学者はデービーただ一人である。

デービーは、王立研究所の研究員として、一般向けに多くの公開実験を行い、科学の普及にも貢献した。その講演を聴講したひとりが、少年時代のマイケル・ファラデー（Michael Faraday）であった。ファラデーはデービーの講演に魅せられ、化学者になることを決意する。デービーは 1820 年には王立協会の会長となるが、1826 年に健康上の理由により、この職を退いた。そして、1829 年にスイスのジュネーブで没する。王立研究所でのデービーの研究はファラデーによって引き継がれ、数多くの偉大な科学的成果を生み出した。

また、デービーは 1802 年に燃料電池の原理をはじめて明らかにしたことでも知られている。

₅₇La

ランタン lanthanum [lǽnθənəm]「ラァンスヌム」

❑由来❑

モサンデール（C. G. Mosander）は酸化物のセリアを研究し、1839 年に新元素ランタン ₅₇La の酸化物をえた。そして、翌 1840 年にはセリアから、セリウム Ce・ランタン La とは異なる元素の酸化物をえたとして、ジジム Didym と名付けた。La はギリシア語で人目を避けるの意味の lanthanein にちなんで命名された。Ce と同じ鉱石に含まれていながら、Ce 発見のかげに隠れて長年その存在に気づかれずにいたことからこの名がつけられた。

❑性質❑

第 6 周期 3 族（旧分類では IIIA 族）に属する遷移金属元素である。希土類元素であり、ランタノイド元素に分類される。

空気中で表面から酸化され、高温で燃えて酸化物 La_2O_3 となる。主要鉱物はモザナ石、バストネス石で、他の希土類元素とともに産出する。水にはゆっくり溶け、酸には素早く溶ける。安定な価数は＋3 価でこれ以外の酸化数を取る化合物はほとんど知られていない。イオンの色は無色である。

電子配置：$[Xe]5d^1 6s^2$ ❖ 原子量：138.9 ❖ 融点：920℃ ❖ 沸点：3420℃ ❖ 密度：6.17 g/cm³ (20℃) ❖ 磁化率：0.81×10^{-6} cm³/g ❖ 熱伝導率：13.5 W/m·K (27℃) ❖ 金属結合半径：1.87Å ❖ イオン半径：1.15Å（La^{3+}）❖ 安定同位体および存在比：^{138}La: 0.089%、^{139}La: 99.911%

❑用途❑

ランタンの有用な特質として水素吸蔵能がある。$LaNi_5$ 合金は特によく水素を吸蔵し、将来的には燃料電池の燃料となる水素を安全に保管するための容器としての利用が期待されている。

また、LaB_6 単結晶は、W よりも高輝度がえられることから、熱電子放射材料として、電子顕微鏡の電子源や、電子ビーム露光装置の電子源として利用されている。

∞教授のコメント 1——LaB_6

学生の頃、学科共通の電子顕微鏡室というのがあった。共通施設であったので、昼間は自由に使うことができなかったが、深夜は空いていたので、よく徹

夜で実験した。その回路に真空管が使われていて驚いたことを覚えている。真空管は値段が高いので、1本でも切れると数千円もする。20年前の話とはいえ、なぜトランジスタではないのかと不思議に思ったものである。予算的に新しい装置を購入する余裕がないので、旧式のものをごまかしながら使っていたというのが実情であろう。

その当時、あるメーカーから、電子源用のフィラメントとしてLaB_6といういい製品ができたので、試用してくれないかという要望が電顕室に寄せられた。カタログで見ると、1個の値段が目の飛び出るようなものであったが、1ダースを無償で提供してくれたのである。当時、オペレーターとして、技官のひとがいたが、新製品を使うのには乗り気ではなかった。それでも、ただであるから、使ってみようかということになった。ところが、いざフィラメント交換しようとすると、なかなかうまくホルダーに入らない。技官が無理やり入れようとすると、フィラメントが折れてしまった。それから、瞬く間に1ダースの製品が無駄になった。値段は高いが、LaB_6単結晶は、いまではフィラメント材料として広く使われるようになっている。

∽教授のコメント2——La-Ba-Cu-Oの発見

1984年ごろから高温超伝導の探索を開始した。当時、国内留学先の金属材料研究所の太刀川恭治つくば支所長（現東海大学教授）から、酸化物に目をつけてはどうかと示唆されたのである。超伝導体は電気抵抗がゼロになる物質であるが、高温で超伝導になる物質は絶縁体に近いのではないという考えがあった。もちろん、この考えには反対論もあったが、電気の良導体である金、銀、銅が超伝導にならないという事実は、この考えを支持しているように思えた。実は、絶縁体であるTi-OにLiをドープすると超伝導になるのである。この材料の研究を開始してからまもなく衝撃的なニュースに出会った。それは、スイスのグループが絶縁体であるLa_2CuO_4のLaサイトにBaを置換（キャリアドープ）したところ、世界最高の臨界温度がえられたというのである。高温超伝導体が本当に発見されたという事実よりも、同じ考えで探索していたのに先を越されたということに衝撃を受けたのである。

$_{58}$Ce

セリウム cerium [síəriəm] 「シゥリゥム」

❏由来❏

セリウムの名前は、発見当時(1801年)小惑星一号として発見されローマ神話の女神ケレス(Ceres)の名をとって命名された小惑星セレスにちなんでいる。1784年にガドリン(J. Gadolin)によってイットリウムと報告された鉱物から、1803年ベルセリウス(J. J. Berzelius)とヒシンィェル(W. Hisinger)、クラプロート(M. H. Klaproth)らは独立に、新しい元素の酸化物を分離した。科学者が国の威信をかけて発見を争った最初の元素となった。

セリウムは、希土類元素としては地殻中に最も多く含まれることもあって、ランタノイド元素として最初に発見された。ただし、初期の鉱石には、セリウムからガドリニウム(Gd)にいたる数多くの希土類元素が混在していたため、1839年モサンデール(C. G. Mosander)がセリウム(Ce)とランタン(La)を分離するまで純粋なセリウムはえられなかった。

❏性質❏

第6周期の元素であり、Laと同じ仲間であるので3族(旧分類ではIIIA族)に属する遷移金属元素である。周期表では欄外にランタノイド元素としてまとめられている。ランタノイド元素は、4f軌道に14個の電子が充填されていく過程にあるため、長周期の枠内には入らない。(長周期はd軌道の充填に対応している。) このため、仲間はずれのように表の枠外に特別席を設けているのである。

単体は室温ではFCC構造をとり、低温ではHCP構造をとる。また、-150℃以下の超低温ではFCC構造となり、730℃を越える高温ではBCC構造が安定である。空気中では、徐々に酸化されてCeO_2となる。水には徐々に酸には速やかに溶けてCe^{3+}となる。

セリウムは主としてバネストネサイト(フッ化炭酸塩)からとれるが、元素発見に貢献したのは、セリウムを主成分とするセル石であった。

電子配置:[Xe]$5d^1 4f^1 6s^2$ ❖ 原子量:140.115 ❖ 融点:804℃ ❖ 沸点:3470℃ ❖ 密度:6.773 g/cm^3 (25℃) ❖ 磁化率:17.5×10^{-5} cm^3/g ❖ 熱伝導率:11.4 W/m·K (27℃) ❖ 比熱:30.8 J/mol·K (25℃) ❖ 抵抗率:75 μΩ·cm (25℃) ❖ ヤング率:1.96×10^{10} N/m^2 ❖ 金属結合半径:1.82Å ❖ イオン半径:1.18Å (Ce^{3+})、1.01Å (Ce^{4+}) ❖ 安定同位体および存在比:^{136}Ce: 0.1904%、^{138}Ce: 0.253%、^{140}Ce: 88.475%、^{142}Ce: 11.081%

第4章 元素の性質

❏用途❏

工業的に重要な応用はガラスの研磨剤であり、酸化セリウム（CeO_2）がおもに用いられる。セリウムと酸素との固い結合が研磨能力を与えている。また、ガラスの不純物として含まれる黒っぽい+2価の鉄（FeO）を酸化して、透明度の高いガラスをつくることにも利用される。

酸化セリウム中の活性化酸素は、車の排気ガス中の炭化水素（C-H）、一酸化炭素（NO）、ノックス（NOx）を素早く酸化するのを助ける。このため、車の排気ガスをクリーンにするために用いられる白金、パラジウム、ロジウムなどの高価な触媒の量を低減できることから、最近注目を集めている。このほか酸化セリウムは、陶器のうわぐすりにも使用され新しい色を出すのに役立っている。

∽教授のコメント

Y-Ba-Cu-O超伝導体の特性向上のために、わずかにPtを添加している。しかし、Ptは高価であるため、より安価な代替物が探索された。そして、見つかったのが、CeO_2である。実はCeO_2には、Ptと同様の触媒作用があることがわかっている。超伝導体の場合は、第二相粒子を微細にするという触媒とは異なった働きであるが、この共通点は興味深い。

✽コラム✽ モサンデール（Carl Gustav Mosander, 1797 - 1858）

1797年にスウェーデンのストックホルムに生まれる。有名な化学者ベルセリウスの弟子で、彼の家にしばらく住んでいたほどである。師のベルセリウスと同様に、医学校の化学教授を務めた。

1826年にセル石から抽出されたセリウムには不純物があることをつきとめ、13年をかけて、それがランタン（La）とジジミウム（Di）という新しい2元素からなると結論した。もちろん、ジジミウムは、その後別の希土類元素の混合物であることが明らかになる。また、モサンデールはガドリン（J. Gadolin）がイットリウムとしていた鉱物には、テルビウム（Tb）とエルビウム（Er）が含まれていることも示唆した。

彼の死後、数多くの希土類元素が発見されることになるが、その歴史を切り拓いたのは、彼の類まれな熟練技術によるところが大きいとされている。その証拠に、彼の死後40年は、希土類元素に新しい発展はなかったのである。

₅₉Pr

プラセオジム　praseodymium　[prèizioudímiəm]「プレイジォウデイミゥム」

❑由来❑
1885年にオーストリアのウェルスバッハ（C. A. von Welsbach）によって発見された。長い間ジジム（didym）という単一の化合物であると信じられていた物からPrとNdの2元素を分離することに成功した。その際、明るい緑色を呈していたことから、ギリシャ語で「ニラ」を意味するprasonと「双子」を表すdidymosを組み合わせて名づけられた。

❑性質❑
第6周期のランタノイド元素（3族、旧IIIA族）に属する遷移金属である。銀白色を呈し、常温ではHCP構造をとる。水にはゆっくりと、酸には素早く反応してPr^{3+}として溶ける。固体においては、4価のものも見受けられる。極低温下で特殊な磁気構造をとる

電子配置：$[Xe]4f^36s^2$ ❖ 原子量：140.9 ❖ 融点：935℃ ❖ 沸点：3020℃ ❖ 密度：6.77 g/cm³（0℃）❖ 磁化率：35.6×10^{-6} cm³/g ❖ 熱伝導率：12.5 W/m·K（27℃）❖ 抵抗率：68 μΩ·cm（25℃）❖ ヤング率：3.32×10^{10} N/m² ❖ 金属結合半径：1.82Å ❖ イオン半径：1.16Å（Pr^{3+}）、1.0Å（Pr^{4+}）❖ 安定同位体および存在比：^{141}Pr: 100%

❑用途❑
工業的な用途は少ない。Pr_5O_{11}はガラスの着色剤（黄緑色）、黄色顔料に使われる。Fe-Nd-B磁石のNdサイトをPrで置換したプラセオジム磁石（Fe-Pr-B）は、粉末冶金だけでなく、圧延によっても製造される。磁石特性は劣るものの、機械的強度が大きく、引張強度はFe-Nd-B焼結磁石の3倍以上に達する。

∽教授のコメント
多くの希土類元素（RE）が$REBa_2Cu_3O_7$構造の化合物を形成し、超伝導を示すのに対し、Prは同構造をとるにもかかわらず、超伝導にならないという面白い特徴を示す。その理由としては、Prが+3価だけでなく+4価の状態もとりうるためという説もあるが、最近、ある条件下でつくると$PrBa_2Cu_3O_7$も超伝導を示したという報告もあり、混沌としている。Prは、空気中のCO_2やH_2Oと反応しやすいうえ、PrがBaサイトを置換することも問題を複雑化しており、完全には決着がついていないのが現状である。

$_{60}$Nd

ネオジム　neodymium [nìːoudímiəm]「ニーオゥディミゥム」

◻由来◻
すでに Pr の項で紹介したように、この元素はかつてジジムという名前で呼ばれていたが、実は 2 種類の元素であることがわかった。分離したのは 1885 年、オーストリアの科学者ウェルスバッハ（C. A. von Welsbach）である。元素名は、ラテン語の neos「新しい」とギリシャ語の dydimos「双子」に由来する。

◻性質◻
第 6 周期のランタノイド元素（3 族、旧 IIIA 族）に属する遷移金属元素である。銀白色を呈し、常温で HCP 構造をとる。常温では、空気中において表面のみが酸化される。高温では酸化されて Nd_2O_3 となる。水にはゆっくり溶け、酸にはたやすく溶ける。酸化数は+3 価である。

電子配置：$[Xe]4f^46s^2$ ❖ 原子量：144.24 ❖ 融点：1024℃ ❖ 沸点：3027℃ ❖ 密度：7.003 g/cm^3（20℃）❖ 磁化率：39.0×10^{-6} cm^3/g ❖ 熱伝導率：16.5 W/m·K（27℃）❖ 抵抗率：64 μΩ·cm（25℃）❖ ヤング率：3.87×10^{10} N/m^2 ❖ 金属結合半径：1.814Å ❖ イオン半径：1.15Å（Nd^{3+}）❖ 安定同位体および存在比：^{142}Nd：27.16％、^{143}Nd: 12.18％、^{144}Nd: 23.83％、^{145}Nd: 8.30％、^{146}Nd: 17.17％、^{148}Nd: 5.74％、^{150}Nd: 5.62％

◻用途◻
Nd は YAG レーザへの添加材として使われる。また、Nd_2O_3 はガラスへの着色剤として使われる。しかし、最も代表的な用途は Fe-Nd-B 磁石である。

また、Nd は高温超伝導材料の原料となる。多くの高温超伝導体はホール（正孔）がキャリアであるが、$Nd_{2-x}Ce_xCuO_4$ は唯一電子がキャリアの超伝導体として有名である。また、最近では $NdBa_2Cu_3O_y$ 型超伝導体も実用材料として注目されている。

◻トピックス◻
ネオジム磁石と呼ばれている Fe-Nd-B 磁石は、高い特性と主原料が比較的豊富なネオジムと鉄のため、Sm-Co 磁石よりも比較的コストを安くできる。また、比重が Sm-Co 磁石よりも 10％以上も低いため、エネルギー密度が高い磁石であり、そのハードディスクのスピンドルモータなど需要が急拡大している。

ただし、キュリー点が低いため、Sm-Co 磁石よりも温度特性が低く、通常品では 80℃未満が使用条件となる。また、さびやすいという欠点があり、Ni メッキ等の表面処理が施されている。

ネオジム磁石を利用したMRI装置（右）

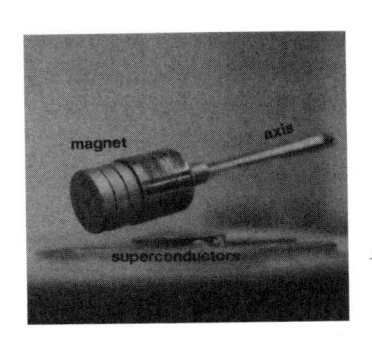

ネオジム磁石の超伝導体による浮上実験（左）

∽教授のコメント１

Fe-Nd-B 磁石を発明したのは、住友特殊金属の佐川真人博士である。かつて、日本とブラジルの修好百周年の記念式典の科学会議でご一緒したことがある。上司の反対を押し切って開発を進めたという話は有名である。発明後も会社の待遇や上司の対応に不満を持って、退職したという。その後、自分の会社を設立したが、今では和解している。

∽教授のコメント２

かつて、日本の学会発表で Nd をネオジウムと発音した学生が老教授に怒られている場面を見た。正式には「ネオジム」が正しいというのである。恥ずかしながら、私も知らなかった。しかし、ネオジムにしても、ネオジウムにしても、あまりにも英語の発音と違いすぎるので、そちらが気になってしようがない。

∽教授のコメント３

ほとんどの希土類元素（RE）は $REBa_2Cu_3O_7$ 型の結晶構造をとり、90K 近傍で超伝導となる。しかし、Nd のようにイオン半径の大きい元素は、Ba と置換が生じ $Nd_{1+x}Ba_{2-x}Cu_3O_y$ 型の固溶体を形成し、臨界温度が低下してしまう。このため、実用には向かないと考えられていた。ところが、この系を低酸素分圧下で合成すると、この固溶が抑制され非常に高特性の材料がえられたのである。この仕事をしたのが、現在はソウル大学教授の劉博士で、ちょうど私の研究室にいたときであった。予想以上の特性がえられたときは本当に嬉しかった。

61Pm

プロメチウム　promethium　[prəmíːθiəm]　「プルミーシウム」

❏由来❏

1947年、アメリカの科学者マリンスキー（J. A. Marinsky）、グレンデニン（L. E. Glendinin）、コリエル（C. D. Coryell）が、^{235}U の壊変生成物中から ^{147}Pm および ^{149}Pm を陽イオン交換クロマトグラフィーを用いて分離し発見した。名前は、ギリシャ神話の人間に火を使うことを教えたとされる火の神プロメテウスにちなんでつけられた。

❏性質❏

第6周期のランタノイド元素（3族、旧IIIA族）に属する遷移金属元素である。単体は、銀白色の金属結晶で HCP 構造をとり、すべて放射性同位体である。水溶液中では+3価の状態で存在し、ピンク色を呈する。天然にはウラン鉱石中に微量に存在する。

電子配置：$[Xe]4f^5 6s^2$ ❖ 原子量：147 ❖ 融点：1168℃ ❖ 沸点：3027℃ ❖ 密度：7.22 g/cm^3（25℃）❖ 金属結合半径：1.834Å ❖ イオン半径：1.09Å（Pm^{3+}）❖ 安定同位体は存在しない。

❏用途❏

蛍光灯のグローランプの中には、微量の放射性同位元素プロメチウム 147 が塗布されていて、これから出るβ線の電離作用によって放電がすばやく起こり、蛍光灯が点灯しやすくなる。また、時計の蛍光板にも用いられていたが、放射性元素であるため、安全性が問題視され現在国内では生産されていない。

∽教授のコメント

ほとんどの希土類元素（RE）は REBa$_2$Cu$_3$O$_7$ 構造をとり超伝導を示す。中には Ce や Th などの例外もある。ただし、数ある希土類元素の中で、唯一探索されていないのが Pm である。なぜなら、Pm の同位体はすべて放射性を有し、取り扱いが難しいからである。ただし、その化学的な性質（+3価で HCP 構造をとる）が他の希土類元素とよく似ているので、PmBa$_2$Cu$_3$O$_7$ 構造をとり、超伝導を示すのではないかとも予想されている。このような場合、放射性元素の取り扱い基準の比較的ゆるやかな米国の研究者がチャレンジするのが常であるが、Pm に関しては、報告例がない。無理をしてまで挑戦するほど刺激的なテーマではないということであろうか。

$_{62}$Sm

サマリウム　samarium [səméəriəm]「スメゥリゥム」

□由来□

ロシアの鉱山技師サマルスキ（V. E. Samarskii）はウラル地方で新鉱物を発見し、1847年ローズ（H. Rose）が発見者を記念してこれをサマルスキ石と名付けた。1879年フランスのボアボードラン（P. É. L. de Boisbaudran）はアメリカ・ノースカロライナ州産のサマルスキ石に含まれる希土類元素を研究し、新しい酸化物をえて、鉱物名にちなんでサマリウムと命名した。

□性質□

第6周期のランタノイド元素（3族、旧IIIA族）に属する遷移金属元素である。灰白色の柔らかい金属で希土類元素に属する。200〜400℃に熱すると酸化物がえられる。熱水につけると水素を発生する。酸にもよく溶ける。

原子価は、+2価と+3価をとるが、+2価の化合物は不安定である。+3価のイオンは淡黄色を呈する。自然に存在する同位体の^{147}Smはα崩壊するので、Smは弱い自然放射能を有する。地殻中の存在量は7.0ppm程度である。塩化物を食塩または、塩化カルシウムと溶融して電気分解して単体をえる。モナズ石、ゼノタイム、バストネス石などに少量含まれる。

電子配置：[Xe]4f^{6}6s^2 ❖ 原子量：150.36 ❖ 融点：1072℃ ❖ 沸点：1800℃ ❖ 密度：7.536 g/cm^3（25℃）❖ 磁化率：12.4×10^{-6} cm^3/g ❖ 熱伝導率：13.3 W/m·K（27℃）❖ 抵抗率：92 μΩ·cm（25℃）❖ ヤング率：3.48×10^{10} N/m^2 ❖ 金属結合半径：1.804Å ❖ イオン半径：1.13 Å（Sm^{3+}）❖ 安定同位体および存在比：^{144}Sm: 3.076%、^{147}Sm: 14.995%、^{148}Sm: 11.242%、^{149}Sm: 13.819%、^{150}Sm: 7.380%、^{152}Sm: 26.738%、^{154}Sm: 22.750%

□用途□

サマリウムの用途として有名なものはSm-Co永久磁石である。この磁石はSmとCoを主体とする六方晶系の金属間化合物であり、CaZn$_5$構造を持つSmCo$_5$と、Th$_2$Zn$_{17}$構造を持つSm$_2$Co$_{17}$が基本組成となる。高い保磁力を示し、KS鋼よりも約1桁大きい約10MG·Oeにおよぶエネルギー積をもつ。したがって、永久磁石を搭載した機器の小型化に有用である。しかし、その後に開発されたFe-Nd-B磁石の性能が高いため影が薄くなってきた。ただし、Fe-Nd-B磁石は300℃程度で磁性が失われるが、Sm-Co永久磁石はより高温の700℃まで磁性を保てること

第 4 章　元素の性質

からマイクロ波機器には盛んに使われている。

　酸化サマリウムは赤外線を吸収するので、特殊なセラミックスやガラスの製造に用いられる。フッ化カルシウム結晶にサマリウムをドープしたものはレーザやメーザ材料として使われる。サマリウムメーザは鋼鉄を切断することが可能であり、またレーザは月面に反射させることも可能である。

　生産過剰になっているエタノールをエチレンに転換させてポリマー製造原料とする際には触媒として用いられている。ポリ塩化ビフェニルなどの有害有機塩素化合物の脱塩素化反応によって無害な化合物にかえる。

　他には映画撮影スタジオで用いられる、炭素アーク燈の電極や赤外線に高感度の蛍光体、原子力発電所の中性子吸収制御棒などへの用途がある。

❑トピックス❑——Sm-Nd 年代測定法

　^{147}Sm はα崩壊して ^{143}Nd になる。その半減期は 10^{11} 年で、太陽系の始まり頃の事象の時計となる。Sm の同位体組成比は、同時代にできた岩石試料の中では鉱物に関係なく一定であり、Sm/Nd の初期組成比も決まっている。岩石ができたときから、^{147}Sm はα崩壊がはじまるので、Sm/Nd 比は年代とともに変化していく。よって、その比から岩石のできた年代を知ることができる。ただし、これら元素の含有量はそれほど多くないので、年代の正確な測定には高い分析精度が要求される。1970 年代に入って質量分析計の性能が著しく向上した結果、ネオジム同位体比が正確に測れるようになったので、本手法が実用化されたという経緯がある。

☙教授のコメント

　Sm-Co 磁石が 1969 年に登場したときには、一躍磁石界のスターとなった。究極の磁石材料かもしれないと騒がれたこともある。私が、大学で研究をはじめた頃、隣の研究室にいた同級生が、原料粉をいじっていたことを覚えている。当時は、$SmCo_5$ や Sm_2O_{17} 型の金属間化合物の存在が明らかとなり、学会でも大きな注目を集めていた。

　しかし、その天下は短かった。1982 年に世界最強磁石 Fe-Nd-B が誕生したからである。前に紹介した住友特殊金属の企業研究者の発明であった。この発明によって永久磁石の主役の座は、あっという間に Sm-Co から Fe-Nd-B へと移った。世の栄枯盛衰を感じたものである。特性の差もさることながら、Sm, Co が素材として値段が高いのに対し、Fe, Nd, B の素材はそれほど高くはないということも、Sm-Co には不利な材料となった。

　もちろん、Sm-Co には「耐食性が高い」、「高温まで動作可能」という利点はあるが、形勢を逆転するほどの勢いはなかったのである。

₆₃Eu

ユーロピウム europium [juəróupiəm]「ユゥロゥピゥム」

❑由来❑

1896年、フランスの化学者デマルセイ（E. A. Demarcay）がサマリウムの酸化物サマリアから分別し、ヨーロッパ大陸を記念して命名した。モナズ石やバストネス石などにごく少量含まれる。**希土類の中で一番産出量が少ない。**

❑性質❑

第6周期のランタノイド元素（3族、旧ⅢA族）に属する遷移金属の希土類元素である。銀白色を呈する。空気中で酸化するので、真空中あるいは油中に保存する。大部分の希土類元素が HCP 構造をとるのに対し、Eu は **BCC 構造**をとる。また、融点、沸点が前後の元素と比べて極端に低く、熱中性子吸収断面積が大きい。水とは徐々に、熱水や酸とは素早く反応し、酸化数+3 の化合物をつくるが、液体アンモニアに溶けると酸化数+2 のものになる。希土類元素の2価の化合物としては最も安定である。Eu^{2+} は無色、Eu^{3+} は淡紅色である。ランタノイドの中で、金属結合半径が最大（2.084Å）でかつ密度が最小（5.245 g/cm³ (25℃)）である。

ストロンチウムや鉛の鉱物中、または、クサビ石、カリチョウ石等に比較的多量に含まれている。製法は塩化ユーロピウムを溶融電解し減圧蒸留してえるか、塩化物をアルカリ金属で還元してもえられる。

電子配置：$[Xe]4f^7 6s^2$ ❖ 原子量：151.965 ❖ 融点：826℃ ❖ 沸点：1439℃ ❖ 密度：5.245 g/cm³ (25℃) ❖ 磁化率：224×10^{-6} cm³/g ❖ 熱伝導率：13.3 W/m·K (27℃) ❖ 抵抗率：81 μΩ·cm (25℃) ❖ ヤング率：1.55×10^{10} N/m² ❖ 金属結合半径：2.084Å ❖ イオン半径：1.29Å（Eu^{2+}）、1.13Å（Eu^{3+}）❖ 安定同位体および存在比：^{151}Eu: 47.77%、^{153}Eu: 52.23%

❑用途❑

原子炉の制御棒および可搬性の原子炉（航空機、船、潜水艦）の中性子遮蔽材に使われる。またカラーテレビおよび高圧水銀ランプ発光体におけるイットリウム、ガドリニウムなどの化合物の活性剤としての利用もある。ガラス工業では、蛍光ガラスの生産に、また医療の分野では、ポータブルなγ照射用線源として使われる。稀土類元素の2価化合物中最も安定である。

∽教授のコメント１

　希土類元素には、電子ビームによって励起され蛍光を発するという性質がある。ユーロピウムは赤、テルビウムは緑、セリウムは青色の蛍光を発する。日本でキドカラーと名づけられたカラーテレビのブラウン管の発光面には、これら希土類元素が塗られ、電子ビームをあてて発光させていたのである。キドカラーのキドは輝度と希土をかけたものである。

　いまでは、テレビといえばカラーであるが、私が小学生の頃は、白黒テレビが当たり前であった。カラーテレビのある医者の息子の家によく遊びに行ったことを覚えている。確か、そのテレビがキドカラーであったと思う。

∽教授のコメント２

　生命の起源の探求は、人類にとっての永遠のテーマである。いくつかの説はあるものの、いまだに決定的なものはない。ところで、生命が最初の頃、地球のどのような環境で過ごしていたかがわかれば、生命誕生の大きな手がかりとなる。最近、35 億年前のバクテリアの化石からユーロピウムが検出されたという記事を目にした。ユーロピウムは、海底火山の熱水鉱床に含まれている。その温度は 300 から 400℃にも達するが、このような高温の中でも生きているバクテリアは現在でもいるという。これが生命の起源ではないかという新たな説も登場したという。しかし、なぜユーロピウムなのであろうか。

❋コラム❋クラプロート（Martin Heinrich Klaproth, 1743-1817）

　1743 年にドイツに生まれる。15 歳のときに薬剤師になるが、学校で化学も教えていた。そして、1810 年にベルリン大学が創立されたときに、その業績から化学教授で迎えられる。

　1789 年にピッチブレンドからウランを発見した。また同年にジルコニウムを発見している。1803 年にはセリウムの単離に成功するなど、希土類元素の研究においても多くの功績を残した。

　この他にもチタン、クロム、テルルなど、数多くの元素の発見や単離に関係しており、現代分析化学の創始者のひとりとされている。

$_{64}$Gd

ガドリニウム gadolinium [gædəlíniəm]「ギャドリニゥム」

❏ 由来 ❏

1880 年にスイスのマリニャック（J. C. G. de Marignac）によってイットリア鉱石から発見された。元素の名称は、発見された鉱石イットリアの主成分であるイットリウムを発見したフィンランドの化学者、ガドリン（J. Gadolin）にちなんでいる。

❏ 性質 ❏

第 6 周期のランタノイド元素（3 族、旧 IIIA 族）に属する遷移金属の希土類元素である。ランタノイド元素 15 個のちょうど真ん中に位置する。水には徐々に溶け、酸とは速やかに反応し 3 価のイオンとして溶けて水素を発生する。銀白色の金属で、イオンは無色。酸化物 Gd_2O_3 は白色。4f 軌道に 7 つの電子があり、これが 7 個の f 軌道に 1 個ずつ入るので、結果として 7 個の不対電子（unpaired electrons）ができる。このとき磁気モーメントが最大になる。

チタン鉱石や鉄鉱石等の副産物として産出され、産地としては、中国、豪州、インド等に偏在している。しかし、資源量的には現状において世界の需要を数百年満たすことが出来るといわれている。

日本では、昭和 40 年代までは鉱石を輸入して抽出していたが、現在は主として中国から原料を輸入し、その精製、調製、加工を行っている。希土類の生産は中国が世界の 9 割近く（鉱石ベース）を占めており、消費量では我が国が約半分を占めている。

電子配置：[Xe]4$f^7$5$d^1$6s^2 ❖ 原子量：151.965 ❖ 融点：1312℃ ❖ 沸点：3000℃ ❖ 密度：7.886 g/cm^3（25℃）❖ 磁化率：480×10^{-6} cm^3/g ❖ 熱伝導率：9.28 W/m·K（27℃）❖ 抵抗率：1.34 μΩ·cm（25℃）❖ ヤング率：5.73×10^{10} N/m^2 ❖ 金属結合半径：1.804Å ❖ イオン半径：1.11 Å（Gd^{3+}）❖ 安定同位体および存在比：^{152}Gd: 0.20%、^{154}Gd: 2.1%、^{155}Gd: 14.8%、^{156}Gd: 20.6%、^{157}Gd: 15.7%、^{158}Gd: 24.8%、^{160}Gd: 21.8%

❏ 用途 ❏

比較的大きな磁化を示すので、磁性材料に利用されている。また、中性子吸収断面積が非常に大きいので、原子炉の制御材料などに使われる。

光学レンズや光磁気ディスク（MD）の材料としても使われる。ガドリニウム

の錯体であるガドリニウム−ジエチレントリアミン五酢酸（略して DYPA）は 7 つの不対電子を持つので、ガドリニウム原子が周辺の水分子に与える影響を利用した MRI 画像の濃淡を強調するイメージング剤としても使われる。磁気冷却や磁気バブル装置などにも使われる。

放射線遮蔽塗料であるガドリニウムを主成分とする熱中性子遮蔽用塗料には、Pb-Dy-Gd 合金などが用いられる。これは、人体への中性子被曝の防護、測定機器のバックグラウンド低減、機器材料の損傷劣化の防止を目的とした、プラスチックシート、金属板をはじめ各種の基材へコーティング可能な中性子遮蔽材である。

フロンを使わない磁気冷却システム（開発中）においては、磁気作業物質に、直径 0.6mm の球形に加工したガドリニウム系合金を使用している。

磁気冷凍に利用できる程度の大きな磁気熱量効果が生じる温度範囲は磁気作業物質ごとに異なる。ガドリニウム系合金では、永久磁石程度の弱い磁界変化に対しても、比較的大きな磁気熱量効果がえられる。数種類のガドリニウム系合金を組み合わせることで、広い温度範囲をカバーでき、永久磁石の磁場変化を利用して、室温から氷点下まで温度を下げることができる。

⌘教授のコメント

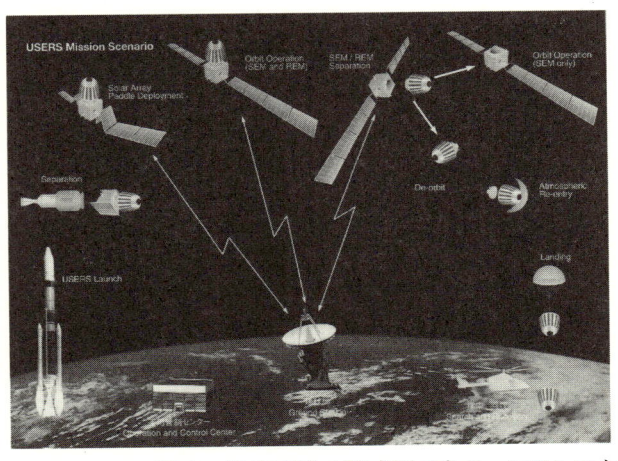

最近開発している RE-Ba-Cu-O 高温超伝導体の中で、RE を Gd にしたものが注目株である。作りやすいうえ、特性のいいものができるという特徴がある。宇宙で大型超伝導体を合成するという実験を行ったが、その材料が Gd-Ba-Cu-O であった。すでに回収に成功し、その解析が行われている。図は、宇宙実験の模式図である。HⅡA ロケットで種子島から打ち上げられ、無人宇宙機で超伝導体の結晶成長を行い、それを地球に帰還させる。

$_{65}$Tb

テルビウム Terbium [təːrbiəm] 「ツゥゥビゥム」

❏ 由来 ❏

1843年にスウェーデンの化学者モサンデール（C. G. Mosander）によって発見された。彼はイットリア（Y_2O_3）を、アンモニアによる水酸化物の分別沈澱、および微酸性溶液からシュウ酸による分別沈殿することによってテルビウムをえた。スウェーデンの村の名前、Ytterby にちなんで名付けられた。

❏ 性質 ❏

第6周期のランタノイド元素（3族、旧 IIIA 族）に属する遷移金属の希土類元素である。銀白色の金属で、ナイフで切断できるほど軟らかい。空気中では比較的安定であるが、ゆっくりと表面が侵され酸化物になる。ハロゲンと反応し、水には徐々に、酸には速やかに溶ける。+3の酸化数が安定であるが、不安定ながら+4の化合物もある。Tb を含む鉱石にはバストネス石やモナズ石などがあり、産出国は、中国、米国、インド、スリランカ。Tb の推定埋蔵量はおよそ30万トンであるが、世界の年産出量は10トン前後である。

電子配置：$[Xe]4f^96s^2$ ❖ 原子量：158.925 ❖ 融点：1356℃ ❖ 沸点：2800℃ ❖ 密度：8.253 g/cm^3（25℃）❖ 熱伝導率：10.4 W/m·K（27℃）❖ 抵抗率：116 μΩ·cm（25℃）❖ ヤング率：5.86×10^{10} N/m^2 ❖ 金属結合半径：1.773Å ❖ イオン半径：1.09Å（Tb^{3+}）、0.81Å（Tb^{4+}）❖ 安定同位体および存在比：^{159}Tb: 100%

❏ 用途 ❏

Tb をドープした蛍光スクリーンを用いることにより、X線診断に要する時間を大幅に短縮するのに貢献している。テレビなどの蛍光体や、磁気特性を生かして光磁気ディスクなどに用いられている。

$Tb_{0.3}Dy_{0.5}Fe_2$ は代表的な磁歪合金である。磁歪とは材料に外部から磁界をかけると、形状変化がおこる現象のことである。磁歪性合金には大きなエネルギーを保存できるので、様々な分野での応用が期待されている。

◦◦ 教授のコメント

最近、Tb という元素名を目にすることになった。磁性ガラスである。ある日本の企業がガラスに酸化テルビウムを多量に添加すると磁石に引き寄せられることを偶然発見したのである。

₆₆Dy

ジスプロシウム　dysprosium [dispróusiəm]「ディスプロウシウム」

❏由来❏
1886 年フランスの化学者ボアボードラン（L. de Boisbaudran）がホルミウムの単体と思われていた物質から新しい元素に基づくスペクトルを発見し、そこから再結晶を繰り返してジスプロシウムを取り出した。元素の名称はギリシャ語で「近づき難い」を意味する"dysprositos"から取られている。

❏性質❏
第 6 周期のランタノイド元素（3 族、旧 IIIA 族）に属する遷移金属の希土類元素である。銀白色の金属結晶で HCP 構造をとる。空気中で表面が酸化され、水とはゆっくりと、酸には素早く溶けハロゲン元素と反応し＋3 価の状態で水溶液中に存在する。単体結晶は 179K 以上で常磁性，それ以下ではらせん磁気構造を呈する。らせん軸は c 軸，回転角は 179K で 43.2°、87K で 26.5°で 87K 以下では強磁性構造になる。

電子配置：[Xe]$4f^{10}6s^2$ ❖ 原子量：162.5 ❖ 融点：1407℃ ❖ 沸点：2562℃ ❖ 密度：8.559 g/cm³ (25℃) ❖ 熱伝導率：10.7 W/m·K (27℃) ❖ 抵抗率：91 μΩ·cm (25℃) ❖ ヤング率：6.44×10^{10} N/m² ❖ 金属結合半径：1.781Å ❖ イオン半径：1.07Å (Dy^{3+}) ❖ 安定同位体および存在比：^{156}Dy: 0.056%、^{158}Dy: 0.096%、^{160}Dy: 2.34%、^{161}Dy: 18.91%、^{162}Dy: 25.51%、^{163}Dy: 24.90%、^{164}Dy: 28.19%

❏用途❏
中性子吸収断面積が大きいので、鉛または鉛とガドリニウムとの合金が原子炉の制御用材料として利用される。光磁気ディスク（光メモリ）の材料や磁石、蓄光剤の添加剤としても利用される。他に照明用ランプや伸縮合金にも使われる。

最近では、Dy-Tb-Fe からなる単結晶が磁歪材料となることが発見され、従来の材料の約 40 倍もの変位がえられることから注目を集めている。磁歪（じわい）という現象は強磁性体を磁場中に置くと、伸びたり縮んだりする現象であり、磁場の印加で変位が起こるため、アクチュエータなどの動力源やセンサなどへの応用が期待されている。

$_{67}$Ho

ホルミウム　holmium [hóulmiəm]「ホゥルミゥム」

❏由来❏

1879年にクレーベ（P. T. Cleve）により発見され、1894年にラムゼー（W. Ramsay）がウラン鉱の一種である石（現在はクレーベ鉱と呼ぶ）から単離に成功した。ホルミウムの名称はイットリア鉱石が産出されているスウェーデンの首都であるストックホルムのラテン名 Holmia からとってつけられた。

❏性質❏

第6周期のランタノイド元素（3族、旧IIIA族）に属する遷移金属の希土類元素である。銀白色の金属結晶でHCP構造をとる。水とは徐々に酸とは速やかに反応して+3価の状態で溶ける。Ho^{3+}の色は淡黄色である。Hoはある一定の波長（540nm）で光を吸収する。そのため、自然光のもとでは白色であるが3波長蛍光灯のもとでは緑色が吸収され色が赤く変化したように見える。

電子配置：$[Xe]4f^{11}6s^2$ ❖ 原子量：164.93 ❖ 融点：1461℃ ❖ 沸点：2600℃ ❖ 密度：8.78 g/cm^3（20℃）❖ 熱伝導率：13 W/m·K（27℃）❖ 抵抗率：94 μΩ·cm（20℃）❖ ヤング率：$6.84×10^{10}$ N/m^2 ❖ 金属結合半径：1.762Å ❖ イオン半径：1.05Å（Ho^{3+}）❖ 安定同位体および存在比：^{165}Ho: 100%

❏用途❏

Ho:YAGレーザとして医療機器に使用されている。また酸化ホルミウムは、陶磁器の釉薬としての商品開発が進められているが、精製の難しさや高価格の問題で工業的応用はそれほど多くはない。

∽教授のコメント

スウェーデンの首都ストックホルム（Stockholm）に行くと、現地の大学生が誇らしげにHoという元素名がこの地（-holm）にちなんだものであるということを自慢する。うっかり、そんな元素は知らないなどといおうものなら、お前はそれでも科学者かと一喝されそうである。

幸いなことに、高温超伝導研究者にとってHoは非常になじみのある元素である。ちょうど、スウェーデンを訪問した時期に、Ho系の高温超伝導材料で世界最高の臨界電流密度を達成した直後であった。そのことを歓迎レセプションで披瀝したら、大歓迎してくれた。その記録はNd系によって、その直後に破られたのであるが。

₆₈Er

エルビウム erbium [ə́ːbiəm] 「ウービウム」

❏ 由来 ❏

1843年にモサンデール（C. G. Mosander）が、イットリウム単体と見られていた物から、分離に成功した。ただし、えられたエルビウムは、いくつかの希土類元素の混合物であり、その後、Dy, Ho, Tm, Yb, Lu, Sc という6種の元素が発見されることになる。純粋な Er は1879年になって初めてえられた。エルビウムの名称はイットリア鉱石の産地である Ytterby にちなんでつけられた。

❏ 性質 ❏

第6周期のランタノイド元素（3族、旧 IIIA 族）に属する遷移金属の希土類元素である。灰色の金属で常温常圧で安定な結晶構造は HCP 構造である。空気中で表面が酸化され、高温では燃焼して Er_2O_3 となる。ハロゲンと反応し、水には徐々に、酸には速やかに溶ける。価数は+3価である。室温で常磁性体である。地殻中の存在量は 3.5ppm である。

電子配置：$[Xe]4f^{12}6s^2$ ❖ 原子量：167.26 ❖ 融点：1497℃ ❖ 沸点：2863℃ ❖ 密度：9.045 g/cm³（25℃）❖ 熱伝導率：14.3 W/m·K（27℃）❖ 抵抗率：86 μΩ·cm（20℃）❖ ヤング率：7.48×10^{10} N/m² ❖ 金属結合半径：1.761Å ❖ イオン半径：1.04Å（Er^{3+}）❖ 安定同位体および存在比：^{162}Er: 0.137%、^{164}Er: 1.609%、^{166}Er: 33.61%、^{167}Er: 22.93%、^{168}Er: 26.79%、^{170}Er: 14.9%

❏ 用途 ❏

高速通信に用いられる光ファイバーは普通石英ガラスで作られるが、長距離を伝達すると強度が低下してしまう。しかし、エルビウムを加えた EDF (erbium doped fiber) はレーザと同じ原理で信号が増幅されるため、長距離高速通信材料として注目されている。酸化エルビウム（Er_2O_3）は、非常にきれいなピンク色を与えるのでガラスの着色剤として使われる。発色がきわめて安定している。

∞ 教授のコメント

私の友人に Erb という研究者がいる。彼は、前に紹介した $BaZrO_3$ るつぼを自前でつくり、良質な $YBa_2Cu_3O_7$ 系単結晶を合成したことで一時期世界的な脚光を浴びた。彼は、講演の中で、実は自分の一番好きなのは Er 系だといっていた。なぜなら自分の名前 Erb が入っているからだという。最初は私も笑っていたが、毎回同じことをいうので飽きてしまった。

$_{69}$Tm

ツリウム　thulium [θúːliəm]「スーリウム」

❏由来❏

1879 年に、クレーベ（P. T. Cleave）が、それまでエルビウム単体と思われていた物質から、ホルミウムと同時に分離して発見した。名称の由来は、ラテン語の最北の地を意味するスカンジナビアの古名"thule"「トゥーレ」から取ったという説が有力である。

❏性質❏

第 6 周期のランタノイド元素（3 族、旧 IIIA 族）に属する遷移金属の希土類元素である。明るい光沢を備えた銀色の金属である。空気中で酸化され着色し、加熱すると酸化ツリウムとなる。酸にたやすく溶け、熱水と反応して水素を発生する。ハロゲンを含む全ての非金属と加熱すれば反応する。

非常に柔らかい金属で、展延性があり、ナイフで切断することができる。主に鉱物の**モナズ石**から産出し、イオン交換および溶解抽出によってえられる。

電子配置：[Xe]4f^{13}6s^2 ❖ 原子量：168.93 ❖ 融点：1545℃ ❖ 沸点：1727℃ ❖ 密度：9.318 g/cm^3（25℃）❖ 熱伝導率：16.8 W/m·K（27℃）❖ 金属結合半径：1.759Å ❖ イオン半径：1.04Å（Tm^{3+}）❖ 安定同位体および存在比：^{169}Tm: 100%

❏用途❏

元素単独での用途はほとんどない。原子炉の中で照射されたとき、ツリウムは X 線を放射するアイソトープを生成する。このアイソトープの「ボタン」は軽量で持ち運びの可能な医学用 X 線装置に使用される。

∞教授のコメント

TmBa$_2$Cu$_3$O$_7$ も超伝導を示す。しかも、REBa$_2$Cu$_3$O$_7$ 系では融点が低い方なので、他の系（例えば YBa$_2$Cu$_3$O$_7$）の接合材料として利用されている。ただし、Tm の値段が高いので、研究にお金がかかるのが難点である。

❋コラム❋モナズ石（monazite）

放射性の鉱物である。いまでは、英語名のモナザイトのほうが有名かもしれない。何者かが官公庁へ郵送した「モナザイト郵送事件」や、あやしげな団体の役員が不正に隠し持っていた事件などが起こった。

70 Yb

イッテルビウム ytterbium [itə́:biəm] 「ィツーﾋﾞｳﾑ」

❏由来❏
1878年に、マリニャック（J.C.G.de Marignac）によってガドリン石から分離された。イッテルビー（Ytterby）という町で発見されたことからつけられた名称である。この町はスウェーデンの首都、ストックホルムの南東数十キロほどのところにある小さな町であるが、この町にちなんで名前の付けられた元素として、イッテルビウムの他にY、Tb、Erと四種類も存在する。

❏性質❏
第6周期のランタノイド元素（3族、旧IIIA族）に属する遷移金属の希土類元素である。軟らかい銀白色の金属で、空気中ではゆっくりと酸化されるが、表面に酸化被膜をつくり、それ以上の酸化は進まない。金属Ybは水と緩やかに反応するが、薄い酸とは素早く反応し3価のイオンとして溶ける。また液体アンモニアにも溶けて、こちらは2価のイオンとして存在する。

電子配置：$[Xe]4f^{14}6s^2$ ❖ 原子量：173.04 ❖ 融点：824℃ ❖ 沸点：1193℃ ❖ 密度：6.973 g/cm³ （25℃） ❖ 熱伝導率：34.9 W/m·K（27℃） ❖ 比熱：147 J/mol·K（25℃） ❖ ヤング率：1.81×10^{10} N/m² ❖ 金属結合半径：1.94Å ❖ イオン半径：1.02Å（Yb^{2+}）、0.868Å（Yb^{3+}） ❖ 安定同位体および存在比：^{168}Yb: 0.127%、^{170}Yb: 3.04%、^{171}Yb: 14.28%、^{172}Yb: 21.83%、^{173}Yb: 16.13%、^{174}Yb: 31.83%、^{176}Yb: 12.76%

❏用途❏
レーザ活性媒質として、一般に使われているNd:YAG結晶と比べると、Yb:YAG結晶ははるかに大きな吸収帯域を持つため、ダイオードレーザの熱制御の厳密性を減少させ、上位準位での寿命が長く、励起パワー当たりの熱負荷は3～4分の1となる。よってNd:YAG結晶にとって替わることが期待されている。

☙教授のコメント
Yの項でも紹介したように、液体窒素温度を超える超伝導体はYb-Ba-Cu-Oという誤報があえて流された。これに騙されて急いで業者に発注したところ、在庫が残り少ないといわれ、仕方なく、Yb_2O_3粉末をいい値の5gあたり20万円で購入した記憶がある。ところがその後の研究で、発明者が誤報として流したはずの$YbBa_2Cu_3O_7$も超伝導を示すことがわかった。皮肉なめぐりあわせである。

₇₁Lu

ルテチウム　lutetium　[luːtíːʃəm]　「ルーティーシュム」

❏由来❏

1905年にオーストリアのウェルスバッハ（C.A. von Welsbach）は、吸収スペクトル測定により Yb_2O_3 中に新元素が含まれていることを見出し、2年の歳月をかけてこの元素を単離することに成功した。ウェルスバッハは、これをカシオペイウム（Casiopeium）と名付けたが、1907年にこの元素の分離に成功したドイツのユルバン（G.Urbain）は、1907年にパリの古名ルテシア（Lutesia）からルテシウム（Lutesium）と名付けてしまった。今でも、どちらが本当の発見者か決着はついていないが、元素名はルテチウムで落ち着いている。

❏性質❏

第6周期のランタノイド元素（3族、旧IIIA族）に属する遷移金属の希土類元素である。ランタノイド元素の最後尾に位置する。銀白色を呈し、空気中で表面がくもり、高温で酸化されて Lu_2O_3 となる。ハロゲンとたやすく反応し、水と徐々に、酸とは速やかに反応して溶ける。原子番号の最も大きい希土類元素で、イットリウム族に属する。希土類元素としては、安定同位体を持たないプロメチウムを除くと、一番発見が遅い元素であった。天然に存在するルテチウムは世界で最も高価な金属で1kgあたり750万円ほどである。

電子配置：$[Xe]4f^{14}5d^16s^2$ ❖ 原子量：174.97 ❖ 融点：1652℃ ❖ 沸点：3327℃ ❖ 密度：9.84 g/cm³（25℃）❖ 熱伝導率：16.2 W/m·K（27℃）❖ 比熱：155.4 J/mol·K（25℃）❖ 抵抗率：68 μΩ·cm（25℃）❖ ヤング率：8.6×10^{10} N/m² ❖ 金属結合半径：1.738Å ❖ イオン半径：0.99Å（Lu^{3+}）❖ 安定同位体および存在比：^{175}Lu: 97.393%、^{176}Lu: 2.607%

❏用途❏

用途はほとんどないが、PET装置（従来の画像診断では発見できないようなミリ単位のガン細胞を発見できる新しい画像診断の手法）のシンチレータに使われている。

∽教授のコメント

$LuBa_2Cu_3O_7$ も超伝導になる。特性が良くないわりに Lu_2O_3 の値段が高いので、誰も研究対象としなくなってしまった。つい最近、超伝導のハンドブックをつくったが、データがないのには辟易した。

₇₂Hf

ハフニウム hafnium [hǽfniəm] 「ハァフニゥム」

❑ 由来 ❑

1924年に、コペンハーゲンのボーア研究所で、コスター（D.Coster）とヘベリー（G. von Hevesy）によって、ノルウェー産のジルコン鉱石の特性X線測定を行った際に、モーズレイの法則と突き合わせて発見された。人工元素を除いては最後から二番目に発見された元素である。

デンマークの首都コペンハーゲン（ラテン語で Hafnia）にあるボーア研究所で発見されたことから Hafnium と名づけられた。

❑ 性質 ❑

第6周期の4族（旧分類では IVA 族）に属する遷移金属元素である。$4f$ 軌道がすべて充填された状態で、$5d$ 軌道が充填されていく過程の遷移元素である。しなやかな銀色を呈する。表面には強固で浸透性のない酸化物被膜を生じるので、耐食性に優れている。

同じ4族のジルコニウムと分離するのが極めて難しい。これは、ジルコニウムとハフニウムの原子半径やイオン半径がほとんど等しいからである。すべての元素の中で、この両者ほど分離しにくいものはない。化学的性質が酷似しており、通常の場合は、ほとんど区別できない。ハフニウムの性質は、不純物として存在するジルコニウムにかなり影響される。

電子配置：$[Xe]4f^{14}5d^26s^2$ ❖ 原子量：178.49 ❖ 融点：2222℃ ❖ 沸点：4450℃ ❖ 密度：13.28 g/cm³（25℃）❖ 熱伝導率：23 W/m·K（27℃）❖ 磁化率：0.42×10⁻⁶ cm³/g ❖ 比熱：155.4 J/mol·K（25℃）❖ 抵抗率：35.1 μΩ·cm（20℃）❖ ヤング率：1.40×10^{11} N/m² ❖ イオン半径：0.86Å（Hf^{4+}）❖ 金属結合半径：1.59Å ❖ 安定同位体および存在比：^{174}Hf: 0.163%、^{176}Hf: 5.21%、^{177}Hf: 18.56%、^{178}Hf: 27.10%、^{179}Hf: 13.75%、^{180}Hf: 35.22%

❑ 用途 ❑

高融点のために電球のフィラメント・航空機のエンジン部品に用いられる。

ハフニウムは、熱中性子吸収断面積が大きく、機械的強度も高く、きわめて耐食性が高いので、原子炉の**制御棒***に用いられる。

***制御棒**（control rod）とは炉内で発生する中性子を吸収する棒状あるいは板状の要素の

ことで、原子炉の出力を制御するために利用される。出力を抑えたいとき、制御棒を挿入すると、中性子が制御棒に吸収されるため、核分裂反応に使われる中性子の数が減る。これにより、核分裂反応を抑制することができる。

∽教授のコメント

HfとZrの化学的性質が極めて近いうえ、イオン半径や原子半径まで同じであるため、これら元素の分離が難しいという話は有名である。同じ族であるから、このようなこともあるかと思っていたら、驚くことに、Hfは、あらゆる元素の中で中性子の吸収率が最も高いのに対し、Zrはあらゆる金属の中で中性子を最も吸収しにくいという。このような違いが生じるのは、化学的性質は最外殻電子の構造に依存するのに対し、中性子吸収能は原子核の性質に由来するためだが、それにしても不思議である。

それぞれの特長を利用して、原子炉材料に利用されているが、その場合には、できるだけ純度の高いものを用いる必要がある。Hf-Zr分離技術がいまなお研究テーマのひとつとなっている理由である。

✻コラム✻量子力学の父　ボーア (Niels Bohr, 1885 - 1962)

1885年デンマークのコペンハーゲン生まれ。1911年にコペンハーゲン大学で学位取得し、1916年にコペンハーゲン大学物理学教授となり、1920年に理論物理学研究所を開設し、初代所長となる。この研究所はボーア研究所とも呼ばれている。彼は、この研究所に外国から優秀な物理学者を招いてコペンハーゲン学派を形成し、量子力学の発展に大きな貢献をした。1922年にはノーベル物理学賞を受賞する。原子構造に基づいた周期表の理論的な裏づけを行ったことでも有名である。それが1924年のハフニウムの発見につながったといわれている。

1943年、ナチスによるデンマーク占領後は小さなボートでスウェーデンに脱出し、イギリスを経てアメリカに渡り、マンハッタン計画にも協力した。1945年には、再び理論物理学研究所の所長としてデンマークに帰還する。

ボーアは、若い頃サッカーが得意であった。弟のハラルド・ボーアはサッカーのデンマーク代表としてオリンピックに出場し、銀メダルを獲得している。

73Ta

タンタル tantalum [tǽntələm] 「タァンツルム」

❏由来❏

1802 年にスウェーデンのエーケベリ (A. G. Ekeberg) がイットロタンタル石(スウェーデン、イッテルビー産) を分析し、ニオブと化学的性質のよく似た新元素の酸化物を発見した。当時は、ニオブと比重が異なる以外のことはわからなかったが、1846 年ドイツの化学者ローゼ (H. Rose) が苦労の末 Ta と Nb の分離に成功する。元素名のタンタルはギリシャ神話のタンタロス (Tantalos) にちなんでいる。

❏性質❏

第 6 周期の 5 族 (旧分類では VA 族) に属する遷移金属元素である。タンタルは硬く重い元素で灰黒色を呈する。結晶は BCC 構造をとる。150℃以下では化学的に安定であるが、高温で酸素と酸化物、フッ素とフッ化物 TaF_5、塩素と塩化物 $TaCl_5$ をつくる。フッ化水素酸以外の酸には溶けない。単体は、水素の吸蔵能力が大きく、暗赤熱で 740 倍の体積の水素を吸蔵する。高温でゲッターとして働き、酸化物薄膜は安定で整流性が高く、誘電性を有する。原子価+5 が安定で、ポリ酸になりやすく、コロイド状になる。融点がタングステン、レニウムに次いで高い金属である。

主要鉱物はタンタル石、コルンブ石である。鉱物の化学式は $(Fe,Mn)M_2O_6$ で M には Nb、Ta が入り、Nb が Ta より多いとニオブ石、Nb が Ta より少ないとタンタル石と呼ばれる。タンタルは常にニオブと共存するが、これはイオン半径がランタノイド収縮によりニオブとほとんど等しいため、両者の性質が酷似していることによる。

フルオロタンタル酸カリウム K_2TaF_7 の溶融塩電解、K_2TaF_7 のナトリウムによる還元、炭化物と酸化物の反応などでつくられる。

電子配置:$[Xe]4f^{14}5d^36s^2$ ❖ 原子量:180.95 ❖ 融点:2980℃ ❖ 沸点:5534℃ ❖ 密度:16.65 g/cm^3 (25℃) ❖ 熱伝導率:57.5 W/m·K (27℃) ❖ 磁化率:0.83$\times 10^{-6}$ cm^3/g ❖ 比熱:155.4 J/mol·K (25℃) ❖ 抵抗率:12.4 μΩ·cm (20℃) ❖ ヤング率:1.86×10^{11} N/m^2 ❖ イオン半径:0.72Å (Ta^{3+})、 0.68Å (Ta^{4+})、 0.64Å (Ta^{5+}) ❖ 金属結合半径:1.46Å ❖ 安定同位体および存在比: ^{180}Ta: 0.0123%、^{181}Ta: 99.9877%

❏用途❏

利用の 60％は電解コンデンサや真空炉の部品である。高融点、高強度、展延性、耐食性を持つ合金に用いられ、化学プラントなどで腐食性の特に強い環境下での熱交換器や、原子炉、ミサイルの部品に用いられる。また X 線診断用の造影剤として、他の造影剤よりも見やすい画像がえられる。

タンタル電解コンデンサ（tantalum electrolytic capacitor）は電極にタンタルを用いたコンデンサで、アルミ電解コンデンサに比べ、小型化しやすい、漏れ電流が少ない、温度特性がよい、周波数特性がよいなどの特徴がある。これは、アルミ電解コンデンサはクラフト紙などに電解液をしみこませたものを金属アルミではさみ、巻きつけた構造をしているのに対し、タンタル電解コンデンサは、タンタルパウダーを焼結して固めたときにできる隙間を利用した構造をしているためである。欠点は、耐圧が低く、故障時に短絡しやすいことである。

タンタルは 2000 年前後から需要が伸び、価格が急騰し、バブル金属と呼ばれた。

また、人体への影響が少ないので外科手術用具として用いられる。ごくまれに皮膚に発赤を伴う患者はいるものの、インプラント材を除去するとすぐに収まる。頭蓋骨骨折の修復のためのタンタル板、骨折した箇所の結合のためのタンタルボルト、断裂した靭帯を縫い合わせるために使うタンタル線などがある。

❏トピックス❏——TaC（炭化タンタル）

ダイヤモンドよりも硬度が大きい炭化物がロスアラモス国立研究所で合成された。TaC の融点は 3738℃と高く、特別な用具に用いられている。

☞**教授のコメント**

Ti 合金の溶解にタンタルを使った。非常に高価であったが、夢の金属だという触れ込みに思わず乗せられた。（確かタンタル容器は 20 万円以上したと記憶している。）溶解実験後、楽しみに蓋を開けると、みごとに Ti 合金と複雑に反応していた。それを見て一同唖然としたことを覚えている。Ta も万能ではないのである。

❈**コラム**❈**発光分光分析**（emission spectrochemical analysis）

光などのエネルギーを分析試料に照射して元素を励起し、試料から発生した光を分光してえられるスペクトル線から試料の種類を判定する方法である。それまでに観察されていないスペクトルがえられれば、それが新元素であることを示している。このため、新元素発見に重要な役割をはたした。現在では、スペクトルの強度から定量的な分析にも利用されている。

74 W

タングステン tungsten [tʌ́ŋstən] 「タングスッン」

❏ 由来 ❏

1781 年にスウェーデンのシェーレ（C. W. Scheele）は、当時、タングステン（tungsten スウェーデン語で重い石）と呼ばれていた灰重石（scheelite: Ca_2WO_4）から新しい元素の酸化物を単離した。このことから、タングステンが元素名として用いられるようになった。

しかし、昔からスズを精錬する際にスズ鉱石とタングステンを含む鉱石を混ぜると、スズと化合した複雑な化合物ができることが知られている。この鉱石は wolfart（ウォルファート：スズを狼のようにむさぼり食べるという意味）と呼ばれ、この鉱石から金属を単離したものは wolfram（ウォルフラム）と呼ばれる。元素記号の W はここから来た。

❏ 性質 ❏

第 6 周期の 6 族（旧分類では VIA 族）に属する遷移金属元素である。**金属の中で最も高い融点**（3407℃）を有する。全元素の中でも、ダイヤモンドについで高い。純粋に生成したタングステンはとても柔らかいが、化合物の WC は非常に硬いことで有名である。また、WF_6 は常温で気体を形成するものの中で、もっとも式量が大きく、密度が高い。

国内での使用量は、年間 4000～5000 トンほど。価格は、1kg あたり 4500～5000 円程度である。

電子配置：$[Xe]4f^{14}5d^46s^2$ ❖ 原子量：183.85 ❖ 融点：3407℃ ❖ 沸点：5657℃ ❖ 密度：19.3 g/cm^3（20℃）❖ 熱伝導率：178 W/m·K（27℃）❖ 磁化率：$0.32×10^{-6} cm^3/g$ ❖ 比熱：24.8 J/mol·K（25℃）❖ 抵抗率：5.0 μΩ·cm（20℃）❖ ヤング率：$2.93×10^{11} N/m^2$ ❖ 金属結合半径：1.39Å ❖ イオン半径：0.66Å（W^{4+}）、0.62Å（W^{5+}）、0.60Å（W^{6+}）❖ 安定同位体および存在比：^{180}W: 0.126%、^{182}W: 26.31%、^{183}W: 14.28%、^{184}W: 30.64%、^{186}W: 28.64%

❏ 用途 ❏

最も有名な用途は、**電球**（electric bulb）の**フィラメント**（filament）である。タングステンは、融点が高く、しかも蒸気圧が低いうえに、金属としては比較的電気抵抗が高いため、白熱電球のフィラメントとして使用すると、熱損失が少なく、寿命も長い。また、電子顕微鏡の電子銃用のフィラメントとしても W

が使用されている。

　タングステンを鋼に添加すると強度および硬度を高めることができる。タングステン鋼は、かつては、戦車や大砲の材料に使われていた。現在は、包丁の材料にも使われている。

　また、炭化タングステン（WC）は、ダイヤモンド、炭化ホウ素（B_4C）について硬く、切削工具としての利用がなされている。有名なものに WC 溶射ピストン棒があり、他の溶射ピストン棒に比べて表面硬度を高くでき、寿命も 3〜4 倍長持ちする。

　スポーツの世界ではテニスのラケットなどに使われている。比重の高いタングステンのパウダーをグロメットに混入し、ラケットフェースの両サイドに装着することで、重量が両サイドに集中する。これによってスイング時にラケットフェースが安定し、ラケットを振った力が無駄なくボールに伝わるので、強いボールが打てるようになる。

　◌教授のコメント１

　タングステンの原料石である灰重石は、日本や韓国に豊富にあったといわれている。タングステン鋼は、大砲や戦車用の材料であるため、タングステンの確保が戦時中は重要課題であった。戦後、日本に進駐した米軍は、重石（タングステン鉱）鉱床の探索を最優先課題にしていたと聞く。現在では、日本の重石は枯渇し、鉱山はすべて閉鎖されている。

　元素に責任はないが、戦争の一翼を担ったという過去は変えられない。いまだにタングステン鋼は戦車や大砲の材料として戦争に使用されている。

　◌教授のコメント２

　タングステンの元素記号がなぜ W なのだろうかと中学生の頃不思議に思った記憶がある。ドイツ語の Wolfram が語源ということで納得した。タングステンとは呼ばずに、ウォルフラムと呼ぶひともいたという。

　しかし、今にして思えば、元素記号は W でよかったのかもしれない。なぜなら、すべての元素でアルファベットの W を使うのはタングステンのみである。これが T で始まる元素となると、Ta、 Tb、 Tc、 Te、Th、Ti、Tl、Tm のように 8 種類もある。ちなみに、1 元素しかないアルファベットは、他に V の V と X の Xe だけである。

₇₅Re

レニウム rhenium [ríːniəm]「リーニウム」

□ **由来** □

1925年ドイツのノダック（W. Noddack）、タッケ（I. Tacke）、ベルグ（O. Berg）らによって発見された。元素名はライン（Rein）川のラテン名 Rhenus にちなんで命名された。人工元素を除くと、歴史上最も遅く発見された元素である。

□ **性質** □

第6周期の7族（旧分類では VIIA 族）に属する遷移金属元素である。銀白色を呈し HCP 構造をとる。空気中で表面がくもり、高温では揮発性の Re_2O_7 となる。金属元素の中では地殻中での存在量がもっとも少なく、0.004ppm ほどしかない。これは、金の6分の1程度の量である。全世界での生産量は、年間7トンほどしかない。融点は、タングステンに次ぐ高さであり、密度も単体の中では4番目の高さである。レニウムの化合物は＋2価から＋7価の酸化数をとる。

変わった性質の化合物として三酸化レニウム（ReO_3）がある。通常の金属酸化物では見られないような非常に高い電気伝導度を有し、－195℃付近では、金属として最も高い電気伝導度を誇る銀と同程度の伝導度を示す。

電子配置：$[Xe]4f^{14}5d^56s^2$ ❖ 原子量：186.2 ❖ 融点：3180℃ ❖ 沸点：5627℃ ❖ 密度：21.02 g/cm³（20℃）❖ 熱伝導率：47.9 W/m·K（27℃）❖ 磁化率：0.37×10⁻⁶ cm³/g ❖ 比熱：27.1 J/mol·K（25℃）❖ 抵抗率：20 μΩ·cm（20℃）❖ ヤング率：4.70×10^{11} N/m² ❖ 金属結合半径：1.37Å ❖ イオン半径：0.63Å（Re^{4+}）、0.58Å（Re^{5+}）、0.55Å（Re^{6+}）、0.53Å（Re^{7+}）❖ 安定同位体および存在比：¹⁸⁵Re: 37.398%、¹⁸⁷Re: 62.602%

□ **用途** □

レニウムは、その存在量の少なさから、用途は非常に限られたものであるが、特殊な物理的性質や、優れた触媒活性等を持つため、フィラメント、熱電対、水素化触媒などに使われる。

∽ **教授のコメント**

Re の存在はメンデレーエフが周期表を提唱した時代から予測されており、ドビマンガンと呼ばれていた。これは、周期表の族で、マンガンのつぎのつぎの位置にあるという意味である。サンスクリット語でエカが1に、ドビは2に対応する。Re の発見者であるタッケは女性科学者で、後にノダック夫人となる。

₇₆Os

オスミウム osmium [ázmiəm]「アズミウム」

❏由来❏

1803年にイギリスのテナント（S. Tennant）により白金鉱の王水溶解残留物の中からイリジウムとともに発見された。元素名は、酸化オスミウム（OsO_4）の特有の匂いから、ギリシャ語で匂いの意味の"osme"に由来している。

❏性質❏

第6周期の8族（旧分類ではVIII族）に属する遷移金属元素である。単体は、青灰色結晶で、酸化されやすく、200〜400℃で OsO_4 となり、微粉は常温でも OsO_4 のにおいを発する。ハロゲンと高温で反応するが、王水とは反応しにくい。酸化性の融解アルカリと反応する。密度が $22.6 g/cm^3$ と高く全元素中イリジウムと最上位を争っている。

他の白金族とともに銅の硫化鉱や砂白金鉱に含まれて産出する。年間生産量は数トンと大変少ないため、用途は小規模なものに限られる。白金との合金は硬く耐食性に優れる。

四酸化オスミウム（OsO_4）は＋8価の化合物で揮発性がある。この化合物は、オスミウムの化合物を作る出発物質となるほか、**アルケン**（alkene: C_nH_{2n}）から1,2 シスジオールを形成するための重要な触媒として利用されている。しかし、少量で重度の結膜炎、頭痛、呼吸器の障害を引き起こす猛毒でもある。

電子配置：$[Xe]4f^{14}5d^66s^2$ ❖ 原子量：190.2 ❖ 融点：3045℃ ❖ 沸点：5027℃ ❖ 密度：22.6 g/cm^3（20℃）❖ 熱伝導率：87.6 W/m·K（27℃）❖ 磁化率：0.05 $\times 10^{-6} cm^3/g$ ❖ 比熱：24.7 J/mol·K（50℃）❖ 抵抗率：8.12 μΩ·cm（20℃）❖ ヤング率：$5.50 \times 10^{11} N/m^2$ ❖ 金属結合半径：1.35Å ❖ イオン半径：0.63Å（Os^{4+}）、0.575Å（Os^{5+}）、0.545Å（Os^{6+}）、0.525Å（Os^{7+}）、0.39Å（Os^{8+}）❖ 安定同位体および存在比：^{184}Os: 0.018%、^{186}Os: 1.59%、 ^{187}Os: 1.64%、^{188}Os: 13.27%、^{189}Os: 16.14%、^{190}Os: 26.38%、^{192}Os: 40.96%

❏用途❏

白金との合金は硬く耐食性に優れるため、針や各機種のピポット、また万年筆のペン先などに利用されている。電子顕微鏡観察用試料の染色剤として OsO_4 が使われる。

触媒としては、マイクロカプセル化四酸化オスミウムを高分子に固定化したオレフィンの、ジヒドロキシ化反応の酸化剤として利用する。

オスミウム・プラズマコーターでコーティングされた金属オスミウム薄膜は、アモルファス（非結晶）のため、SEM の倍率を限界まで上げても粒状性が認められない。

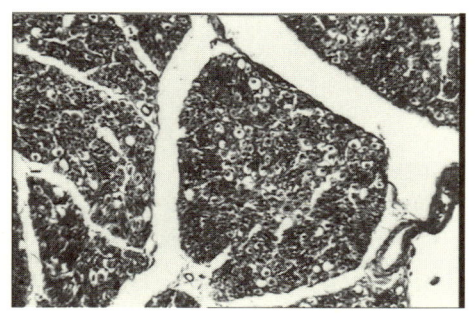

Os 染色した神経細胞の電子顕微鏡像

❏トピックス❏──白金族元素

周期表 8～10 族に属する元素のうち、Ru、Rh、Pd、Os、Ir、Pt の 6 つを白金族元素といい、互いによく似た性質を持つ。白金族元素は美しい銀白色、高融点、耐酸化性を有する。天然には単体として存在し、硫化物、ヒ化物の鉱物にも含まれる。また銅やニッケルを電解精錬するときの沈殿物に、濃縮された状態で存在するため、そこからも回収される。白金族元素は触媒として有機化学分野で広く用いられる。最近では自動車の排ガスフィルタとしての需要もある。

∞教授のコメント

驚くことに、最も比重の大きい元素がオスミウムとイリジウムのいずれかは決着がついていない。こんな簡単なことは、科学技術がこれだけ進んだ現代ならば、すぐにも決着がつきそうだが、事はそれほど単純ではないということであろう。いろいろな文献を調べても、意見はまちまちである。どちらかといえば、Ir が優位であるが、「比重が 22.6 と、あらゆる元素の中で最も重い Os と Ir」と並列で書かれているものも多い。

おそらく決着のついていない理由は、ふたつの金属の比重が非常に近いこと。そして、残念ながら、決着をつけるほどの高純度化がはかられていないためであろう。Os は Ir と一緒に発見されたほど相性の良い金属どうしである。Hf と Zr の関係に似ているが、これら元素では中性子吸収能がまったく違うため、原子力利用での必然性から、その分離方法が精力的に研究されている。これに対し、Os と Ir には、それほど差し迫った理由がないということであろう。

₇₇Ir

イリジウム iridium [irídiəm] 「ィリディゥム」

❑由来❑

1804年イギリスの化学者テナント（S. Tennant）が白金鉱からオスミニウムとともに発見した。化合物が様々な色を発することから虹の女神（Iris）にちなんで名付けられた。

❑性質❑

第6周期の8族（旧分類ではVIII族）に属する遷移金属元素である。銀白色を呈し、立方晶系の金属であるが、延性に乏しく、加工性が低い。酸には不溶であるが、粉末は王水だけに溶ける。イリジウム化合物の色は橙、黄、青、紫など多様である。

電子配置：$[Xe]4f^{14}5d^76s^2$ ❖ 原子量：192.22 ❖ 融点：2443℃ ❖ 沸点：4550℃ ❖ 密度：22.6 g/cm³（20℃）❖ 熱伝導率：147 W/m·K（27℃）❖ 磁化率：0.13×10⁻⁶ cm³/g ❖ 比熱：25.8 J/mol·K（25℃）❖ 抵抗率：4.71 μΩ·cm（20℃）❖ ヤング率：5.14×10^{11} N/m² ❖ 金属結合半径：1.355Å ❖ イオン半径：0.82Å（Ir^{3+}）、0.77Å（Ir^{4+}）❖ 安定同位体および存在比：^{191}Ir: 37.3％、^{193}Ir: 62.7％

❑用途❑

オスミウムとの合金が、硬度および耐食性に優れるため万年筆のペン先などに使われる。また、白金との合金は電子工業用材料や電極用材料（スパークプラグ）として使われている。

1799年に初めてつくられたメートル原器は白金でつくられていたが、1975年には、白金とイリジウムが9:1のより安定な合金に変更された。しかし、残念ながら、現在では、長さの基準は光の速度によって規定されている。

❑トピックス1❑——衛星携帯電話

イリジウム計画はアメリカのモトローラ社が提案したもので、人工衛星を利用して全世界で携帯電話を使えるようにするもので、低軌道の周回衛星を77個用いることで全世界をカバーすることが可能となる。

この計画の命名の由来は原子番号77の元素イリジウム（Ir）である。原子核（地球）の周りを電子（衛星）が77個回っている姿にちなんだ名前である。計画は途中で縮小されて、実際に打ち上げられた人工衛星は77個よりも少ない66個であったが、愛称はそのまま残っている。このため、原子番号が66のジスプ

ロシウム計画と名前を変更すべきという意見もあった。
　イリジウム計画は当初大きな注目を集めたが、次世代携帯電話の登場で、その活躍の場は限られることになった。

ロトピックス2ロ——隕石衝突説
　Ir はクラーク数が 80 位と地殻中では珍しい金属であるが、地球内部や隕石中には多く含まれている。1980 年、イタリアの地層を調べていた米国の研究者が、白亜紀と第三期の間にある地層には、Ir がその上下の地層の 30 倍も多く含まれていることを発見した。その後、世界各地で同じ現象が確認された。このことから、この時期に巨大な隕石が地球に衝突したとの説が浮上した。白亜紀に栄華を誇った恐竜が地上から消えた理由のひとつに隕石衝突説が挙げられているのは、この Ir の測定結果に負うところが大きい。
　恐竜が絶滅した理由については、50 以上もの仮説があるといわれているが、もし巨大隕石が過去に地球にぶつかったのならば、今後もその可能性がないとはいい切れない。NASA の研究者には、その危険性について警鐘を鳴らすひとも多い。

✽コラム✽ウォラストン（William Hyde Wollaston, 1766 - 1828）

　1766 年にイギリスに生まれる。ケンブリッジ大学で医学を専攻し、卒業後すぐに王立協会の会員に選ばれる。1820 年から 1828 年までは王立協会の会長を務める。彼は、一生涯を独身で通した。

　内科医として教育を受けたが、数多くの科学分野に大きな功績を残している。まず、1797 年に尿道結石の成分を明らかにした。1800 年に視力が低下したことを機に、医学の道を断念し王立協会のデービー（H. Davy）の弟子となる。1812 年には**タンパク質**（protein）を構成する**アミノ酸**（amino acid）であるシステイン（cysteine）を発見する

　化学の分野においては、1803 年に白金を研究している際に、その中に不純物として含まれていた新元素パラジウムを発見する。そのとき、同じ白金の中から新元素ロジウムも発見した。ウォラストンの研究によって白金族元素の全貌が初めて明らかにされた。また、**粉末冶金**（powder metallurgy）法を発明し、はじめて展性に富む白金を合成したことでも知られている。この発明により潤沢な研究資金をえたと伝えられている。

　また、彼は太陽光線のスペクトルの中に**暗線**（dark lines）と呼ばれる吸収スペクトルを初めて発見したことでも有名である。ウォラストン・プリズム（Wollaston prism）や、2 枚のレンズを貼り合せて収差をなくすようにしたウォラストン・レンズ（Wollaston lens）を発明し、光学の分野でも大活躍した。

₇₈Pt

白金、プラチナ Platinum[plǽtinəm]「プラァティヌム」

❏由来❏

　世界最古の白金加工品は、紀元前 7 世紀のエジプトの手箱である。テーベで見つかったこの箱はシャペナピット女王（1 世）に献呈されたものであった。しかしエジプトから発見されたのはこの一例だけで、古代ギリシャ、ローマ、中国のいずれからも白金の使用は確認されていない。一方、エクアドルとコロンビアの国境付近の太平洋沿岸に住んでいた原住民は少なくとも 2000 年以上前から白金加工技術を持っていたとされている。

　白金がはじめて文献にあらわれるのは、南アメリカ大陸から白金を持ちかえったスペイン人のアントニオ・デ・ウロア（1717～1795）の著作で、18 世紀半ばのことである。白金から他の白金族元素が分離され、さらに元素ごとに分けられたのは、19 世紀初頭になってからである。

❏性質❏

　第 6 周期の 10 族（旧分類では VIII 族）に属する遷移金属元素である。銀白色の金属で磨くと銀のような光沢を示す。化学的な安定性、加工性の良さ、触媒としての機能を持つなど、現代社会にはなくてはならない元素である。

　地殻中の全埋蔵量は 2.7 万トンと少ないが、年間 150 トンほど消費されており、金より貴重である。モース硬度は 4.3 で銀よりも硬い。展延性に富み加工しやすい。熱によってわずかに膨張し、電気抵抗が大きい。赤熱すると大量の水素と酸素を吸収する。ただし、白金自体は酸素と化学反応を起こさない。

　微粉は著しく水素を吸蔵する。粉末は可燃性である。塩素とは 250℃以上で二塩化物 $PtCl_2$ をつくる。高温で硫黄、セレン、テルルなどと化合する。炭素と熱すると炭化物を生じ、脆くなる。重金属と合金化されると融点が降下する。無機酸に不溶であるが、王水には可溶である。

　銅の電解精錬時の副産物として純度の高い Pt が析出する。また、ヒ素化合物のスペリー鉱 $PtAs_2$ を除くと、金属単体、または他の白金族元素との合金のかたちで産出する。主要産出国は南アフリカで全世界の 4 分の 3 を占める。白金を取り出すには、白金鉱を王水で処理したあと、塩化アンモニウムなどを加えて他の金属を分解し精製する。

電子配置：$[Xe]4f^{14}5d^96s^1$ ❖ 原子量：195.08 ❖ 融点：1769℃ ❖ 沸点：4170℃ ❖ 密度：21.45 g/cm³ (20℃) ❖ 熱伝導率：71.4 W/m·K (27℃) ❖ 磁化率：0.98

$\times 10^{-6}$ cm^3/g ❖ 比熱：25.9 J/mol·K（20℃）❖ 抵抗率：9.85 μΩ·cm（20℃）❖ ヤング率：1.68×10^{11} N/m^2 ❖ 金属結合半径：1.38 Å ❖ イオン半径：1.06Å（Pt^{2+}）、0.92Å（Pt^{4+}）❖ 安定同位体および存在比：^{190}Pt: 0.0127%、^{192}Pt: 0.78%、^{194}Pt: 32.9%、^{195}Pt: 33.8%、^{196}Pt: 25.2%、^{198}Pt: 7.19%

❏用途❏

用途の 50%は装飾品、30%が自動車排気用の触媒コンバータ、20%が工業用である。装飾品としての Pt は日本だけで世界の生産量の半分を輸入している。我々が日々使用している製品のうち、5 種類に 1 つは Pt を含んでいるか、製造の際に Pt が用いられている。白金に少量のイリジウムを混ぜた合金は硬度と耐久性が増大するのでメートル原器として使われたことがある。

化学的に安定で融点が高いことから、白金製のるつぼ、はさみ、加熱容器、蒸発皿などの実験器具にも利用されている。

白金触媒は貴金属触媒の中で最も良く知られている。化学的に不活性なため広い用途がある。アンモニアの酸化による硝酸の製造、石油精製の諸工程に利用されている。

また、低温領域での電気抵抗の温度依存性を利用した基準温度計に白金が用いられる。ITS90（1990 年国際実用温度目盛）では、**白金抵抗温度計**（Pt resistance thermometer）を、13.81K から 1234.93K までの温度範囲における二次標準温度計として採用した。感部は、雲母や磁器などの薄板に直径 0.1mm の白金線を巻いた白金測温抵抗体で、ステンレス製の保護管に納めて完全防水型として使う。すでに Rh の項で紹介したように、白金は熱電対としても用いられている。

∞ 教授のコメント

Pt は融点が高く、耐食性にすぐれているため、各種実験器具や**るつぼ**（crucible）などにも使われている。かつては、高嶺の花であったが、高温超伝導の発見によって、予算的にも恵まれるようになった当時、高温超伝導材料である Y-Ba-Cu-O を溶かすのに、白金るつぼを使っていた。

この処理を施すと、特性の良い材料を合成できるのである。ところが、安いアルミナ（Al$_2$O$_3$）るつぼを使った研究者から、お前の結果を再現できないと苦情が寄せられるようになった。最初は Al が溶けて悪さをしているのだと主張していた。ところが、研究が進むにしたがって、Pt がわずかに溶けて、それが**第二相粒子**（second particles）の微細化に効くということがわかったのである。

いまでは、意識的に Pt 添加が行われている。ところで、Ce の項でも紹介したように、CeO$_2$ にも Pt と同じ働きがあり、値段が安いため、こちらを利用する機関も増えている。

₇₉Au

金 gold [góuəld] 「ゴゥゥルド」

❏由来❏

古代より装飾品などに使われてきた金属である。語源は、古くはインドヨーロッパ語の ghel（黄金）にある。Au はラテン語で暁の女神オーロラ（aurum）よりきている。

❏性質❏

第6周期の11族（旧分類ではIB族）に属する遷移金属元素である。化学的に不活性で、容易に他の元素と化合しない。王水（aqua regina ; HCl: HNO_3 = 3: 1）以外の酸にはおかされず、高温でも酸素と結合しない。自然界にも単体の金（写真）そのものとして存在し、その光り輝く美しさと加工のしやすさによって、最初に人類に用いられる金属となった。

樹枝状をした自然金

延性（ducitility）と**展性**（malleability）に優れており、1gの金を線引加工すると、太さ5μmで2800mの長さまで延ばせる。また、金をたたいて金箔を作っていくと、4900m²（70m四方）で 0.1μm 以下の厚さになる。ちなみに、人間の髪の毛が太さ20μm程度である。この金箔の層には、数100個程度の原子が並んでいる状態で、透けて見えるほどの薄さだ。実際に薄い金箔は、光にかざすと緑色に見える。金は緑色より波長の短い光は吸収し、波長の長い光ほど反射するためである。

電子配置：$[Xe]4f^{14}5d^{10}6s^1$ ❖ 原子量：197 ❖ 融点：1064℃ ❖ 沸点：2808℃ ❖ 密度：19.32 g/cm³（20℃）❖ 熱伝導率：315 W/m·K（27℃）❖ 磁化率：0.14×10^{-6} cm³/g ❖ 比熱：25.8 J/mol·K（20℃）❖ 抵抗率：2.35 μΩ·cm（20℃）❖ ヤング率：7.95×10^{11} N/m² ❖ 金属結合半径：1.44Å ❖ イオン半径：1.37Å（Au^+）、0.85Å（Au^{3+}）❖ 安定同位体および存在比：^{197}Au: 100%

❏用途❏

金は指輪やイヤリングなどの装飾品に広く使われている。また、展延性にすぐれ、電気伝導率が大きいため、LSI と回路をつなぐボンディングワイヤとして

も使われている。

また、研究機関でも金は放射能以外に犯されにくいために実験器具としても使われている。

☞教授のコメント

かつて金製のボンディングワイヤを製造している企業と共同研究をしたことがある。試料として送られてきたのが、1本数百万円もする金の延べ棒である。実際の工程では、この金の棒を線引き加工して、最終的にミクロンオーダーの細線にするのである。この企業は、加工途上で金線が断線するという問題を抱えていた。

この原因を究明して、歩留まりを上げたいというのが、この企業の要望であった。その研究のため、金の延べ棒を送ってきたのである。これをファインカッターで切断し、研磨し組織観察をするのであるが、そのたびに、いくばくかの金が水の泡と消えていく。これで、何杯の生ビールが飲めただろうかなどと考えながら実験をした記憶がある。貧乏は、金の研究には向かない。しみじみ思った次第である。

ところで、この企業の問題は、最初の溶解の段階でアルミナるつぼを使って金を溶かしていたことにあった。ライバル企業の研究者が記した論文に、最初の溶解には電解精錬が必要であり、これが技術の核心であるとちゃんと書いてあったのである。それを指摘したのであるが、当時の会社の上司に3年も無視された。

❋コラム❋錬金術と賢者の石

錬金術（alchemistry）とは鉛などの卑金属から金をつくろうとする学問（あるいは秘儀）である。**錬金術師**（alchemist）たちは、金属は、すべて硫黄と水銀からできていると考えていた。そして、このふたつの物質を結合させて金をつくる成分が**賢者の石**（philosopher's stone）と考えていたのである。賢者の石は、英国の小説ハリーポッターで全世界的に有名になったが、もともとは錬金術師たちが探していた魔法の物質だったのである。

残念ながら、錬金術師たちは、金をつくり出すことには成功しなかった。いまでは元素構造も明らかとなり、鉛を金に化学的手法で変えるのは不可能であることがわかっているが、錬金術が、その副産物として、多くの科学的な成果を人類にもたらしたのも事実である。

80Hg

水銀 mercury [mə́ːkjəri]「ムーキュウリ」

❏由来❏

英語の mercury は ローマ神話の俊足の神メルクリウス（Mercurius）にちなんで命名された。西洋占星術では Mercurius の星は水星（mercury）である。金属にもかかわらず常温で液体であるという奇妙な性質が、変幻自在で油断ならないメルクリウスの性格と関連づけられたためである。古代から存在しているので 発見者は不明である。

元素記号の Hg は、ギリシャ語由来のラテン語 hydragyrum=hydro+argyrum（水のような銀）の略に由来する。日本語では、古くは液体金属を意味する「みずかね」と呼ばれていた。

❏性質❏

第6周期の12族（旧分類では IIB 族）に属する遷移金属元素である。銀白色を呈し、**常温で液体**となる唯一の金属である。液体時の**表面張力**（surface tension）が 475mN/m と高く、床にこぼしたりすると、均一に広がらずに球形になって散らばる。電気抵抗が金属の中では異常に高く 95.8μΩ·cm となっており、銀の13倍ほどの値である。

気体はほぼ完全な単原子からなり、内分泌撹乱作用があるとされている。毒性が強く、蒸気を吸うと神経がおかされる。**メチル水銀**（methylmercury: CH_3Hg）などの有機水銀はさらに毒性が強く、水俣病などの重大な公害の原因となった。

電子配置：$[Xe]4f^{14}5d^{10}6s^2$ ❖ 原子量：200.59 ❖ 融点：−38.86℃ ❖ 沸点：357℃ ❖ 密度：13.534 g/cm^3（20℃）❖ 磁化率：-0.168×10^{-6} cm^3/g ❖ 熱伝導率：7.8 W/m·K（0℃）❖ 比熱：28.2 J/mol·K（0℃）❖ 抵抗率：95.8 μΩ·cm（27℃）❖ 金属結合半径：1.55Å ❖ イオン半径：1.27Å（Hg^+）、1.12Å（Hg^{2+}）❖ 安定同位体および存在比：^{199}Hg: 16.87%、^{200}Hg: 23.10%、^{201}Hg: 13.19%、^{202}Hg: 29.86%

❏用途❏

古くは様々な金属の**アマルガム**（amalgam）抽出に用いられたが、現在重要なものは塩素と水酸化ナトリウム製造の際の利用である。そのほか、無機薬品、温度計などの計測機器、農薬、火薬、顔料として朱肉など、広く用いられている。また水銀化合物には、「汞」の字を当てる。

電池の負極に添加すると腐食を防ぎ保存を長くできるが、環境への負荷を考

慮し、現在は添加されていない。部屋の蛍光灯やスポーツの夜間照明の水銀灯などは、ガラス管に封入された水銀の気体の放電による発光を利用した照明である。この蛍光灯がやまのように捨てられ、近海を汚染していることが大問題となっている。

❑トピックス❑──水銀の毒性

よく知られているように水銀の毒性は高い。過去、日本国内で水銀は食塩電解法に使われ環境に放出された。もっとも有名な環境汚染の一つである水俣病の原因物質はメチル水銀である。これは、水俣湾に流す工場廃水の中にメチル水銀が混入して、それが魚に取り込まれ、それを食べた人間が中毒になるという食物連鎖によって生じたものである。メチル水銀は体内の硫黄と結びつき、アミノ酸とよく似た物質をつくり体中に拡散する。そして、タンパク質の合成を阻害するなどして各種障害を引き起こす。

また、水銀は中国では、不老不死の薬、「丹」の原料と信じられた（錬丹術）。権力者の中には、怪しげな道士が調合した「丹」を服用し、水銀中毒で命を落とした者も多いとされている。

∽教授のコメント

昔の体温計には水銀が入っていた。うっかり割ると、中から水銀が飛び出してきて、床の上に玉状にちらばるのである。これは大きな表面張力のおかげである。小さな玉を転がしてやると、互いにくっついて大きな玉になる。それが面白くて小学生の頃はよく遊んでいた。今にして思えば怖い話である。

水銀と銀などの合金（Hg50%, Ag39%, Sn9%, Cu6%, Zn 少量）をつくると、低温で溶融し、加工のしやすいアマルガム（amalgam）と呼ばれるものができる。なんと、この合金は虫歯の治療材として保険が適用されている。安くて手軽なので、昔はほとんどの歯医者が使っていた。私の歯のいくつかにもアマルガムがかぶっている。最近、このアマルガムから溶融する水銀の毒性が指摘されている。ひどいアトピーが、このアマルガムを除去することで、きれいに直ったという症例も報告されている。私には、今のところ症状はないが、何ともはや恐ろしい話である。

小さいころ、ケガをすると母が赤チンキを塗ってくれた。子供のケガの消毒薬としては家庭の常備薬であった。この赤チンキには水銀の入った**マーキュロクロム**（mercurochrome: $C_{20}H_8Br_2HgNa_2O_6$）が使われていた。この水銀化合物自体に毒性はないが、その精製過程で水銀が発生するため、作業従事者の健康を考慮して製造が中止された。このため、いまでは日本では、まったく見られなくなった。

₈₁Tl

タリウム thallium [θǽliəm]「サァリウム」

❑由来❑

1861年に、クルークス（W. Crookes）とラミー（C. A. Lamy）らによって発見された。元素名は、発見した際のポイントとなった原子スペクトルが緑色であったことから、ギリシャ語の「緑の小枝」を意味する"thallos"にちなんでつけられた。

❑性質❑

第6周期の13族（旧分類ではIIIB族）に属する典型元素の金属元素である。単体は、室温ではHCP構造をとるが230℃以上ではBCC構造をとる同素体が存在する。13族の他の元素と違い+1価が安定である。また、2.39K以下で超伝導を示す。重金属の中では最も毒性が強く、人間の致死量は1g程度で危険な物質である。希少金属で、硫化鉱物中に微量検出される。また、ある種の雲母中ではリチウムと一緒に存在する。主要鉱石は硫化バナジウム鉱パトロン石である。

電子配置：[Xe]4f^{14}5d^{10}6s^{2}6p^{1} ❖ 原子量：204.37 ❖ 融点：303.5℃ ❖ 沸点：1457℃ ❖ 密度：11.85 g/cm^3（20℃） ❖ 熱伝導率：46.1 W/m·K（27℃） ❖ 磁化率：-0.24×10^{-6} cm^3/g ❖ 比熱：27.1 J/mol·K（25℃） ❖ 抵抗率：18 μΩ·cm（20℃） ❖ ヤング率：8.1×10^{9} N/m^2 ❖ 金属結合半径：1.71Å ❖ イオン半径：1.49Å（Tl$^+$）、1.05Å（Tl^{3+}） ❖ 安定同位体および存在比：^{203}Tl: 29.524%、^{205}Tl: 70.476%

❑用途❑

昔は梅毒や結核などの治療薬や脱毛剤、殺鼠剤、殺蟻剤に使われていた。現在では、光学レンズ、花火、宝石のイミテーションに用いられている。しかし、毒性があることから、他の代替品にしだいに置き換えられている。

∽教授のコメント

1988年に、Tl-Ba-Ca-Cu-O化合物が臨界温度125K（-148℃）で超伝導になることが発見され、当時としては世界最高温度であったため、大きな注目を集めた。残念ながら、Tlの毒性が強いため、化学設備の整った一部の研究所でしか追試が行えなかった。私がかつて所属していた研究所にも「タリウム部屋」と呼ばれる部屋があって、実験器具や走査型電子顕微鏡などは、専用のものを使っていた。関係のない人間から敬遠されていたことを覚えている。

$_{82}$Pb

鉛 lead [léd]「レﾄﾞ」

❏由来❏

鉛は古代からよく知られている元素の一つである。エジプトでも中国でも、あるいはインドやギリシャ・ローマにおいても鉛、あるいは鉛化合物の使用が見受けられる。元素記号は、鉛を意味するラテン語の"plimbum"から来ている。

❏性質❏

第6周期の14族（旧分類ではIVB族）に属する典型元素の金属元素である。本来は、白色光沢の金属であるが、表面が酸化されるため、いわゆる「鉛色」というくすんだ色を呈する。融点が低く、柔らかく、室温で簡単に加工できるため、いろいろな用途に使われてきた。天然の鉱石としては、方鉛鉱

母岩の上に星の様に結晶した白鉛鉱

（Galena: PbS）が主で、他に白鉛鉱（Cerussite: $PbCO_3$）（写真）などがある。年間の生産量は、20〜30万トンほどである。

鉛は、地殻での存在量（クラーク数）は重元素の中では第1位である。これは、鉛より原子番号の大きな元素が**原子核崩壊**（nuclear decay, nuclear disintegration）を起こした際、最終的にはすべて鉛となってしまうからである。

電子配置：$[Xe]4f^{14}5d^{10}6s^26p^2$ ❖ 原子量：207.2 ❖ 融点：327℃ ❖ 沸点：1751℃ ❖ 密度：11.342 g/cm^3（20℃）❖ 熱伝導率：25.2 W/m·K（27℃）❖ 磁化率：-0.11×10^{-6} cm^3/g ❖ 比熱：26.9 J/mol·K（20℃）❖ 抵抗率：20 μΩ·cm（20℃）❖ ヤング率：1.03×10^{11} N/m^2 ❖ イオン半径：1.32Å（Pb^{2+}）、0.84Å（Pb^{4+}）❖ 金属結合半径：1.74Å ❖ 安定同位体および存在比：^{204}Pb: 1.4245%、^{206}Pb: 24.1447%、^{07}Pb: 22.0827%、^{208}Pb: 52.3481%

❏用途❏

一昔前には、ガソリンの**オクタン価***を高めるためのアンチノック剤（antiknock agent）と呼ばれるものに四エチル鉛（$(C_2H_5)_4Pb$）が使用されていた。しかし、環境汚染への懸念から現在では使用されていない。

***オクタン価**（octane number）とはガソリンの**アンチノック性**（antiknock property）を示

す指標である。これは、火花点火エンジンの燃料の**ノッキング**（knocking）に対する抵抗性である。ノッキングはエンジンの異常燃焼のことで、これが起きるとエンジンの効率が低下してしまう。

鉛蓄電池：負極に Pb、正極に PbO_2、電解液として希硫酸を使った充放電が可能な 2 次電池である。自動車用バッテリーや非常用電源として広範囲に使われている。しかし、環境への懸念から、その使用をできるだけ制限しようという動きがある。

鉛板：鉛は酸に対する耐食性が高いので化学工業に利用される。また、屋根材として建築用に使われる。さらに、X 線、γ線を透過しないので、その防護用板としても利用されている。重い元素であるので、遮音、防振材としても用いられる。

鉛管：鉛管は給水用配管として最も古くから使用されてきた。これは、鉛の表面に酸化被膜ができ無害と考えられてきたためである。ところが、分析技術の進展によって、飲料水へ溶出することが明らかになった。このため、水道への使用は激減している。

はんだ：はんだはろう付け用 Sn-Pb 合金の総称であり、組成は Sn 濃度が 2～95％と広範囲に及ぶ（JIS Z 3282: 1999）。電子機器の配線や構造物のはんだ付け等金属接合に広く用いられる。

軸受合金：鉛軸受合金は Pb-Sn-Sb 系のホワイトメタル（JIS H 5401: 1958）と、鉛に少量のアルカリ金属またはアルカリ土類金属を添加した合金とに大きく分類される。バーンメタル（Al<0.2％、Ca 約 0.7％、Na 約 0.6％、Li0.04％、Pb 残部）フラリーメタル（Ca 約 1％、Ba 約 2％、Hg 約 0.2％、Pb 残部）は鉄道用として使用される。青銅に鉛を添加した鉛青銅はすべり軸受材料として、銅－鉛合金軸受のケルメット軸受は高速高荷重軸受として使用される。

∽教授のコメント

鉛は、人類が古くから利用してきた重金属の代表であり、つい最近まで身近に使われる金属の代表であった。上で紹介した用途例でも、その範囲の広さが実感できよう。小学生の頃よく川釣りをしたが、そのときの錘が鉛であった。鉛を歯で噛んで、釣り糸につけたことを覚えている。表面には、被膜があるから大丈夫という話もあるが、昔は何でもおおらかであった。

しかし、環境へ関心が高まるにつれ、その毒性から、急速にその利用が制限されるようになっている。鉛フリーはんだの開発は、一つのトレンドになっている。最近、中高校生が当たり前のように煙草を吸っているが、煙中に含まれる鉛が脳へ悪影響を与えることが明らかになった。日本の将来が危ぶまれる。

₈₃Bi

ビスマス bismuth　[bízməθ]「ビズムス」

□ 由来 □

アラビア語の溶ける「Wissmaja」をドイツ語で「Wismut」といい、ラテン語で「Bisemutum」という。これが語源になっている。ビスマスの存在自体は1500年以前から知られていたが、当時はアンチモンなどと勘違いされていた。単体のビスマスが認知されるのは1700年以降のことである。

□ 性質 □

第6周期の15族（旧分類ではVB族）に属する典型元素の金属元素である。半金属に分類されることもある。淡い赤みをおびた銀白色を呈し、蒼鉛ともいう（写真）。通常の金属とは異なり、**溶融状態から凝固する際に体積が3〜3.5%ほど膨張する。**

硝酸、熱硫酸、王水など、酸化力のある酸とは反応するが、塩酸など酸化力のない酸とは反応しない。熱および電気伝導性は小さい。また金属元素の中で最も**反磁性**（diamangetism）が強く、磁場に直角の方向をむく。^{209}Biは安定同位体が存在する元素としてもっとも原子番号が大きい。

天然には輝ソウエン鉱（BiS_2）、ビスマス華（Bi_2O_3）などの形で多く産出され、また、まれに単体での産出も見受けられる。硫化物を焼いて酸化物にして、鉄や黒鉛で還元して単体にする。

生産量は日本が多く、その他にペルー、ボリビア、メキシコといった中南米諸国で産出されている。鉛・銅などの副産物としてえられる。

電子配置：$[Xe]4f^{14}5d^{10}6s^26p^3$ ❖ 原子量：209 ❖ 融点：271.4℃ ❖ 沸点：1564℃ ❖ 密度：9.808 g/cm^3（25℃）❖ 熱伝導率：9.15 W/m·K（27℃）❖ 磁化率：-1.34×10^{-6} cm^3/g ❖ 比熱：25.9 J/mol·K（20℃）❖ 抵抗率：120 μΩ·cm（20℃）❖ ヤング率：3.14×10^{11} N/m^2 ❖ 金属結合半径：1.52Å ❖ イオン半径：1.19Å（Bi^{3+}）、0.74Å（Bi^{5+}）、2.13Å（Bi^{3-}）❖ 安定同位体および存在比：^{209}Bi: 100%

□ 用途 □

ビスマス化合物には医薬品の材料となるものがあり、他の窒素族元素（ヒ素やアンチモン）の化合物に毒性が強いものが多いことと対照的である。

カドミウム、スズ、鉛、インジウムなどと合金化すると、融点が低くなるの

で鉛フリーはんだや**ウッド合金***に利用される。融点 47～150°C の合金は、ヒューズ、火災警報器に使用される。

また、X 線を透過しないことから X 線分析装置にも使われる。磁場の中では電気抵抗が増大する特性があるので磁場測定にも利用される。エレクトロニクスの分野では、電圧変化を光の変化に変換する光機能素子、温度差によって電流を発生させる熱発電素子の構成成分として重要である。

***ウッド合金**（Wood's metal）は易融合金とも呼ばれ、融点の低い合金、つまり低融点合金の総称となっている。本来は、ビスマス、スズ、鉛、カドミウムの合金のことをいう。これら金属の融点は 300℃前後であるが、合金化することで 100℃以下まで融点を下げることができる。例えば Bi: Pb: Sn: Cd = 0.5 : 0.24: 0.14 : 0.12 の組成を有するウッド合金の融点は 70℃となり、お湯で溶ける。このように合金化によって融点が低下するのは、これら合金系が**共晶**（eutectic）を形成するためである。これら金属の他にインジウム、亜鉛、アンチモン、水銀などを合金化したものもウッド合金と呼ばれることがある。

∽教授のコメント1

超伝導研究者にとって、ビスマスといえば Bi-Sr-Ca-Cu-O 高温超伝導体がすぐに思い浮かぶ。ビスマス系超伝導材料と一般に呼ばれている。現在、線材開発が進んで、送電ケーブルや超伝導磁石などへ利用されている。この線材では、可撓性の金属パイプに原料粉末を入れて線引き加工しているが、原料の超伝導材料と唯一反応しない金属が銀であるため、銀を使わざるをえない。このため、価格が高くなるというのが欠点である。

∽教授のコメント2

ビスマスはあらゆる元素の中で、反磁性磁化がもっとも大きい。**反磁性**とは磁場とは逆に磁化される性質で、簡単にいえば、磁石を近づけると逃げるという性質である。この特性をうまく利用すると写真のようにビスマスの板の間に永久磁石を浮かすことができる。

ちなみに、ガラスやプラスチックなど多くの物質は反磁性体であるが、反磁性磁化が非常に弱いため、その磁性を普段は実感することができない。水も反磁性体であり、20T 以上の強い磁場があれば、その反磁性効果によってふたつに分離するといわれている。まさにモーゼの十戒の奇跡が実現するのである。

$_{84}$Po

ポロニウム polonium [pəlóuniəm]「プロウニウム」

❏由来❏

1897年末、長女イレーヌを生んだキュリー夫人（Marie Curie）は、夫ピエール（Pierre）と相談して学位取得のための研究にベクレル線を選んだ。やがて彼女はトリウムにもウランと同様の性質があることを見つけ、その性質を放射能と名づけたが、その鉱石に強い放射能をもつ未知の元素があることに気づいた。その後、ピエールも彼女の研究に協力するようになり、**ピッチブレンド**（Pitchblende）の化学分離を繰り返すことによって、ウランよりも放射能が400倍強い元素を取り出し、マリーの祖国ポーランド（Poland）に因んで「ポロニウム」と命名した。

❏性質❏

第6周期の16族（旧分類ではVIB族）に属する典型元素の金属元素である。半金属に分類されることもある。単体は銀白色を呈し、揮発性が高い。塩酸には徐々に、硝酸には速やかに溶ける。化学的にはテルルやセレンと、物理的性質はビスマスや鉛と似ている。

ウラン系列に属する親核種とともに存在し、岩石中ではウラン1kg当たりに0.074μgが含まれる。ラドンの娘核種であるために、大気中の濃度は最も高い。

天然に存在する同位体では、最初に発見された^{210}Po（半減期：138.4日）以外は短寿命である。放射能が強く、^{210}Poの体内最大負荷量は1kBq（キロベクレル）であり、放射能管理上は十分な注意を必要とする。ラドンが崩壊することによって^{218}Poが生じ、さらにこれが崩壊していく過程で^{214}Po、^{210}Poが生じる。自然界に存在するポロニウムでは、^{210}Poの半減期が一番長く、人工的に作られる^{209}Poの半減期は102年である。天然には質量数が218、214、210のウラン系核種、215、211のアクチニウム系核種、216、212のトリウム系核種など7核種存在するが、ほとんどの核種はα崩壊する。

電子配置：$[Xe]4f^{14}5d^{10}6s^26p^4$ ❖ 原子量：209 ❖ 融点：255℃ ❖ 沸点：962℃ ❖ 密度：9.3 g/cm^3（25℃）❖ イオン半径：0.67Å（Po^{6+}）❖ 金属結合半径：1.70Å

❏用途❏

人工放射性核種の^{210}Poはα線源としてよく用いられる。原子力電池にも用いられる。また原子爆弾としても用いられる。

❏トピックス❏
　キュリー夫人はラジウムも発見するが、最初に発見した元素にポロニウムと名づけたのには、特別な思いがこめられている。ピエールに求婚され、最終的には物理学者の道をパリで歩むことになったが、一時は故国ポーランドに残って、ロシア帝国の支配に苦しむ人々のために身をささげようと真剣に考えていた。その思いが、ポロニウムという元素名にこめられている。

☞教授のコメント
　強磁性体の変態温度をキュリー点と呼ぶが、これは夫のピエールにちなんだものである。夫婦で偉大な科学者というのには頭が下がる。しかし、当時は放射能の危険がよく認識されていなかった時代である。ふたりは、研究中にどれだけ被曝したのだろうかと心配になる。しかし、娘のイレーヌもノーベル賞を受賞したのだから、その被害は軽微だったのであろう。

❋コラム❋キュリー夫妻

ピエール（Pierre Curie, 1859 - 1906）：フランスの物理学者で、1898年に妻のマリーと放射能の研究を行い1898年にポロニウムとラジウムを発見する。1903年度ノーベル物理学賞を妻とともに受賞する。あまりにも偉大な妻の影に隠れがちだが、ピエールも非常に優秀な研究者であった。圧電現象を発見したり、磁性研究でも大きな功績を残した。常磁性体の磁化率が絶対温度に反比例するというキュリーの法則を1895年に発表している。強磁性体が常磁性へ転移する温度であるキュリー点はピエールの名に由来する。1904年にソルボンヌ大学の教授となるが、1906年に暴走してきた馬車にはねられ不慮の死を遂げる。

マリー（Maria Curie, 1867 - 1934）：ポーランド生まれの世界一有名な女性科学者である。夫ピエールとともに数々の偉大な業績を残した。ピエールの死後、1908年にソルボンヌ大学初の女性教授となる。そして1911年にはノーベル化学賞を受賞する。ノーベル賞を2度も受賞した数少ない科学者のひとりである。

₈₅At

アスタチン Astatine [ǽstətìːn] 「アスッティーン」

❑由来❑
メンデレーエフによりヨウ素（I）に似た性質をもつと予言された85番目の元素「エカヨウ素」の探求が長年おこなわれていた。結局、サイクロトロンを用いて人工的につくられた。1937年に人工合成が試みられたが、そのとき使われたサイクロトロンではエネルギーが低く、核反応を起こすには不十分であった。1940年にカリフォルニア大学に建設された新しいサイクロトロンを用いて、コールソン（D. R. Corson）、マッケンジー（K. R. Mackenzie）、セグレ（E. G. Segrè）が85番目の元素の人工合成に成功した。この元素はとても不安定なため、ギリシャ語の不安定という言葉（astatos）にちなんでアスタチンと名づけられた。

❑性質❑
第6周期の17族（旧分類ではVIIB族）のハロゲンに属する典型元素の非金属元素である。ヨウ素に似た性質があると考えられている。ただし、すべての同位体が放射性元素で、半減期が最も長いものでも ^{210}At の8.3時間と短いため、化学的性質のデータは少ない。単体は**揮発性**（volatility）が高く、水にいくらか溶け、ベンゼン（ベンゼン：C_6H_6）あるいは四塩化炭素（CCl_4）で抽出できるとされている。

電子配置：$[Xe]4f^{14}5d^{10}6s^26p^3$ ❖ 原子量：210 ❖ 融点：302℃ ❖ 沸点：337℃

❑用途❑
^{211}At は細胞殺傷性の強い高エネルギーα線を放出するため、ガンの治療に応用する試みがなされている。アスタチン化合物をガンの治療薬として利用するためには、メチレンブルー（methylene blue）などの腫瘍への運び屋を使い、安定した状態でアスタチン化合物を腫瘍細胞に集積させることが必要になる。

❑トピックス❑──サイクロトロン
サイクロトロン（cyclotron）は荷電粒子を加速して放出する装置である（図参照）。**荷電粒子**（charged particles）を加速するには、**電場**（electric field）が必要になる。直線路で加速しようとすると、電場を印加する装置を軌道に沿って長く敷き詰める必要がある。これでは、膨大なお金とスペースが必要になる。そこで、磁場を利用して、あまりスペースをとらずに荷電粒子を加速することをローレ

ンス（Ernest O. Lawrence, 1901 - 1958）が考案した。

一様な磁場下で荷電粒子を運動させると、その軌道が曲げられ回転運動をする。そこで磁場を発生させる大きな電磁石を上下に1対配し、その間に加速用の電場を与える電極を入れる。このとき、加速電極（accelerating electrode）は、平べったい缶を2つに割った形をしており、ディー（D: Dee）と呼ばれている。（ちょうど2個のDが背中合わせに並んだようなかたちになる。）陽子などの荷電粒子をサイクロトロンの中心部に置いたイオン源でつくり、出てきた荷電粒子を加速電極に交流電圧（alternating voltage）を印加して加速する。飛び出した荷電粒子は、磁場の中で軌道を曲げられ、半周すると、再び加速電極に達し、さらに加速される。こうして、粒子のエネルギーは増大し、それに伴って軌道半径が大きくなるため、加速粒子の軌道はらせん状となる。一番外側の軌道に達して、最高エネルギーになったところで、静電的に粒子を軌道から外して、外部へと導き、実験に利用する。つまり、サイクロトロンは、磁場をうまく利用して、何度も加速電極を通過させることで、狭い面積でも荷電粒子を有効に加速できるように工夫した装置なのである。

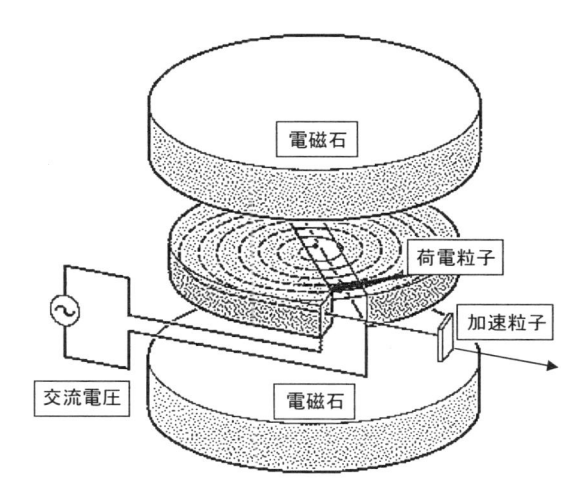

☞教授のコメント

アスタチンがエカヨウ素としてその存在が予言されていたというから、メンデレーエフの周期表の偉大さには改めて驚かされる。しかし、驚くことにハロゲン元素には、さらに重い原子番号117のウンウンヘプチウム（Ununheptium：元素記号はUuh）という名前（暫定ではあるが）が用意され、その発見を待っている。実は、原子番号118のウンウンオクチウム（Ununoctium：元素記号はUuo）に関しては、米国のバークレー研究所が発見したと発表したが、それが研究者の捏造であることが発覚した。この研究者はノーベル賞の候補に挙がっていたという。いずれ判るうそをついて何のメリットがあると考えたのであろうか。それとも、どうせ寿命が10^{-8}秒ととてつもなく短いので、うそでもばれないと思ったのであろうか。

$_{86}$Rn

ラドン radon [réidɑn] 「レィダン」

❏由来❏

キュリー夫妻（Pierre and Marie Curie）はポロニウムとラジウムを発見したとき、ラジウムに接した空気が放射能を持つことに気づいたが、その原因はわからなかった。

1900年にドイツのドルン（F. Dorn）は、この放射能がラジウム崩壊によって生じる気体によるものであることをつきとめた。この元素は、始めラジウムエマナチオン（radium emanation）と呼ばれていたが、のちにラジウムから生まれる気体という意味でラドン（radon）と命名された。

❏性質❏

第6周期の18族（旧分類では0族）の希ガスに属する非金属元素である。無色の気体で、キセノンと同じような性質を示すと考えられる。融点以下に冷却すると鮮やかな燐光を発する。安定同位体は存在せず、**放射性同位体**（radioactive isotope）は全部で18個存在する。

強い**放射能**（radioactivity）を有し、危険な元素である。さらにその発する**放射線**（radiation）による放射線分解が激しいため、化合物の生成が容易ではない。（つまり化合物ができても、自身の放射線ですぐに分解してしまう。）そのため、元素としての研究はほとんど進んでいない。

電子配置：[Xe]4f^{14}5d^{10}6s^{2}6p^6 ❖ 原子量：222 ❖ 融点：-71℃ ❖ 沸点：-61.6℃ ❖ 密度：9.73 g/cm^3（0℃）

❏用途❏

かつては、**放射線源**（radiation source）として医療や非破壊検査の目的に使われていた。しかし、現在では、より扱いやすいもの、または、寿命の長い線源に置き換えられている。主要な用途はない。

❏トピックス1❏——地震予知

ラドンは放射性鉱物に含まれ、地下水などに溶けている。地下水中のラドン濃度は地殻変動や地下水の変動により変化するため、地震の前兆現象の一つとして注目されている。地震が起こる前には、地下の岩盤にひび割れなどが生じ、地下水がラドンに触れる機会が増える。それによって地下水中のラドン濃度が高くなると考えられる。

❏トピックス2❏──ラドン温泉

ラジウムが崩壊して出来るラドンがある濃度以上溶けたものをラドン温泉といい、別名ラジウム温泉ともいう。

痛風、糖尿病、リウマチ、神経痛、高血圧などに効果があるといわれているが、健康との関係は科学的には明らかでない。

❏トピックス3❏──ラドンと肺がん

ラドン（^{222}Rn）は呼吸によって吸収されると肺に放射線被曝を与え、肺がんの原因となる。ウラン鉱労働者を調査したところ、肺がんの過剰な発生が認められた。ウラン鉱にはラジウムが存在し、その壊変でラドンが生成する。このために、ウラン鉱山労働者には肺がんが多い原因とされている。

🍃感想

小さい頃見た映画に出てくる怪獣の名前がラドンでした。元素の名前だったんですね。とても強くて怖い怪獣だった記憶があります。

→空の大怪獣ラドンは1956年の東宝の作品で、東宝初の天然色（つまりカラー）映画である。原水爆実験で蘇った怪鳥という設定なので、作者はやはりラドンが放射性元素であることを意識していたのであろう。ラドンは気体元素であり、空を飛ぶ（?）ので、この名をつけたのであろうか。大怪獣ラドンは、その後も数多くの怪獣映画に登場する。

その後、いろいろな文献を調べてみると、ラドンは白亜紀に生息した翼竜のプテラノドン（pteranodon）に由来することが分かった。さらに、怪獣ラドンの映画は海外にも輸出されているが、その英語名は rodan になっており、元素名の radan とは異なる。

☙教授のコメント

かつて住んでいた町に、なぜかラドン温泉があった。その脱衣所には効用がところ狭しと書かれていたが、どうやって確かめたのだろうかといつも疑問に思っていた。それでも、その効用につられて、ついつい温泉に入ってしまうのは人間の性かもしれない。大量のラドンを含んでいたら、温泉に入ったひとは被曝してしまうであろう。

87Fr

フランシウム　francium [frǽnsiəm]「フラァンシウム」

❏由来❏

1939年、フランスのペリー（M.Perey）は、89番元素アクチニウムの同位体 ^{227}Ac がβ壊変するほかに、約1%の分岐比でα壊変により87番元素の同位体を生じることを発見した。この元素が、化学的に Cs に類似することを確認し彼女の母国フランスにちなんで Francium と命名した。

❏性質❏

第7周期1族（旧分類は IA 族）のアルカリ金属に属する典型元素の金属元素である。**天然放射性元素**であり、アルカリ金属の中でもっとも原子番号が大きい。質量数223、半減期22分、β崩壊のアクチニウム系核種が天然に存在する。この他17種の人工放射性核種が知られているが、いずれも半減期が20分以下である。マクロ数の元素状 Fr はつくられていないため、物理的性質はほとんど未知である。

電子配置：$[Rn]7s^1$ ❖ 原子量：223 ❖ 融点：27℃ ❖ 沸点：677℃ ❖ 密度：1.87 g/cm^3 ❖ 熱伝導率：15 W/m·K ❖ イオン半径：1.80Å（Fr$^+$）

❏用途❏

最も長いもので半減期が22分と短く、また存在量も非常に少ないため、これといった用途がないのが現状である。

❏トピックス❏

天然放射性元素（natural radioactive elements）とは、放射能を持つ元素で自然に存在するものを指す。これに対し、α線などを照射して、人工的につくられた放射性元素を**人工放射性元素**（artificial radioactive elements）と呼んでいる。

∽教授のコメント

フランシウムのように国の名前にちなんで命名された元素は、Am、Ge、Ga、Po、Ru がある。それぞれ、アメリカ、ドイツ（ゲルマン）、フランス（ローマ名ガリア）、ポーランド、ロシアにちなんでいる。元素名を決めるのは、発見者に許された特権であるが、それだけ科学に貢献したという証拠にもなろう。国が滅んでも、元素は永遠に不滅である。フランスは元素名2個に国名がつけられている。残念ながら幻のニッポニウムは認められなかったが。

₈₈Ra

ラジウム radium [réidiəm] 「レィディゥム」

❑由来❑
1898 年に、キュリー夫妻（Pierre and Marie Curie）によって、ウラン鉱石からポロニウムとともに発見された。

❑性質❑
第 7 周期 2 族（旧分類では IIA 族）のアルカリ土類に属する典型元素の金属である。単体は白色金属で、天然に存在する代表的な自然放射性元素である。炎色反応は紅色を呈する。 同位体としては ^{223}Ra＝α放射体、半減期：11.435 日；^{224}Ra＝α放射体、半減期：3.66 日；^{226}Ra＝α放射体、半減期：1600 年；^{228}Ra＝β放射体、半減期：5.75 年が存在する。

電子配置：[Rn]7s^2 ❖ 原子量：226 ❖ 融点：700℃ ❖ 沸点：1137℃ ❖ 密度：5 g/cm^3 ❖ イオン半径：1.42 Å（Ra^{2+}）

❑用途❑
工業的な用途はほとんどない。

❑トピックス❑——ラジウム温泉
一般にラジウム温泉（ラドン温泉）と呼ばれている温泉水の中には、ラドンが含まれている。このラドンが病気に効くといわれているが、科学的には証明されていない。ラドンは弱い自然放射線を出す希ガスである。各地に名湯があるが、秋田県の玉川温泉、鳥取県の三朝温泉、山梨県の増富温泉などがラジウム温泉として有名である。

∞教授のコメント
工業的用途がないにもかかわらず、ラジウムが多くのひとに知られているのには 2 つ理由がある。ひとつは、偉大なキュリー夫人の発見であるため、その伝記を読んだひとにはなじみ深いということ。もうひとつは、日本にはラジウム温泉がいたる所にあり、その効用がまことしやかに喧伝されていることである。ある温泉にこんな効用が掲げられていた。「ラジウムは、かの有名なノーベル賞学者のキュリー夫人が発見した元素です。あなたも、ラジウムの放射能を浴びれば、キュリー夫人のように頭が良くなります。」

89Ac

アクチニウム actinium [ǽktíniəm]「アクティニウム」

❏ **由来** ❏

1898 年にキュリー夫妻がポロニウムとラジウムをピッチブレンドから分離することに成功した。その翌年の 1899 年に同じ研究室のデビエネ（A. Debierne）が同じ鉱物からアクチニウムを発見した。ギリシャ語の放射線（aktis）からアクチニウムと名付けた。また、1902 年にギーゼル（F.Giesel）はピッチブレンドから新元素エマニウム emanium を発見したが、後でアクチニウムと同一のものだということがわかった。

❏ **性質** ❏

第 7 周期 3 族（旧分類では IIIA 族）のアクチノイド元素に属する遷移金属元素である。天然放射性を有し、銀白色で、暗い所で青白く光る。ランタンと非常によく似た性質を持つため希土類元素から分離することが非常に難しい。

^{235}U（存在比 0.720%）の娘核種であるためピッチブレンド 1t 中に 0.2mg しか含まれない。存在する同位体すべてが放射性を持つ。^{127}Ac は 1950 年ハゲマン（F. H. Hagemann）が 1g の ^{226}Ra に中性子照射して 1.27mg つくることに成功した。

電子配置：[Rn]6d^{1}7s^2 ❖ 原子量：227.028 ❖ 融点：1050℃ ❖ 沸点：3200℃ ❖ 密度：10.07 g/cm^3 ❖ イオン半径：1.18 Å（Ac^{3+}）

❏ **用途** ❏

天然放射性元素で、中性子を放出することから、中性子源として用いられる。

❏ **トピックス** ❏——アクチノイド元素

An と略記する。**アクチノイド**（actinoide）は原子番号 89 のアクチニウムから 103 のローレンシウムに至る 15 元素の総称である。アクチノイド元素はいずれも放射性元素であり、また Np 以降は人工元素である。電子配置上、5f 電子が順次満たされていく系列で、その電子配置は**ランタノイド**（lanthanoide）のものと類似しており、周期表上では内遷移元素の一種といえることから、ランタノイドと同じように、ひとまとめにして扱われる。ランタノイドのように価数+3 が主ではなく、高酸化数が安定で、原子番号の増加につれて低酸化数が安定となる。少し混乱するが、Ac 以外のアクチノイド元素を**アクチナイド**（actinide）あるいはアクチニドと呼ぶこともある。同様に La 以外のランタノイド元素を**ランタナイド**（lanthanide）あるいはランタニドと呼ぶ。

₉₀Th

トリウム thorium [θɔ́ːriəm]「ソーリウム」

❏由来❏

1828年にベルセリウス（J. J. Berzelius）によって、ノルウェーの鉱物トール石から発見されたためトリウムと名づけられた。トール石のもともとの語源は北欧神話の軍神トール（Thor）に因んでいる。

❏性質❏

第7周期3族（旧分類ではⅢA族）のアクチノイド元素に属する遷移金属元素である。天然には ^{232}Th だけ存在する放射性元素の一つである。空気中では、酸化被膜が内部を保護する。粉末は室温でも発火する。高温では、酸素、窒素、水素、ハロゲンと反応する。アルカリ水溶液とは反応しない。塩酸、王水に侵されるが、濃硝酸には酸化被膜をつくって侵されない。

電子配置：$[Rn]6d^27s^2$ ❖ 原子量：232.0381 ❖ 融点：1750℃ ❖ 沸点：4850℃ ❖ 密度：11.78 g/cm³ ❖ 熱伝導率：54 W/m·K ❖ 比熱：27.8 J/mol·K ❖ 金属結合半径：1.80 Å ❖ イオン半径：1.08Å（Th^{4+}）

❏用途❏

^{232}Th は半減期が140億年であるため、銀河系の年齢の測定などに使われる。トリウムは赤の波長域に多数のスペクトル線があるため、この波長域で精密な分光観測をしたいとき、比較スペクトルとしてよく使われる。

トリウムは資源量としてウランの3倍もあると推測されている。^{232}Th に中性子が衝突すると ^{233}Th となり、β崩壊を繰り返すことによって ^{233}U となることから核燃料への利用が考えられている。

金属トリウムは耐熱マグネシウム合金に添加されるほか、日常生活で用いられる光電管、放電管の材料に利用されている。酸化トリウム（ThO_2）は安定な化合物で、るつぼや、アーク溶接の電極などに利用されている。また触媒として利用されることもある。

∞教授のコメント

酸化物超伝導体が発見されてまもなく、酸化トリウムるつぼを使えば、良質な単結晶がつくれるという噂が流れた。何とか手に入れようとしたが、結局、放射性があるため、簡単には使えないということがわかった。ただし、その後、このるつぼで良質な単結晶が合成されたという報告はない。

$_{91}$Pa

プロトアクチニウム　protactinium [pròutæktíniəm]「プロウタクティニウム」

❏由来❏

プロトアクチニウムは、1918年にハーン（O. Hahn）とミトナー（L. Mitner）が、また、彼らの発見とは独立にソディ（F. Soddy）とクランストン（J. A. Cranston）がほぼ同時期に鉱石ピッチブレンドから^{231}Paを発見し、1934年に初めて金属プロトアクチニウムを調製した。

名前の由来はギリシャ語で「アクチニウムの親」「アクチニウムの元となる元素」という意である。これは、最長寿命核種である^{231}Paがアクチニウム壊変系列に属し、α崩壊して^{227}Acになるためである。

❏性質❏

第7周期3族（旧分類ではIIIA族）のアクチノイド元素に属する遷移金属元素である。単体は銀白色結晶で、酸に侵されるが、完全には溶けにくい。プロトアクチニウムの安定な酸化数は+5価であり、化学的性質は5族のNbやTaと似ている。^{231}Pa、^{234m}Pa、^{234}Paの3つの放射性同位体が天然に存在する。

電子配置：[Rn]$5f^2 6d^1 7s^2$ ❖ 原子量：231.03 ❖ 融点：1575℃ ❖ 沸点：3900℃ ❖ 密度：15 g/cm^3 ❖ イオン半径：1.13Å（Pa^{3+}）、0.98Å（Pa^{4+}）、0.89Å（Pa^{5+}）❖ 放射性同位体（半減期）：^{230}Pa（17.4日）、^{231}Pa（3.28×10^{4}年）、^{233}Pa（27日）、^{234}Pa（6.70時間）、^{234m}Pa（1.17分）

❏用途❏

^{231}Paは海底沈積層の年代測定に利用されている。この方法では、過去17.5万年前までの体積層の年代が求められる．

❈コラム❈核分裂

アクチノイド元素のような比較的重い原子核を有する元素の核が分裂して、ほぼ質量の等しい2つの核に分裂することを**核分裂**（nuclear fission）と呼んでいる。3つの核に分裂することもある。

外からの刺激なしに核分裂を起こす**自発核分裂**（spontaneous nuclear fission）もあるが、通常は、中性子、陽子などを当てて原子核を励起することによって生じる。

₉₂U

ウラン Uranium [juəréiniəm] 「ユゥレィ=ゥム」

❏ 由来 ❏

1789 年にドイツのクラプロート（M. H. Klaproth）は、**ピッチブレンド**（ptichblende）から新しい金属元素を見出し、その元素に 1781 年に発見された新惑星、天王星（Uranus）の名をとって uranium と命名した。

彼は、新元素の精製の採集段階で炭素による還元を試み、えられた黒色粉末を単体のウランと考えたが、それは実は二酸化ウラン（UO_2）であった。約 50 年後の 1841 年に、フランスのペリゴーは四塩化ウラン（UCl_4）をカリウムによって還元することで金属ウランの単離に初めて成功した。

ウランが放射能を有することを初めて見出したのはフランスのベクレル（A. H. Becquerel）であり、1896 年のことだった。ベクレルは黒い紙で包んだ写真乾板をウランの化合物のそばに置くと、乾板が感光することから、ウランの放射能の存在を発見した。ウランは最初に発見された放射性元素である。

❏ 性質 ❏

第 7 周期 3 族（旧分類では IIIA 族）のアクチノイド元素に属する遷移金属元素である。銀白色の金属結晶で室温では斜方晶系の格子（α型）を取るが、668℃ で正方晶（β型）、775℃ で FCC 構造（γ型）に転移する。

水、アルカリ水溶液には不溶であるが、ほとんどの酸性水溶液に溶ける。もっとも安定な酸化数は 6 価であり、他に 3 価、4 価、5 価が存在する。天然に存在する同位体は 3 種類あり、ウラン壊変系列に属する ^{234}U と ^{238}U、アクチニウム壊変系列に属する ^{235}U があり、どれも長い半減期を持つため、天然にかなりの量が存在できる。

電子配置：$[Rn]5f^36d^17s^2$ ❖ 原子量：238.0289 ❖ 融点：1132℃ ❖ 沸点：3818℃ ❖ 密度：19.05 g/cm³ ❖ 熱伝導率：27.6 W/m·K（27℃）❖ 抵抗率：30.8 μΩ·cm（22℃）❖ 金属結合半径：1.5Å ❖ イオン半径：0.97Å（U^{4+}）、0.80Å（U^{6+}）

❏ 用途 ❏

ウランの特筆すべき性質は、やはり**核分裂反応**（nuclear fission）であろう。^{235}U に低エネルギーの中性子を当てると質量数 140 付近の元素と 95 付近の元素に核分裂する。このとき、数個の中性子が発生するため、それが新たな核分裂を引き起こす。この結果、核分裂が次々と連鎖的に起きていくことになり、このような反応を**連鎖反応**（chain reaction）と呼んでいる。

第4章　元素の性質

核分裂反応が生じると、大きな原子核を構成するために必要であったエネルギーが解放される。ウランの核分裂反応では、^{235}U 原子1個あたり200MeVという莫大なエネルギーが放出される。このエネルギーを兵器として用いたのが**原子爆弾**（atomic bomb）であり、平和的に利用するものが**原子力発電**（atomic power plant）である。どちらにしても、^{235}U の崩壊に伴って放射性元素が大量に生成するため、その処理が大きな問題となる。

❑トピックス❑——劣化ウラン弾

天然に存在するウランで、その存在比率が最も高いのが ^{238}U で、99.275%もある。しかし、ウランを原子炉用の燃料とする場合には、核分裂を起こす ^{235}U の比率を高める必要がある。この操作を**ウラン濃縮**（uranium enrichment）と呼ぶ。2 つの同位体の質量差を利用して分離する方法が、有名な**遠心分離法**（centrifugation）である。この技術があるかないかで、核兵器の開発能力があるかどうかが判定される。よくニュースで話題になる。

このウラン濃縮によって、原子炉材料としては使えない ^{238}U の比率の高いウランができる。呼び方はあまりふさわしくないと感じているが、この副産物を**劣化ウラン**（depleted uranium: DP）という。劣化ウランには、核爆発を起こす力はないが、発火性が高いことから**劣化ウラン弾**（DP weapon）として兵器に使われる。劣化ウランは比重が大きいので、戦車の厚い装甲板も貫通し、内部を焼きつくす。

✑教授のコメント

ウランはかつて、夢の金属ともてはやされた。わずかの量で、大きな電力をつくりだすことができる。将来は、手のひらに載るウラン燃料で、車を一生動かすことができるようになるとまことしやかに喧伝された時代もあった。

ウランを燃料とする原子力発電は、人類の希望であった。いろいろな大学が原子力工学科を新設し、多くの優秀な研究者を輩出した。しかし、原子力発電はいったん事故が起きると取り返しのつかない惨事を招く。スリーマイル島事件や、チェルノブイリ事故の後は、原子力に対する風当たりが強くなった。いまでは、ほとんどの大学が原子力という名前を学科名から消してしまった。

✱コラム✱ピッチブレンド（pitchblende）

閃ウラン鉱（uraninite）の別名である。理想化学組成は UO_2 のように2酸化ウランであるが、実際の鉱石には多くの不純物を含んでいる。含有物としては、Pb, Th, Zr や希土類元素の他に、ウラン以外の放射性元素がある。ウランの他、ポロニウム、ラジウム、アクチニウム、プロトアクチニウムは、この鉱石から発見されている。

$_{93}$Np

ネプツニウム neptunium [neptúːniəm] 「ﾈﾌﾟﾂｰﾆｳﾑ」

❏由来❏

1940年、米国カリフォルニア大学でマクミラン (E. McMillan) とアベルソン (P. H. Abelson) が合成に成功した。彼らは、核分裂生成物の飛程の研究の知見を生かし、約0.1mm厚の$(NH_4)_2U_2O_7$薄層を、2mm空気相当のコロジオン膜と接触させて中性子を照射し、核分裂片と異なりウラン薄層にとどまる飛程の短いウランの放射能（半減期23分）の娘核（半減期2.3日）として、93番元素を発見した。命名は太陽系で天王星の外側を回る海王星 (Neptune) に因んでいる。

❏性質❏

第7周期3族（旧分類ではIIIA族）のアクチノイド元素に属する遷移金属元素である。1942年には半減期2.14×10^6年の^{237}Npが発見され、これはネプツニウム系列と呼ばれる人口放射性系列のうち最も長い寿命の核種である。1945年にはNpF_3のバリウム還元で金属がえられた。

銀白色の展延性のある金属で、温度領域によって3つの同素体 α, β, γ に変態する。斜方晶系のα型は約280℃まで、正方晶系のβ型はそれより約577℃まで、体心立方のγ型はそれ以上の高温で安定である。半減期の最も長い同位体である^{237}Npはただ一つのβ安定同位体で、化学的性質、化合物の研究も主としてこの同位体を用いて行われる。小型動力源、人工衛星などに用いられる原子力電池用核種^{238}Puを製造する原料でもある。水溶液中で+3〜+7と多様な酸化状態をとりうる。

電子配置：[Rn]$5f^46d^17s^2$ ❖ 原子量：237 ❖ 融点：640℃ ❖ 沸点：3900℃ ❖ 密度：20.45 g/cm^3 ❖ イオン半径：1.10Å (Np^{3+})、0.95Å (Np^{5+})

❏トピックス❏

アクチノイド元素 (An) は、同じ構造の酸化還元対、すなわち An^{3+}/An^{4+} および AnO_2^+/AnO_2^{2+} を持つ。よって、これらを電極材料として用いると、大電流密度で充放電が可能な電池の実現が期待できる。還元と酸化は、英語で reduction と oxidation であるが、これを略して redox（**レドックス**）とし、酸化還元の意味で使っている。よって、このタイプの電池をレドックス電池と呼ぶ。

夢のような話であるが、この技術が実現できれば、劣化ウランや高レベル廃棄物に含まれるアクチノイドを資源化し、高性能な電力貯蔵用電池として有効利用を図ることが可能となるかもしれない。

$_{94}$Pu

プルトニウム plutonium [pluːtóuniəm] 「プルートゥニゥム」

❏ 由来 ❏

1940年、アメリカの化学者シーボーグ（G. T. Seaborg）によって発見された。原子番号92のウラン、93のネプツニウムがそれぞれ天王星、海王星にちなんで命名されていたため、冥王星（Pluto）にちなんで命名された。

❏ 性質 ❏

第7周期3族（旧分類ではIIIA族）のアクチノイド元素に属する遷移金属元素である。自然界には存在しない元素である。核分裂の連鎖反応を起こさないウラン238の原子核に中性子をぶつけると、中性子が原子核に吸収され、プルトニウム239になる。すなわち、^{239}Puは原子炉さえあれば簡単につくることができる。（というよりも自然にできてしまう。）

^{239}Puは核分裂の連鎖反応を起こすので、原爆の材料となる。そして、その名前「地獄の冥王」（Pluto）のように、大変恐ろしい物質である。まず強い放射能を有しており、半減期は24000年と長い。^{241}Pu以外はα線を出すが、その放射能は非常に強く体内から排出されにくいため危険である。化学的にも非常に毒性が強く、ダイオキシンと並び、人類が創り出した最悪の物質のひとつといわれている。

プルトニウムはウランとは違う元素なので、化学的に分離・濃縮が可能である。つまり、原子炉さえあれば、どの国や組織でも^{239}Puを材料とした原爆を製造できる。原子炉で、^{238}Uが中性子を捕獲して^{239}Uとなり、それがベータ崩壊して^{239}Npになり、さらにそれがベータ崩壊して^{239}Puができる。

電子配置：[Rn]5f^{6}7s^2 ❖ 原子量：244 ❖ 融点：639.5℃ ❖ 沸点：3235℃ ❖ 密度：19.86 g/cm^3 ❖ 熱伝導率：6.74 W/m·K ❖ 金属結合半径：1.63Å ❖ イオン半径：1.08Å（Pu^{3+}）、0.93Å（Pu^{4+}）

❏ 用途 ❏

原子力発電の核燃料として、酸化プルトニウムと酸化ウランとの混合物であるMOX燃料（混合酸化物燃料）が使われる。

原子爆弾は、^{235}Uや^{239}Puを、臨界量よりごく小さいブロックに分けておき、火薬の力で一瞬にして圧縮、臨界量を超えさせて爆発させる。プルトニウムを使った原爆は、技術的に難しいウラン濃縮が必要なウラン型原爆より容易にできる。実際、アメリカ、ロシア、イギリス、フランス、中国以外の国の原爆は、

すべてプルトニウムを使っている。

❏トピックス❏──あかつき丸

1992年に約1トンのプルトニウムを載せたあかつき丸がフランスのシェルブール港から日本へ向けて出航した。プルトニウムの海上輸送に関しては、その危険性からグリーンピースが常に監視するという行動に出た。また、テロリストなどへ原爆の原料が渡る恐れがあることから米国も衛星による監視を極秘裏に24時間体制で続けた。日本でも毎日のように航行の様子が報道されたことを記憶している。実は、このプルトニウムは、**高速増殖炉**（fast breeder reactor）もんじゅの燃料用に輸入したのである。当時、推進派は、高速増殖炉がいかに素晴らしい技術かを強調していた。そのもんじゅの開発はナトリウム漏れ事故などが原因で停止となった。皮肉なものである。

⁂教授のコメント

ナチスドイツに対抗するためとはいえ、原子爆弾を作り出すとは、人間はなんと愚かな生き物なのかと思わずにはいられない。しかも、いまだにつくり続けており、より強力な水素爆弾も開発してしまった。ばかげたことに、地球を滅ぼすのに充分な量の核兵器が世界中に存在している。

✻コラム✻ シーボーグ（Glenn Theodore Seaborg, 1912 - 1999）

1912年に米国ミシガン州に生まれる。1934年にカリフォルニア州立大学ロサンゼルス分校を卒業し、1937年にカリフォルニア州立大学バークレー分校で学位をとり、1945年に同校の教授に就任する。

シーボーグはマクミラン（E. M. McMillan, 1907 - 1991）らの共同研究者とともに、原子番号94番のプルトニウム、95アメリシウム、96キューリウム、97バークリウム、98カリフォルニウムなどの超ウラン元素の人工合成を行った。また、これら元素の性質を研究し、原子番号89番のアクチニウムからはじまる一連の元素群がランタノイド元素に類似する電子構造を有することを提唱し、アクチノイド元素と分類した。これらの業績によりマクミランとともに1951年にノーベル化学賞を受賞している。

彼はプルトニウムを発見した1941年に、ウランの同位体である^{235}Uが、ある条件下では放射性分解することをつきとめた。この年、米国の原爆開発計画であるマンハッタン計画に参加し、フェルミ（Enrico Fermi）のチームの一員となり、1942年にはウラン崩壊の連鎖反応に成功している。また、プルトニウム分離法の開発リーダーとしても貢献した。

1961年から1971年までは米国原子力委員会の委員長を務めた。原子番号が106番のシーボギウム（Sg）は彼の名にちなんで命名されたものである。

第4章　元素の性質

₉₅Am

アメリシウム americium [æmərísiəm]「アムリシウム」

❏由来❏

1945年にシーボーグ（G. T. Seaborg）らが、原子炉内でPuに中性子を照射することで^{243}Amをえた。アクチノイド元素で7番目の元素なので、ランタノイド元素7番目の元素で、Euがヨーロッパにちなんで命名されたことにならい、アメリカ大陸の名がつけられた。

❏性質❏

第7周期3族（旧分類ではIIIA族）のアクチノイド元素に属する遷移金属元素である。高レベル廃棄物に含まれる放射性元素である。単体は銀白色の金属で展性・延性に富む。超ウラン元素の一種であり、すべて放射性同位体よりなる。

電子配置：[Rn]$5f^77s^2$ ❖ 原子量：243 ❖ 融点：994℃ ❖ 沸点：2600℃ ❖ 密度：13.67 g/cm^3 ❖ イオン半径：1.07Å（Am^{3+}）、0.92Å（Am^{4+}）

❏用途❏

各種の放射線源に広く利用されている。たとえば、軟エックス線（エックス線でも波長の長いもの）源としてラジオグラフや厚さ計などに利用される。また蛍光エックス線源、α線源として標準線源に、ガスクロマトグラフ検出器線源や煙感知器のセンサ部などにも利用されている。またベリリウムなどの軽元素と混合して中性子源としても用いられる。

❋コラム❋フェルミ（Enrinco Fermi, 1901 - 1954）

1901年にイタリアのローマに生まれる。1922年にピザ大学を卒業し、1927年にローマ大学の物理学教授となる。1938年にイタリアのファシスト党から追われて米国に亡命する。ノーベル賞を受賞後に夫人とともに米国に逃げた話は有名である。1942年にシカゴ大学教授になり、米国の原子力研究において指導的な役割をはたした。この年、世界最初のウラン―黒鉛型原子炉を作った。米国の原子爆弾開発プロジェクトであるマンハッタン計画にも参画した。

長さの単位にフェルミ（fermi: f）があるが、これは物理学者フェルミにちなんだものであり、1fは10^{-15}m = 1 fm（フェムトメートル）である。素粒子関係者は、この単位を好んで使う。

₉₆Cm

キューリウム　Curium [kjúəriəm]「キュゥリゥム」

❑由来❑
1944年にカリフォルニア大学バークレー校のシーボーグ（G. T. Seaborg），ジェームズ（R. A. James），ギオルソ（A. Ghiorso）らが，サイクロトンを使って，^{239}Pu に He イオンを照射して発見した。

周期表で，Cm の上の位置に対応するランタノイド元素の Gd が科学者の名前に由来していることから，放射能研究の偉大な功労者キュリー夫妻（Pierre and Marie Curie）の名前にちなんで名づけられた。

❑性質❑
第7周期3族（旧分類では IIIA 族）のアクチノイド元素に属する遷移金属元素である。表面は銀白色であるが，乾燥窒素中に保存しておくと，しだいに黒ずんでくる。柔らかく，延性に富み，常温では HCP 構造をとる。また，同位体は質量数 238 から 251 まで 15 種類存在する。もっとも寿命の長い核種は ^{247}Cm であり，半減期は 1560 万年にもなる。

電子配置：[Rn]$5f^76d17s^2$ ❖ 原子量：222 ❖ 融点：1340℃ ❖ 沸点：3110℃ ❖ 密度：13.3 g/cm³

❑用途❑
以前は ^{242}Cm，^{244}Cm が原子力電池として用いられたが，現在，^{238}Pu が代わりに利用される研究用以外にあまり用途はない

❑トピックス1❑——原子力電池
Cm の放射性同位元素の崩壊に伴って放出されるα線やβ線のもつ熱エネルギーを保温材を用いて閉じ込めると高い温度がえられる。熱電変換素子を用い，この高温と外気温との温度差を利用して発電することができる。これが原子力電池の原理である。

❑トピックス2❑
Pu は人類がつくりだした最悪の元素と呼ばれている。原子炉内で Pu に中性子を照射すると Cm がえられる。つまり，中性子照射処理を施すことで世界的に問題となっている Pu の貯蔵量を減らして，より無害な元素（Cm）に変えることができるのである。将来の Pu 処理方法として期待されている。

₉₇Bk

バークリウム berkelium [bə:kliəm]「ブークリゥム」

❑由来❑

1949年にトンプソン（S. G. Thompson）、ギオルソ（A. Ghiorso）、シーボーグ（G. T. Seaborg）らによって、60インチサイクロトロンを用いたα粒子の反応によってえられ、97番元素と確認された。

バークリウムという名称は、元素が生成された場所であるカリフォルニア大学バークレー分校の所在地バークレー（Berkeley）にちなんで命名された。

❑性質❑

第7周期3族（旧分類ではIIIA族）のアクチノイド元素に属する遷移金属元素である。放射性の金属元素で、銀白色で軟らかく、酸素や水蒸気、酸には侵されるが、アルカリとは反応しない。金属自体は ^{249}Bk の酸化物を融解したバリウムで還元してつくられる。

バークリウムは原子力工業施設や研究所以外では目にすることはない。きわめて強い放射能を放出するので、非常に危険である。人に対する許容量はわずか 0.0004mCi（ミリキュリー）である。

電子配置：[Rn]$5f^97s^2$ ❖ 原子量：247.07

❑用途❑

研究用以外に用途はない。

✼コラム✼放射能の単位：キュリーとベクレル

放射性元素の放射能の単位はキュリー（Curie）であり、記号は Ci となる。もちろんキュリー夫妻にちなんで命名された単位である。

放射性元素が1秒間に $3.7×10^{10}$ 個崩壊するときの放射能を 1Ci と定義している。キュリー夫妻が発見したラジウムの放射能は、1g あたり約 1Ci である。

ちなみに、放射能の SI 単位はベクレル（becquerel）であり、記号は Bq である。この単位の名前は、キュリー夫妻とともにノーベル物理学賞を受賞したフランスの物理学者ベクレル（Antonio Henri Becquerel, 1852 - 1908）に由来する。1秒間に崩壊する個数が1個のときの放射能を 1Bq と定義する。よって 1Ci = $3.7×10^{10}$Bq という関係にある。

₉₈Cf

カリフォルニウム californium [kæləfɔ́ːniəm]「キャルフォーニウム」

❑ **由来** ❑

1950年の2月、カリフォルニア大学においてトンプソン（S. G. Thompson）、ストリート・ジュニア（K. Street, Jr）、ギオルソ（A. hiorso）、シーボーグ（G. T. Seaborg）らのチームが、^{242}Cm にサイクロトロンで加速したα粒子をぶつけて^{245}Cf（半減期45分）の合成に成功した。元素名は、大学名と州名であるカリフォルニア（米国）に由来する。

この実験を行うには高エネルギーのヘリウム原子核（α粒子）を衝突させるターゲットとして十分な量のキュリウム（Cm）が必要であった。量が少ないと、新元素生成のチャンスが低くなってしまうからである。この実験に必要なCmはおよそ数μgであったが、これを集めるのに、チームは3年以上を費やした。照射実験の結果、およそ5000個のCf原子が生成した。

日本でも、日本原子力研究所がCfの合成、検出に成功したと発表している。

❑ **性質** ❑

第7周期3族（旧分類ではIIIA族）のアクチノイド元素に属する遷移金属元素である。水溶液中では+3価のアクチノイドとしての性質を示し、ランタンのフッ化物、シュウ酸と共沈する。超ウラン元素のひとつである。

19種類の放射性同位体が発見されているが、最も半減期が長いのは ^{251}Cf で800年である。^{252}Cf は、原子番号98で、天然放射性元素の ^{238}U から始まって、原子炉中で中性子捕獲を繰り返して生成する。半減期は2.65年、壊変あたり自発核分裂の割合は3.1%、1回の核分裂で3個の中性子を発生する。

ミリグラム当たりの中性子発生数は1秒当たり23億個で、平均エネルギーは2.35MeV である。

電子配置：[Rn]$5f^{10}7s^2$ ❖ 原子量：251 ❖ 融点：900℃ ❖ 密度：15.1 g/cm³（20℃）

❑ **用途** ❑

^{252}Cfは**自発核分裂**（spontaneous nuclear fission）を起こすので、非破壊検査、工程管理、医学診断と治療、放射化分析、湿度測定及び資源調査など多目的に利用されている。ステンレス、ジルカロイなどのカプセルに封入した線源が小型で取扱いが簡単なために重用される。オンライン分析等のラジオアイソトー

プ（RI: radioisotope）利用技術に係る研究開発が行われており、各所で中性子ラジオグラフィー（^{252}Cf は 1 回の核分裂で中性子を 3 個出す）による非破壊検査技術の試験研究が行われている。また、^{252}Cf は加圧水型原子炉（PWR: pressurized water reactor）と沸騰水型原子炉（BWR: boiling water reactor）の中性子源として用いられる。

***自発核分裂**とは、外からの刺激なしに起こる核分裂である。通常の核分裂では、中性子や陽子などを原子核に衝突させる必要があるが、自発核分裂では、その必要がないので手軽な中性子源となる。ちなみにラジオアイソトープは放射性同位体のことである。

❏トピックス❏

昭和 55 年 5 月東京大学原子核研究所において密封容器に封入して使用すべき ^{252}Cf を実験室で開封して取り扱ったために、部屋にあった紙類、床などが汚染された。汚染物は回収隔離され、その汚染物中の ^{252}Cf 量の測定結果等から汚染物の研究所外への持出し及び排出のおそれはないと判断された。

∽教授のコメント

Cf を合成するために必要な Cm はおよそ数 μg であったが、これを集めるのに、この研究チームは 3 年以上を費やしたという。何たる執念であろうか。日本でも「石の上にも三年」という諺があるが、準備のためだけに 3 年をかけるというのは相当な覚悟が要る。なぜなら、その結果、必ず新元素が合成できるという保証がないからである。研究者としては頭が下がる思いである。

❋コラム❋核分裂と核融合

核分裂は、原子量の大きな元素の原子核に中性子などを衝突させたときに、それよりも原子核の小さな元素に分裂する反応である。この核分裂にともなって大きなエネルギーが発生する。

一方、原子量の小さな元素どうしが融合して、より原子量の大きな元素に変わるのが核融合である。宇宙の初期は、原子量の小さな水素やヘリウムしか存在しなかったが、核融合反応によって次第に原子量の大きな元素が誕生していったと考えられている。核融合の場合には、核分裂よりもはるかに大きなエネルギーが発生する。

現在、人類がかろうじて制御できているのは核分裂反応であり、この反応を利用して発電しているのが原子力発電である。核融合反応は、現在、開発が進められているが、核融合が生じる条件（臨界）まで到達できていないというのが現状である。両者とも夢のエネルギーであるが、人類が完全には制御ができないエネルギー源であることも確かである。

₉₉Es

アインスタイニウム　einsteinium [ainstáiniəm]　「ァィンスタィニゥム」

❑由来❑

1952年太平洋のエニウェトク環礁で行われた世界最初の熱核爆発実験（コード名：マイク）の残滓から発見された。名は有名なアインシュタイン（A. Einstein）にちなんだものである。Esの発見には多くの科学者が関与しているが、主要なメンバーとしてショパン（G. R. Choppin）、トンプソン（S. G. Thompson）、ギオルソ（A. Ghiorso）、ハーベイ（B. G. Harvey）が挙げられる。

❑性質❑

第7周期3族（旧分類ではIIIA族）のアクチノイド元素に属する遷移金属元素である。地球上にはほとんど存在しないので、金属および化合物について十分な実験的研究はない。1961年に、ようやく10ng程度が手に入るようになった。水溶液中ではEs^{3+}として存在する。酸素、水蒸気、酸には侵されるがアルカリには侵されない。

原子量が246〜256の範囲の同位体が存在し、全て放射能を有する。初めに発見されたのは原子量253、半減期が約20日の^{253}Esであり、最も大量につくられている同位体である。研究に使用されるものは、原子炉中で^{239}Puへ長期的に中性子を放射してえた半減期276日の^{254}Esである

電子配置：$[Rn]5f^{11}7s^2$　❖　原子量：252.083　❖　融点：860℃

❑用途❑

研究用以外に用途はない。

❋コラム❋アインシュタインと原子爆弾

アインシュタインが提唱した有名な式に$E = mc^2$がある。これは質量とエネルギーが等価であることを示す式といわれている。

世の中には、アインシュタインがこの理論を考えたおかげで原子爆弾が完成したと考えているひとも多いが、それは誤解である。原子爆弾はウランの核分裂反応の連鎖反応を利用したものであり、質量とエネルギーが等価であるから完成したものではない。その証拠に、原子爆弾にはウランやプルトニウムなどの特殊な燃料が必要である。もし、この式が普遍であるならば、特殊な元素など使わなくとも、すべての物質をエネルギーに変換できるはずである。

第4章　元素の性質

$_{100}$Fm

フェルミウム fermium [fɜ́ːmiəm]「フーミウム」

❏由来❏
1952 年に世界最初の水素爆弾実験の灰の中から、シーボーグ（G. T. Seaborg），ギオルソ（A. Ghiorso）、トンプソン（S. G. Thompson）を中心とした 16 名の科学者によって Es とともに、発見された。また、1953 年から 1954 年にかけて、スウェーデンのノーベル物理学研究所で、^{238}U に酸素イオンを衝突させて ^{238}U + ^{16}O → ^{253}Fm + ^{1}n の反応により Fm をえた。原子物理学者フェルミ（E. Fermi）の業績を称えてフェルミウム（Fermium）と名づけられた。

❏性質❏
第 7 周期 3 族（旧分類では IIIA 族）のアクチノイド元素に属する遷移金属元素である。実測できていないが、予測では Fm は銀色の金属で空気や水蒸気、酸などに容易に酸化されると考えられている。最近では、10^{-12}g 量以下であるが ^{257}Fm を集めることができ、3 価が最も安定な状態であることがわかった。

原子炉で製造可能な元素の中で最大の原子番号を持つ。しかし、生成しても、すぐに壊れてしまう。これは、^{257}Fm は Fm のうちで最も寿命の長い同位体（半減期 100.5 日）であるが、中性子吸収断面積が大きいため、中性子を吸収して、すぐに半減期が 0.37ms と短い ^{258}Fm になってしまうためである。^{258}Fm は自発的な核分裂であっという間に崩壊する。同位体としては、原子量が 242 から 259 まで 20 核種が知られている。

電子配置：[Rn]5f^{12}7s^2　❖　原子量：257.0951

❏トピックス❏
Fm が発見されたのは、1952 年であったが、水素爆弾実験の最中であったので軍事機密として 1955 年まで公開されなかった。

❋コラム❋**水素爆弾**（hydrogen bomb；H-bomb）

水素爆弾は、核分裂と核融合の両方を利用する究極の核兵器である。まず、ウランやプルトニウムの核分裂を利用して、超高温・超高圧状態を作り出す。この状態で、重水素と三重水素の核融合反応を引き起こす。核融合反応でえられるエネルギーは、核分裂反応よりもはるかに大きいので、原子爆弾よりも強力な破壊力を持つ兵器となる。核融合反応を導くために、核分裂を利用しているので、原子爆弾と同様に大量の放射性元素を撒き散らす。

₁₀₁Md

メンデレビウム Mendelevium [mendəlíːviəm] 「メンデゥリービウム」

❏由来❏

1955 年，トンプソン（S. G. Thompson）とシーボーグ（G. T. Seaborg）らによってサイクロトロンで Es に He イオンを衝突させてつくられた。元素名は，周期表の父メンデレーエフ（D. I. Mendeleev）にちなんでいる。

❏性質❏

第 7 周期 3 族（旧分類では IIIA 族）のアクチノイド元素に属する遷移金属元素である。超ウラン元素の一種で，すべて放射性同位体よりなる。核種の決定はイオン交換樹脂による分離と放射能の測定により行われる。すべての同位体の半減期が短いため物理的，化学的性質の詳細は不明である。常温で固体の金属となると予測されている。

電子配置：$[Rn]5f^{13}7s^2$ ❖ 原子量：258.0984 ❖ 融点： 827℃

❏用途❏　研究用以外に用途はない。

✲コラム✲ 周期表への道

現代の周期表の原型は 1869 年にメンデレーエフによって完成されたが、それ以前にも元素の分類に関する研究は進んでいたのである。

1810 年ごろ、ドイツのテベライナーは、化学的性質のよく似た 3 つの元素が組になって現れることに気づいた。例えば、(Cl, Br, I)、(Li, Na, K)、(Ca, Sr, Ba) はよく似た性質を示す。しかも、この真ん中の元素は、ちょうど他の 2 つの元素の平均の性質や重さになっているのである。これを「三つ組元素説」と呼んでいる。この他の元素でも同じような組合せが見つかったことから、元素には周期的な規則性があるのではないかと考える研究者も出てきた。

1862 年に、フランスのシャンクルトワは、元素を原子量の順に並べ、しかもそれを原子量 16 ごとにくぎって、円筒状にまるめた。すると、同じ性質を持った元素がたてに並ぶことがわかったのである。残念ながら、元素ではない化合物が分類されていたこともあり、彼の考えは、学会では認められなかった。

1866 年にイギリスのニューランズは、元素を原子量順に並べると 8 番目ごとに性質の似た元素が並ぶことに気づき「オクターブの法則」と名づけて発表した。残念ながら、この発表も学会から無視されてしまう。メンデレーエフが、周期表を世に問うわずか 3 年前の話である。

102No

ノーベリウム　nobelium [noubíːliəm]「ノゥビーリゥム」

❏ 由来 ❏

1957年、スウェーデン、イギリス、アメリカの研究チームがスウェーデンのノーベル物理学研究所の重イオンサイクロトロンを使って、^{13}Cイオンを^{244}Cmに照射して102番元素をえたと報告した。しかし、カリフォルニア大学のシーボーグ（G. T. Seaborg）らのグループが追試をしたところ確認できなかった。翌年1958年にシーボーグらが、重イオン線形加速器を用いて、^{12}Cイオンを^{246}Cmに照射して、^{246}Cm＋^{12}C → ^{254}No＋4n の反応により、質量数254（半減期2.3秒）の102番元素をえることに成功した。旧ソ連の研究者も102番目の元素の生成を報告した。元素名は、これらグループの合意により、ノーベル物理学研究所の命名したノーベリウム（nobelium）に落ち着いた。もちろん、元素名はスウェーデンの科学者ノーベル（Alfred Nobel）にちなんでいる。

❏ 性質 ❏

第7周期3族（旧分類ではIIIA族）のアクチノイド元素に属する遷移金属元素である。同位体は質量数250から259までの8核種が知られている。最も長寿命の核種は^{259}Noで、半減期は58分である。＋2価と＋3価の酸化状態をとるが、＋2価のほうが安定であることが確認されている。

電子配置：[Rn]5f^{14}7s^2 ❖ 原子量：259.1009

❋ コラム ❋ 放射線

　放射性元素は、**放射線**（radiation）を放出しながら、より安定な構造へと変化していく。放射線にはα線（alpha ray）、β線（beta ray）、γ線（ganmma ray）、X線（X ray）などがある。
　α線はヘリウムの原子核の流れであり、α粒子は中性子2個、陽子2個のかたまりである。β線は電子の流れである。
　以上は粒子線であるが、γ線とX線は電磁波であり、光の仲間であって粒子の流れではない。γ線とX線の違いは、波長の違いであり、γ線のほうが波長が短いので、エネルギーも大きく、物質の透過力も強い。

103Lr

ローレンシウム lawrencium [lɔːrénsiəm]「ローレンシウム」

❏**由来**❏

1961 年にギオルソ（A. Ghiorso）らが重イオン線形加速器を使って合成に成功した。サイクロトロンの発明者ローレンス（E. O. Lawrence）にちなんで命名された。

❏**性質**❏

第 7 周期 3 族（旧分類では IIIA 族）のアクチノイド元素に属する遷移金属元素である。アクチノイド元素で最後尾に位置する。安定同位体は存在しない。1961 年に、精製した Cf に B イオンを重イオン線形加速器（HILAC）で加速衝突させて合成された。精製したといっても、標的核も入射粒子も同位体の混合物であり、物理的手段のみによって存在が確認されたものなので、実験結果に不確実な点が残っている。

電子配置：$[Rn]5f^{14}6d^{1}7s^{2}$ ❖ 原子量：260

❏**用途**❏　　研究用以外に用途はない。

✲**コラム**✲**ローレンス**（Ernest Orlando Lawrence, 1901 - 1958）

1901 年にアメリカに生まれる。1930 年にカリフォルニア大学バークレー分校の物理教授となる。荷電粒子を加速させるサイクロトロンを考案し、1932 年に最初の装置を完成させる。サイクロトロンを利用して炭素に高エネルギーのα粒子を衝突させ、初めて中間子を取り出すことに成功する。この実験により、湯川秀樹博士の中間子理論が裏付けられ、そのノーベル賞受賞のきっかけをつくったのは有名である。

サイクルトロンの発明や、原子核研究への貢献から 1939 年にノーベル物理学賞を受賞した。第二次世界大戦が始まってからは、米国の原子爆弾開発プロジェクトであるマンハッタン計画に参加し、1942 年にはウラン 235 の工業的規模での分離に成功している。

1954 年にはサイクロトロンよりもさらに大型のシンクロトロン加速器を開発し、1955 年に反陽子の存在を確認した。現在のカリフォルニア大学のバークレー研究所は、正式には Ernest Orland Lawrence Berkeley 研究所と呼ばれている。

104Rf

ラザホージウム rutherfordium [rʌðəfɔ́ːdiəm]「ラズフォーディウム」

❏由来❏
1969年にギオルソ（A. Ghiorso）らが、^{249}Cfに^{12}Cおよび^{13}Cを照射することで発見した。原子核の存在を発見したイギリスの物理学者ラザフォード（E. Rutherford）にちなんで命名された。

❏性質❏
第7周期4族（旧分類ではIVA族）に属する。ZrおよびHfと同じ性質をもつと予想されているが、十分な量がえられていないため、化学的性質はほとんど知られていない。

電子配置：$[Rn]5f^{14}6d^27s^2$ ❖ 原子量：260

❏用途❏
第4族の性質が予想されており、イオン交換樹脂に用いられることが検討されている。

105Db

ドブニウム　dubnium　[dúːbniəm]「ドゥーブニウム」

❏由来❏
ドブニウムは、1970年にギオルソ（A. Ghiorso）らが ^{260}Db を生成、発見した。名前は、旧ソ連のドブナ（Dubna）にあるドブナ研究所の地名（Dubna）にちなんでつけられた

❏性質❏
第7周期5族（旧分類では VA 族）に属する。^{249}Cf と ^{15}N からつぎの反応によって ^{260}Db が生成される。

$$^{249}\text{Cf} + ^{15}\text{N} \rightarrow ^{260}\text{Db} + 4n$$

常温で固体である。放射性同位体としては ^{258}Db（半減期 4.4 秒）、^{259}Db（1.2 秒）、^{262}Db（34 秒）がある。

電子配置：[Rn]5f^{14}6d^{3}7s^2．原子量：262

❏用途❏
研究用以外に用途はない。

106Sg

シーボーギウム seaborgium [siːbɔ́ːgiəm]「スィーボーギゥム」

❑由来❑

1974年、カリフォルニアのローレンス・バークレイ国立研究所（LBNL）のギオルソ（A. Ghiorso）率いる科学チームは ^{249}Cf をターゲットとし、重イオン加速器で加速した ^{18}O 原子核を衝突させ 106 番元素の質量数 263 の原子核をつくった。この実験は後に 88 インチの大型サイクロトロンを用いて追試され、106 番元素の存在が確認されている。

元素名は物理学者シーボーグ（G. T. Seaborg）に由来する。1994 年シーボーギウムを 106 番元素の名称として提案したが、生きている科学者の名称を用いることは不適当だとして IUPAC に却下された。その後、シーボーグが死去したため、この名称が許されることとなった。

❑性質❑

第 7 周期 6 族（旧分類では VIA 族）に属する。超フェルミウム元素のひとつである。半減期が短く、その性質はまだ未解明な部分が多い。

電子配置：$[Rn]5f^{14}6d^47s^2$

❑トピックス❑

1992 年に**国際純正および応用物理連合**（IUPAP：International Union of Pure and Applied Physics）、と**国際純正および応用化学連合**（IUPAC：International Union of Pure and Applied Chemistry）の超フェルミウム元素ワーキンググループは、Sg の第一発見者はロシアのグループであるが、確証をえたのはアメリカのグループであるとし、発見者の栄誉は両者でわかちあうべきとした。しかしアメリカのグループは自分たちが唯一の発見者であると主張し、IUPAC は 1993 年に、この主張を認めることとなった。

∞教授のコメント

生きている研究者の名前が元素名として許可されないのは、それを許すと政治的な圧力をもって自分の名前を元素名として残そうとするものが出てくるためである。日本の政治家も、税金で自分の銅像を建てるものが後を絶たない。情けない話である。

107Bh

ボーリウム bohrium [bɔ́ːriəm]「ボーリウム」

❏由来❏

1981年、ミュンツェンベルク（G. Münzenberg）がドイツ重イオン化学研究所（GSI）の重イオン加速器（UNILAC）を使って合成した。^{209}Pb と ^{54}Cr の原子核反応

$$^{209}\text{Pb} + ^{54}\text{Cr} \rightarrow \,^{262}\text{Bh} + \text{n}$$

によってつくられた。元素名は、量子力学の誕生に指導的役割を果たしたデンマークの物理学者ボーア（N. Bohr）にちなんで名付けられた。

❏性質❏

第7周期7族（旧分類ではVIIA族）に属する遷移金属元素である。顕著な量のBhの隔離は達成されておらず、物理的および化学的性質を調べるのは困難である。これはBhが中性子の放射によって急速に原子崩壊するためである。最近になって、原子量が262以外の他の同位体も生成されるようになった。

放射性同位体。

同位体	半減期
^{261}Bh	12ms
^{262}Bh	0.1s
^{262m}Bh	8ms

電子配置：[Rn]$5f^{14}6d^57s^2$ ❖ 原子量：262

❏用途❏　研究用以外に用途はない。

$_{108}$Hs

ハッシウム Hassium　[hǽsiəm]「ハァシゥム」

❑ 由来 ❑

1984 年に、ドイツのヘッセン州ダルムシュタットの重イオン科学研究所（GSI）の加速器 UNILAC で、^{208}Pb に ^{58}Fe イオンを衝突させるという方法

$$^{208}\text{Pb} + {}^{58}\text{Fe} \rightarrow {}^{265}\text{Hs} + n$$

で GSI の研究グループによって最初に合成された。このときにつくられたのは ^{265}Hs と ^{264}Hs の二種類の同位体である。研究所の所在地であるドイツのヘッセン州の古名ハッシア（Hassia）にちなんでハッシウム（Hassium）と名づけられた。

❑ 性質 ❑

第 7 周期 8 族（旧分類では VIII 族）に属する遷移金属元素である。人工放射性元素である。超アクチノイド元素であり、超ウラン元素である。常温常圧では固体となる。

^{264}Hs の半減期は約 0.08ms、^{265}Hs の半減期は約 1.8ms である。どちらも α 壊変する。ロシアのドブナの原子核研究連合研究所で 1984 年に GSI と同じ方法でハッシウム元素 1 個を作ることに成功した。後にロシアとアメリカの共同研究がドブナで行われて、^{238}U と ^{34}S 原子核の反応で、^{267}Hs が作られた。半減期 198ms で α 壊変する。^{273}Hs は 118 番元素の壊変系列にも含まれていて、半減期は 20 秒ほどである。最も安定した同位体は ^{277}Hs で、半減期は約 12 分。α 崩壊して ^{273}Sg になるか、または自発的に核分裂を起こし崩壊する。

電子配置：[Rn]5f^{14}6$d^7$7s^2 ❖ 原子量：265

❑ 用途 ❑　研究用以外に用途はない。

❑ トピックス ❑

元素名については、IUPAP と IUPAC、さらに ACS:American Chemical Society（アメリカ化学会）で話し合いが持たれた。1994 年には、一度、109 番までの元素名が提案されたが、IUPAC と ACS の間で名前の不一致があり、議論を巻き起こした。

IUPAC は 1997 年に 104 番から 109 番までの元素名を発表しているが、これで国際的に統一されたということではない。IUPAC が提案した名前は、以下の通

りである。

^{104}Rf	ラザホージウム	Rutherfordium
^{105}Db	ドブニウム	Dubnium
^{106}Sg	シーボーギウム	Seaborgium
^{107}Bh	ボーリウム	Bohrium
^{108}Hs	ハッシウム	Hassium
^{109}Mt	マイトネリウム	Meitnerium

IUPACは、108番元素の名をドイツの一地方名にすぎないヘッセンではなく、ドイツの高名な化学者のハーン（O. Hahn）にちなんでハーニウム（Hahnium）とすべきではないかとGSIの科学者たちに提案したが、受け入れられなかった。結局1997年にIUPACもハッシウムという元素名を承認した。

☙感想
当然のことだが、用途がない。放射線を元素にあてて無理やりつくったものなので当たり前のことだが、価値があるのだろうか。

☙教授のコメント
元素名に人の名前をつけるのは名誉といえば名誉であるが、このあたりの元素になると、ほとんど寿命がない。はかない命で、名前をつけてもらった研究者たちはしあわせなのだろうか。

✻コラム✻IUPACの元素名

現在、正式な名称がつけられている元素は109番のMtまでであるが、それよりも原子番号の大きい元素でも、原子番号が110, 111の元素は一応存在が確認されている。また、112, 114, 116, 117, 118については、その存在が予言されている。これらの元素にはIUPACにより正式な名称が与えられるまで、暫定的に名前がつけられている。それは、① 原子番号の各桁に対応する数詞をつなげる。② 語尾に-ium をつける。③ 元素記号は数詞の頭文字とする。というルールである。

ちなみに数詞は 0: nil ; 1: un ; 2: bi ; 3: tri ; 4: quad ; 5: pent ; 6: hex ; 7: hept ; 8: oct ; 9: enn であるので 110 は Ununnilium でウンウンニリウムと呼び、元素記号は Uun となる。111 は Unununium: Uuu, 112 は Ununbium: Uub、113 は Ununtrium: Uut となる。

109Mt

マイトネリウム meitnerium　[máitnəriən]「マィトヌリゥム」

❏由来❏

1982年8月、ドイツのダルムシュタットにある重イオン研究所（GSI）で、アームブラスター（P. Armbraster）とミュンツェンベルグ（G. Munzenberg）に率いられた科学者チームによって加速器によってつくられた。ビスマス209（^{209}Bi）に鉄58（^{58}Fe）の原子核を衝突させるというもので、一週間ほどの継続照射の結果、^{209}Bi+^{58}Fe→^{266}Mt+n という反応によりマイトネリウム266（^{266}Mt）原子1個がえられた。名前はオーストリアの女流物理学者マイトナー（L. Meitner）に由来する。

❏性質❏

第7周期9族（旧分類ではVIII族）に属する遷移金属元素である。^{266}Mtの半減期は3.4ms（0.0038秒）である。最も安定した同位体はマイトネリウム268（^{268}Mt）であり、その半減期は70ms（0.07秒）であり、α崩壊して264ボーリウム（^{264}Bh）になる。

マイトネリウムの化学的性質はまだ研究されていないが、周期表の9族に属し、イリジウムによく似た性質を有すると考えられている。20℃、1気圧においては固体の金属と予想されている。

電子配置：[Rn]5f^{14}6d^{7}7s^2　❖　原子量：266.14　❖　融点：986℃　❖　密度：14.7 g/cm^3（25℃）

❏用途❏　研究用以外に用途はない。

∽教授のコメント

原子が1個えられたというが、どのように確認したのであろうか。皆目見当がつかない。このあたりの原子量になると、元素として安定に存在するといえるのか疑問に思える。

第5章　元素名の発音

　いまや、あらゆる分野で国際化が進んでいる。科学の分野でも、英語で論文を書いたり、国際会議で発表することが日常茶飯事である。ところが、このような国際会議で、いつも指摘されるのは、なぜ日本人はかくも英語が下手なのかということである。特に、専門用語の発音は、カタカナの英語が定着している弊害もあって、通じない英語の代表となっている。

　本書で取り上げた元素の発音に関しても、国際会議でまったく通じないという場面をよく見かける。元素名は、その発表においてキーワードとなることが多いので、それが通じないと、発表自体の意味が失われてしまう。常日頃から正しい発音を心がけることが重要である。少なくとも会議で発表する前には、元素名の発音をよく復習しておく必要がある。そこで本章では、日本人が注意すべき元素の発音と、いかにしたら通じる英語発音ができるかというコツをまとめた。

　発音の説明は、カタカナを基本にしているが、残念ながらカタカナだけでは説明できない発音がある。この点に関しては、本文中でも適宜注意しているが、重要なものについて、ここでまとめて紹介しておく。

　まず、日本人にとって最も難しい区別が、r と l の違いである。これはカタカナでは表記できない。海外経験のない日本人には、その正確な聞き取りはほぼ不可能であるが、発音を区別するのは簡単である。r の音を出すときは、「ウ」と心の中で発音してから「ラリルレロ」と発音すればよい。l の場合は上あごに舌をこすりつけて「ラリルレロ」と発音する。

　つぎに、カタカナでは表現できないものに、v と b の発音の違いがある。v の場合は下唇を上の歯でこするようにして「バビブベボ」と発音する。b は日本語のままでよい。

　また th の発音もカタカナでは説明できない。ただし、中学校や高校でよく注意される発音なので、覚えている方も多いであろう。この発音は、舌で上前歯の下を擦るようにして「シ」と発音する。

　厳密には、ここで紹介した以外にもカタカナでは表現できない発音があるが、通じる発音を目指すには、本書の内容さえ把握していれば十分である。good luck!

第5章　元素名の発音

1H　　水素——— hydrogen [háidrədʒən]

　頭にアクセントを置いて「ハィドルジュン」となる。日本人の発音では「ハイドロジェン」のように-genの発音を「ジェン」として、しかも抑揚がなく、全体として平板に発音する人が多い。おおげさにいえば、「ハィ」がメインで、おつりで「ドルジュン」が来るような感じである。

2He　　ヘリウム——— helium [híːliəm]

　欧米人には「ヘリウム」と発音しても通じない。アクセントを頭に置いて「ヒーリゥム」と発音する。英語の発音で「ヒー」[hiː]と伸ばす場合は、日本語の感覚よりも少し時間を長くする。これはすべて [ː] と伸ばす英語の発音に共通である。

3Li　　リチウム——— lithium [líθiəm]

　発音はアクセントを頭に置いて「リシゥム」となる。チとは発音しないように注意する。厳密にいえば、thの発音なので、舌で上前歯の下をこするようにシと発音する。

4Be　　ベリリウム——— beryllium [bəríliəm]

　アクセントは、頭ではなく、第二音節のrylにある。発音は「ブリリゥム」となる。最初がrでつぎがlなので、日本人には少し難しいが、最初をブと発音すると、自然とつぎのrはうまく発音できる。最後にlは舌を上あごを擦るように発音する。

5B　　硼素、ホウ素、ボロン——— boron [bɔ́ːrɑn]

　発音はアクセントを頭に置いて「ボーラン」となる。日本語ではボロンと発音するが、英語では、最初を「ボー」と伸ばすうえロンではなく、「ラン」となる。

6C　　炭素——— carbon [káːbən]

　日本語でも「カーボン」と呼ぶが、英語では「カーブン」のように、頭に強いアクセントを置き、最後はボンではなくブンと発音する。

7N 窒素 ——— nitrogen [náitrədʒən]

頭にアクセントを置いて「ナィトルジュン」となる。日本人の多くは「ナイトロジェン」のように、抑揚のない発音をするので通じにくい。また、-o-は「オ」と発音せずに「ウ」に近い発音をする。

8O 酸素 ——— oxygen [áksidʒən]

日本人が苦労する発音である。頭にアクセントがあり「アクスィジュン」となる。なぜか「オクシジェーン」と発音する日本人が圧倒的に多い。アクセントも発音もでたらめなので、これでは通じない。

9F 弗素、フッ素 ——— fluorine [flúəri:n]

「フルゥリーン」最初がlでつぎがrの発音となっている。ただし、弱く「ウ」を入れると自然とrの発音になる。最初のlは上あごの歯茎の裏に舌をこするようにして「ル」と発音する。

10Ne ネオン ——— neon [ní:an]

日本語でも「ネオンサイン」のようになじみがある元素名であるが、ネオンでは通じにくい。「ニーァン」のように、頭の発音は「ネ」ではなく「ニ」となり、アクセントを置く。

11Na ナトリウム ——— sodium [sóudiəm]

ナトリウムをはじめとして、元素名にはカタカナ表記されているにもかかわらず、英語ではないものが多い。ナトリウムはドイツ語であり、英語では「ソゥディゥム」となる。

12Mg マグネシウム ——— magnesium [mægní:ziəm]

マグネシウムもなじみのある元素であり、こちらは英語に近いが、「マグネシウム」と発音しても通じにくい。アクセントは-ne-の位置にあり、「ネ」ではなく「ニー」という発音する。よって「マグニージゥム」となる。

第5章　元素名の発音　　　　　　　　　　　　　　　　　253

13Al　　アルミニウム───── aluminum [əlúːminəm]

アクセントは-lu-にあり、最初の発音はあいまい母音である。よって「ゥルーミヌム」となる。ただし、英国では、aluminium というつづりで日本式のアルミニウムと同じようになる。発音は[æləmíniəm] つまり「アルミニウム」となり、「アル」と「ミニウム」の間に一泊置くくらいのつもりで発音するとうまくいく。

14Si　　珪素、ケイ素、シリコン───── silicon [sílikən]

日本語でもシリコンと呼ぶ。英語の発音は「スィリクン」となって、「シ」ではなく「スィ」となってアクセントを置く。また、-con は「コン」ではなく、あいまい母音であるので「クン」となる。

15P　　燐、リン───── phosphorus [fásfərəs]

リンの英語はあまりなじみがないかもしれない。発音は、頭にアクセントがあって「ファスフルス」となる。

16S　　硫黄、イオウ───── sulfur [sʌ́lfər]

頭にアクセントを置いて「スルフゥ」となる。硫黄の化合物を硫化物（りゅうかぶつ）というが、英語では sulfide[sʌ́lfaid]「スルファイド」である。硫酸（H_2SO_4）は sulfuric acid [sʌlfjúərik æsid]「スルフユゥリク アスィド」となる。

17Cl　　塩素───── chlorine [klɔ́ːrin]

最初が l で、つぎが r と 2 種類の「ラ行」が入っているので日本人には少し発音が難しい。アクセントは-lo-にあり、「クローリン」となる。この元素名も、日本人にはすぐに出てこないひとつである。塩酸（HCl）は hydrochloric acid [haidrəklɔ́ːrik æsid]「ハイドルクローリク アスィド」となる。H（水素）がついているので、頭に hydro-がついている。同じように H がついている硫酸では hydro-という接頭語がつかないのは興味深い。

18Ar　　アルゴン───── argon [áːgɑn]

アルゴンと日本式に発音してもまったく通じない。頭にアクセントを置き、

-gon は「ゴン」ではなく「ガン」と発音する。よって「アーガン」となる。

19K　　カリウム ──── potassium [pətǽsiəm]

ナトリウムと同様にドイツ語である。日本人研究者が国際会議で「カリウム」と何度発音しても通じずに困惑している場面を見かけたことがある。英語は potassium で発音は「ﾌﾟﾀｧｼｳﾑ」となる。-ta-にアクセントを置く。

20Ca　　カルシウム ──── calcium [kǽlsiəm]

日本語では、「カ・ル・シ・ウ・ム」と一語ずつ平板に発音するのが良いとされるが英語ではまったく通じない。頭にアクセントを置き、いっきに「ｷｬﾙｼｳﾑ」と発音する。

21Sc　　スカンジウム ──── scandium [skǽndiəm]

日本語では、「ジウム」を強く発音しがちだが、ここは弱い。-can-にアクセントがあり「ｽｷｬﾝﾃﾞｨｳﾑ」となる。

22Ti　　チタン、チタニウム ──── titanium [taitéiniəm]

日本語では ti-を「チ」と発音してしまうが、英語では「タイ」となる。また、アクセントは-ta-の位置にあり、「ﾀｲﾃｨﾆｳﾑ」となる。

23V　　バナジウム ──── vanadium [vənéidiəm]

頭の va-はあいまい母音であるから、「バ」ではなく「ヴ」となる。アクセントは-na-の位置にあり「ナ」ではなく「ネイ」と発音する。よって、発音は「ｳﾞﾈｨﾃﾞｨｳﾑ」となる。

24Cr　　クロム、クロミウム ──── chromium [króumiəm]

日本語では「クロミウム」と平板に発音し、どちらかというと「ミ」にアクセントを置く。しかし、この発音ではほとんど通じない。英語では-ro-にアクセントがあり、「ｸﾛｳﾐｳﾑ」となる。

第5章　元素名の発音

25Mn　マンガン───── manganese [mǽŋgənìːz]

頭にアクセントを置いて「マァングニーズ」と発音する。manga-と-nese の間に一拍置くくらいの気持ちで発音（つまり「マァング・ニーズ」）すると、うまくいく。

26Fe　鉄、アイアン───── iron [áiərn]

簡単そうに見えるが結構難しい発音である。r の発音であるので-ron は「ウ」を二回続けるぐらいのつもりで発音する。頭にアクセントを置いて「アィゥゥン」となる。

27Co　コバルト───── cobalt [kóubɔːlt]

頭にアクセントがあり、co-は「コ」ではなく「コウ」と発音する。また、-ba-は「ボ」ではなく「ボー」と伸ばす。発音は「コゥボールト」となる。

28Ni　ニッケル───── nickel [níkl]

日本語の発音のニッケルでは通じない。頭にアクセントを置いて「ニクル」となる。極端には、「ニク」と聞こえる。

29Cu　銅───── copper [kápər]

銅の元素記号につられて cupper と間違った表記をするひとも多い。頭にアクセントを置いて「カプゥ」と発音する。

30Zn　亜鉛───── zinc [zíŋk]

頭にアクセントを置いて「ズィンク」と発音する。単語を覚えてさえいれば、日本人でも困らない。ただし、いざというとき、肝心の zinc が出てこない。

31Ga　ガリウム───── gallium [gǽliəm]

頭が「ガ」ではなく「ギャ」となる。頭にアクセントを置いて「ギャリゥム」となる。

32Ge　ゲルマニウム ——— germanium [dʒəːrméiniəm]

ドイツの German に由来する。-ma-にアクセントを置いて「メイ」と発音する。よって、「ジューメィニゥム」となる。頭は、あいまい母音であるので「ジャー」ではなく「ジュー」と発音する。

33As　砒素、ヒ素 ——— arsenic [áːrsənik]

日本語からは連想できない英語である。頭にアクセントを置いて「アースニク」となる。-se-は「セ」ではなく「ス」となる。

34Se　セレン ——— selenium [səlíːniəm]

日本語の発音につられえ「セレン」と発音しても通じない。頭はあいまい母音であるので「セ」ではなく「ス」となる。また、アクセントは-le-にあり、「リー」と伸ばす。よって発音は「スリーニゥム」となる。

35Br　臭素 ——— bromine [bróumiːn]

アクセントは-ro-にあり、「ロ」ではなく「ロウ」と発音する。-mine を「ミーン」と伸ばす。よって発音は「ブロゥミーン」となる。日本語の感覚よりも、少しゆっくりめに発音するのがコツ。

36Kr　クリプトン ——— krypton [kríptɑn]

アクセントは-ry-にあり、「クリプタン」となる。

37Rb　ルビジウム ——— rubidium [ruːbídiəm]

アクセントは-bi-にあり、頭の ru-を「ルー」と伸ばす。よって「ルービディゥム」となる。「ルー」のあとに一拍おいて、「ビディゥム」いっきに発音するのがこつ。

38Sr　ストロンチウム ——— strontium [strɑ́nʃiəːn]

アクセントは-ron-にあり、「ロン」ではなく「ラン」となる。日本語の感覚とはかなり違う。また-tium は「チウム」ではなく「シウム」となる。よって発音

は「ストランシウム」となる。

39Y　イットリウム——— yttrium [ítriəm]

頭にアクセントがあることに注意する。日本語では「イット」と撥音となるが、英語ではならない。よって「イッリゥム」となる。大げさと思えるくらい頭にアクセントを置くのがコツである。

40Zr　ジルコニウム——— zirconium [zərkóuniəm]

日本語につられて「ジル」と発音しがちであるが、あいまい母音であるので「ズゥ」となる。アクセントは-co-にあり「コ」ではなく「コウ」となる。よって発音は「ズｯコウニウム」となる。

41Nb　ニオブ——— niobium [naióubiəm]

頭の ni- は「ニ」ではなく「ナイ」と発音する。アクセントは-o-にあり、「オ」ではなく「オウ」となる。よって発音は「ナィオゥビゥム」となる。

42Mo　モリブデン——— molybdenum [məlíbdənəm]

よく出てくる元素名であるが、日本人がその発音で苦戦するのを頻繁に見かける。長すぎるので、米英人も moly と略して「モウリー」[móuli]と発音する。ただし、これがくせもので、長くした場合の発音はまったく異なる。まずアクセントは-ly-にあり、頭はあいまい母音なので「モ」ではなく「ム」となる。よって発音は「ムリブデヌム」となる。日本語の感覚より「リ」を長めに発音するのがコツで「ブデヌム」はいっきに行く。あとの部分はすべてあいまい母音である。

43Tc　テクネチウム——— technetium [tekníːʃiəm]

人工的につくられた元素であるので technique（テクニック）と同じ頭になっている。アクセントは-ne-にあり「ニー」と長く伸ばすのがこつである。発音は「テｸニーシウム」となる。前にも出てきたが-tium は「チウム」ではなく「シウム」となる。

44Ru　ルテニウム——— ruthenium [ruːθíːniəm]

アクセントは-the-にあり、th の発音である。ru-は「ル」ではなく「ルー」と伸ばす。よって「ルーシーニゥム」となる。

45Rh　ロジウム——— rhodium [róudiəm]

頭にアクセントを置いて「ロ」ではなく「ロウ」と発音する。よって「ロゥディゥム」となる。「ジウム」ではなく「ディウム」となることに注意する。

46Pd　パラジウム——— palladium [pəléidiəm]

「パラ」ではなく「プレイ」である。「ジウム」の発音はロジウムの場合と同様である。よって、「プレィディゥム」となる。

47Ag　銀——— silver [sílvər]

日本語では平板にシルバーとなるが、英語では最初の「スィル」を、少し大げさなくらい強く発音する。よって「スィルヴゥ」となる。

48Cd　カドミウム——— cadmium [kǽdmiəm]

頭は「カ」ではなく「キャ」となる。日本語では「カドミウム」と平板に発音するが、英語では最初の「キャド」を強く発音し、「キャドミゥム」となる。

49In　インジウム——— indium [índiəm]

頭にアクセントを置く。「ジウム」は「ディウム」となる。よって発音は「インディゥム」となる。

50Sn　錫、すず——— tin [tín]

この単語も発音自体はそれほど難しくなく「ティン」でよいが、すずの英語がtin とすぐに出てこない。

51Sb　アンチモン —— antimony [ǽntəmòuni]

-ti-はあいまい母音であり「アンチ」とはならずに「アンツ」となる。-mo-は「モ」ではなく「モウ」と発音する。よって「アンッモウニ」となる。「アンツ」と「モウニ」の間に一拍置くくらいの気持ちで発音すればよい。

52Te　テルル —— tellurium [telúəriəm]

-llu-にアクセントを置いて「テルゥリゥム」と発音する。

53I　沃素、ヨウ素 —— iodine [áiədàin]

日本語のヨウ素からは連想もつかない。発音は頭にアクセントを置いて「**ア**ィゥダィン」となる。-di-に第二アクセントがある。

54Xe　キセノン —— xenon [zí:nɑn]

ちょっと違和感はあるかもしれないが、xe-は「ジー」と発音する。発音は「**ジ**ーナン」となる。

55Cs　セシウム —— cesium [sí:ziəm]

この発音も日本語とはかなり違う。頭にアクセントがあり、「シ」は「ジ」とにごる。発音は「シージゥム」となる。アクセントはおおげさに、そして頭は少し伸ばしぎみにする。

56Ba　バリウム —— barium [béəriəm]

「バ」とならず「ベウ」と発音する。「ベゥリゥム」となる。

57La　ランタン —— lanthanum [lǽnθənəm]

頭にアクセントを置くことと、途中に-th-の発音があることに注意して「ラァンスヌム」となる。

58Ce セリウム ——— cerium [síəriəm]

日本語とはかなり異なる。「シゥリゥム」となる。

59Pr プラセオジウム ——— praseodymium [prèizioudímiəm]

-ra-は「ラ」ではなく「レイ」と発音する。「プレイジォゥデイミゥム」となる。あわてて一気に発音しないで、praseo-の後に一拍置くくらいの気持ちで発音するとうまくいく。

60Nd ネオジウム ——— neodymium [nì:oudímiəm]

頭の neo-は「ネオ」ではなく、「ニーオゥ」となる。発音は「ニーォゥデイミゥム」この単語も、neo-の後に一拍置くくらいの気持ちで発音するとうまくいく。

61Pm プロメチウム ——— promethium [prəmí:θiəm]

アクセントは-me-にあり、「ミー」と伸ばす。発音は「プルミーシゥム」となる。

62Sm サマリウム ——— samarium [səméəriəm]

頭は「サ」ではなく、あいまい母音であるから「ス」となる。発音は「スメゥリゥム」となる。

63Eu ユウロピウム ——— europium [juəróupiəm]

ヨーロッパに語源がある。-ro-にアクセントがある。「ロウ」と発音し思い切って、ここにアクセントを置くとうまくいく。発音は「ユゥロゥピゥム」となる。

64Gd ガドリニウム ——— gadolinium [gædəlíniəm]

頭は「ガ」ではなく「ギャ」とする。真ん中の-lin-にアクセントがある。よって発音は「ギャドリニゥム」となる。gado-のあとに一拍置く気持ちで発音するとうまくいく。

65Tb　テルビウム ── terbium [tə́:rbiəm]

頭の ter- を「テル」と発音しない。また、この部分はあいまい母音であるにも関わらず、アクセントがある珍しいケースである。発音は「ツゥゥビゥム」となる。「ツゥウ」のように「ウ」を 2 回発音するくらいの気持ちで発音するとうまくいく。

66Dy　ジスプロシウム ── dysprosium [dispróusiəm]

頭は「ジス」ではなく「ディス」と発音する。「ディスプロゥシゥム」となる。

67Ho　ホルミウム ── holmium [hóulmiəm]

頭は「ホ」ではなく「ホウ」と発音する。アクセントが頭にあり「ホゥルミゥム」となる。

68Er　エルビウム ── erbium [ə́:biəm]

この単語も頭があいまい母音にもかかわらず、アクセントがある。発音は「ウービゥム」となる。

69Tm　ツリウム ── thulium [θú:liəm]

頭の thu- にアクセントがある。th の発音に注意する。発音は「スーリゥム」となる。

70Yb　イッテルビウム ── ytterbium [itə́:biəm]

この単語は -ter- にアクセントがあるが、実はこれもあいまい母音である。希土類元素は外国の名前からとったものが多いので、このような例外的な発音が多いのかもしれない。発音は「ィツービゥム」となる。最初を撥音としてはねないように注意する。

71Lu　ルテチウム ── lutetium [lu:tí:ʃəm]

頭の lu- は「ル」ではなく「ルー」と伸ばす。アクセントは -te- にあり、ここも

「ティー」と伸ばす。発音は「ルーティーシュム」となる。

72Hf　ハフニウム——— hafnium [hǽfniəm]

アクセントは頭にあり、発音は「ハ」ではなく「ハァ」となる（ヒャに近い）。よって発音は「ハァフニウム」となる。

73Ta　タンタル——— tantalum [tǽntələm]

アクセントは頭にあり「タ」ではなく「タァ」である。よって発音は「タァンッルム」となる。

74W　タングステン——— tungsten [tʌ́ŋstən]

日本語では平板に発音するが、頭にアクセントを置いて、あとは一気に発音する。よって「タングスッン」となる。

75Re　レニウム——— rhenium [ríːniəm]

元素記号は Re であるが、英語は rhe- のように h が入る。アクセントは頭にあり「レ」ではなく「リー」と伸ばす。発音は「リーニウム」となる。

76Os　オスミウム——— osmium [ázmiəm]

アクセントは頭にあり、「オス」ではなく「アズ」と発音する。「ズ」とにごることに注意する。発音は「アズミウム」となる。

77Ir　イリジウム——— iridium [irídiəm]

アクセントは -rid- にある。発音は「イリディウム」となる。

78Pt　白金、プラチナ——— platinum [plǽtinəm]

アクセントは la にあり、発音は「プラァティヌム」となる。

79Au　金──── gold [góuəld]

日本語でもゴールドというが、発音は意外と難しい。まずアクセントは頭にあり「ゴウ」と発音する。よって「ゴゥゥルド」となる。「ゴウ」にアクセントを強く置くのがコツである。

80Hg　水銀──── mercury [mə́:kjəri]

頭があいまい母音にも関わらずアクセントがある。発音は「ムーキュゥリ」となる。

81Tl　タリウム──── thallium [θǽliəm]

頭にアクセントがあり、th の発音である。よって「タ」とはならず「サァリゥム」となる。

82Pb　鉛──── lead [léd]

「レド」と発音するが、あえていえば d は子音なので「ド」ではない。かたかな表記は難しいが。

83Bi　ビスマス──── bismuth [bízməθ]

日本語につられて、「ビス」と発音するが、ここはにごる。よって「ビズムス」となる。

84Po　ポロニウム──── polonium [pəlóuniəm]

頭の po- はあいまい母音なので、「ポ」ではなく「プ」と発音する。またアクセントのある -lo- は「ロウ」となる。よって発音は「プロゥニゥム」となる。

85At　アスタチン──── astatine [ǽstətì:n]

頭にアクセントがあり、「アスッティーン」となる。asta- と -tine の間に一拍置くぐらいの気持ちで発音する。

86Rn　ラドン——— radon [réidɑn]

日本語ではラドンだが、英語では「レィダン」となる。

87Fr　フランシウム——— francium [frǽnsiəm]

フランスに語源がある。日本語では平板に発音するが、ran のところをおおげさに強く発音するのがコツ。「フラァンシウム」となる。

88Ra　ラジウム——— radium [réidiəm]

日本とは発音が全然違う。頭は「ラ」ではなく「レイ」となって、ここにアクセントを置く。よって「レィディウム」となる。

89Ac　アクチニウム——— actinium [æktíniəm]

アクセントは-tin-の位置にある。発音は「ァクティニウム」となる。

90Th　トリウム——— thorium [θɔ́:riəm]

頭の発音は「ト」ではなく th の「ソー」となる。また、ここにアクセントがある。よって「ソーリウム」となる。

91Pa　プロトアクチニウム——— protactinium [pròutæktíniəm]

アクチニウム（actinium）に prot-を接頭語としてつけた。発音は「プロゥタクティニウム」となる。

92U　ウラン——— uranium [juəréiniəm]

頭の発音は「ウ」ではなく「ユ」となる。アクセントは-ra-の位置にあり「レイ」と発音する。よって「ユゥレィニウム」となる。

93Np　ネプツニウム——— neptunium [neptú:niəm]

アクセントは-tu-にあり、「ツー」と伸ばす。よって発音は「ネプツーニウム」と

なる。

94Pu　プルトニウム —— plutonium [plu:tóuniəm]

最近はニュースでもおなじみの元素であるが、日本語式発音は少し違う。まず、アクセントは-to-の位置にあり「トウ」と発音する。また最初は「プルー」と伸ばす。よって発音は「プルートウニウム」となる。アクセントを強調することと、plu-の後に一拍置くくらいの気持ちで発音するとうまくいく。

95Am　アメリシウム —— americium [æmərísiəm]

アメリカが原語となっている。あいまい母音なので、「アメ」ではなく「アム」と発音する。これだけで日本語式発音はかなり改善される。発音は「アムリシウム」となる。

96Cm　キュリウム —— curium [kjúəriəm]

Curie(キュリー)夫人にちなんで命名された元素である。頭にアクセントがあり「キュウリウム」となる。日本語とはアクセントの位置が違うので注意する。

97Bk　バークリウム —— berkelium [bə́:kliəm]

米国の Berkeley[bə́:kli]「ブークリ」という地名にちなんで命名された。別な発音もあるが、ここでは米国式を採用した。頭があいまい母音でアクセントがある。発音は「ブークリウム」となる。

98Cf　カリホルニウム —— californium [kæ̀ləfɔ́:niəm]

米国の California[kæ̀ləfɔ́:niə]州にちなんで命名された。あいまい母音であるので、「キャリ」ではなく「キャル」となる。発音は「キャルフォーニウム」となる。

99Es　アインスタイニウム —— einsteinium [ɑinstáiniəm]

アインスタイン(Einstein)にちなんで命名された。アクセントは-stein-の位置にある。発音は「アィンスタィニウム」となる。

100**Fm**　フェルミウム────── fermium [fə́ːmiəm]

フェルミ（Fermi）にちなんで命名された。頭の fer-は「フェル」ではなく、あいまい母音で「フー」となる。発音は「フーミゥム」となる。

101**Md**　メンデレビウム────── mendelevium [mendəlíːviəm]

周期表の父メンデレーエフ（Mendelev）にちなんで命名された。アクセントは-le-の位置にあり「リー」と伸ばす。発音は「メンデゥリービゥム」となる。

102**No**　ノーベリウム────── nobelium [noubíːliəm]

ノーベル賞の創始者であるノーベル（Nobel）にちなんで命名された。ただし、「ベ」ではなく「ビ」と発音する。発音は「ノゥビーリゥム」となる。

103**Lr**　ローレンシウム────── lawrencium [lɔːrénsiəm]

サイクロトロン（cycrotron）を考案したローレンス（Lawrence）にちなんで命名された。アクセントは-ren-の位置にあり「ローレンシウム」となる。

104**Rf**　ラザフォルジウム────── rutherfordium [rʌðəfɔ́ːdiəm]

ラザフォード（Rutherford）にちなんで命名された。アクセントは-ford-の位置にあり、「ラズフォーディゥム」となる。

105**Db**　ドブニウム────── dubnium [dúːbniəm]

日本語では平板に発音するが、アクセントを頭に置いて「ド」ではなく「ドゥー」と伸ばす。よって「ドゥーブニゥム」となる。

106**Sg**　シーボギウム────── seaborgium [siːbɔ́ːgiəm]

シーボーグ（Seaborg）にちなんで命名された。発音は「スィーボーギゥム」となる。

第 5 章　元素名の発音

107Bh　ボーリウム——— bohrium [bɔ́ːriəm]

ボーア（Bohr）にちなんで命名された。頭にアクセントを置いて「ボーリゥム」となる。

108Hs　ハッシウム——— hassium [hǽsiəm]

発音は頭にアクセントを置いて「ハァシゥム」となる。

109Mt　マイトネリウム——— meitnerium [máitnəriən]

女性理論物理学者のマイトナー（Meitner）にちなんで命名された。アクセントは頭にあり「マィトヌリゥム」となる。

あとがき

　元素の性質を調べるという作業は、思った以上に骨が折れ、しかも時間のかかる作業であった。しかし、いままで誤解していたことや、それまで知らなかった側面が見えてきて、苦労はしたが、やり甲斐のある 1 年であったと思う。ここでは、あとがきに代えて、ゼミ生の感想を載せることにした。（あいうえお順）

❏ 阿部泰之
　元素について調べたことで、今まで自分が知らなかった多くのことを吸収でき、知識を深めることができた。この知識を生かして、将来、元素という観点から、それぞれの用途に適した材料開発を行うことができたらいいと思う。

❏ 尾沢美紀
　いままでは、元素は無味乾燥なものと思っていたが、元素が発見されるまでには色々なエピソードがあり、ドラマがあるということを知ることができた。先人の思いが詰まっていると思うと、元素にも愛着が湧いてくる。

❏ 柁川雅明
　ゼミの課題で元素を 100 個も調べると聞いた時には、いままで何かに集中して取り組んだ経験のない自分には、とてもできないことに思えた。しかし、実際に元素についての資料を読んでいる時は楽しく、まさに、百人百色[1]というか、元素ひとつひとつが個性的で魅力的なものだった。ただし、みんなと、フォントを統一したり、文章やデータのスタイルをそろえる作業は結構面倒くさくて、本を編集するひとの仕事がいかに大変かを実感できた。

❏ 西村芳彦
　鉄やアルミニウム、銅のように身近にあるものから、名前すら聞いたことのないものまで、全 109 種類。よくまとめたなぁ、というのが実感だが、元素ごとに意外な用途があったり、発見の際の興味深いエピソードがあったりで、楽

---

[1] このような熟語は無いが、元素が百近くあることから、十人十色をもじって、この用語を使ったものと察せられる（編者注）。

しみながら調べていくことができた。

❏ 野中佑記
　元素の性質や用途の多様性には驚かされた。しかし、多様とは言っても、原子は陽子、中性子、電子のたった 3 要素で構成されており、しかも、その性質は、ほぼ電子の数によって決定されている。複雑なものは単純なものの組み合わせからなるという自然科学の面白さを実感するよい機会であった。

❏ 林勇人
　この世の中には 100 数種類以上もの元素が存在している。しかしながら、いままで私と関りのあった元素はそのうちのわずかしかない。今回のように、原子番号の小さい順から元素をすべて洗いざらい検証することは大変な作業ではあったが、今まで思い込んでいたことと違う発見があったり、思い込みが確証になったりで、大変貴重な経験であった。

❏ 廣岡利紀
　今までは、勉強と言えば、教科書から学ぶことしかなかったが、今回のゼミのように、自分から積極的にものごとを調べるという作業はとても新鮮であった。役に立ちそうなことから、ちょっとした小話的なものまで、いろいろな情報を集めて、それを毎週みんなの前で発表するということもよい経験となった。

❏ 福原元
　100 個以上もある元素を全部調べると聞いた時には、とても無理かと思ったが、1 年をかけて、みんなで協力することで、すべて網羅することができた。大きなことでも、ひとつひとつこなしていけば、完成できるものと実感した。

❏ 藤原弘行
　いままで元素を個々で見て比較するという感覚が余りなく、元素そのものの特徴なども高校の化学で習った大雑把な知識しか無かった。材料も化合物という視点で見てしまいがちで、元素一つ一つに焦点を当てて考えるという機会が無かったように思う。今回のゼミはそんな自分にとって非常に良い経験になった。知っていると思っていた元素の別の一面を見せられたり、知っているつもりが、実は全然違ったりと、驚きと発見の連続であった。今までと違う視点に立って何かに取り組むということはとても勉強になることだと思う。

❏ 松本裕司

100種以上の元素を全て理解できたわけではないが、適材適所の精神を全うするためにも、その学習は身になるものだと感じた。話は変わって元素占いのウェブサイトによると自分の生年月日に対応する元素はB（ホウ素）らしい。理由はまったくわからないが？

❏ 矢島康宏

今まで化学を学んできて、元素同士の作用については勉強してきたが、元素一つ一つの性質を事細かく調べたことは無かったので、今回のゼミはいい経験になった。これからも、元素の特徴をよく考えた上で、自分の研究開発に役立てていきたい。

索引

あ行
IUPAC 245
IUPAP 245
アインシュタイン 238
アインスタイニウム 238
亜鉛 122
あかつき丸 232
アクチニウム 225
アクチノイド元素 225
アスタチン 219
アベルソン 230
アマルガム 210
アミノ酸 75
アメリシウム 233
アルカリ金属 30
アルカリ土類元素 31
アルゴン 99
アルファ粒子 63
アルミニウム 87
アンチモン 163
アンモニア 75
硫黄 95
イオンエンジン 170
イオン化エネルギー 30
イオン半径 54
イタイイタイ病 158
1次電池 67
イッテルビウム 193
イットリウム 139
いぶし銀 156
イリジウム 204
インジウム 159
隕石衝突説 205
インターカレーション 67
ウィルキンソン触媒 151
ウィンクラー 126
ウェルスバッハ 178, 179, 194
ウォラストン 150, 152, 205
ウォルフラム 199
ウッド合金 216
ウラン 228
エーケベリ 197
エールステッド 87
エカアルミニウム 124
液体酸素 78
エルビウム 191
塩素 97
黄リン 93
オクタン価 213
オサン 148
オスミウム 202
オゾン 77
オゾン層 78
音速 58

か行
ガーネット 125
ガーン 111, 130
核分裂 227
核融合 154, 237
カドミウム 157
カドリニウム 186
ガドリン 139
カリウム 100
ガリウム 124
ガリウムシンチグラフィ 125
カリフォルニウム 236
カルキ 103
カルシウム 102
感光剤 132
ギオルソ 234, 235, 236, 239, 243
希ガス 37
キセノン 169
北上川の汚染 96
キタベイル 166
キドカラー 140, 185
キャベンディッシュ 60, 158
キャベンディッシュの泡 99

キューリウム　234
キュリー　217, 235
キュリー夫妻　218, 225
共有結合　26
共有結合半径　54
キルヒホッフ　171
金　208
金属結合　23
金属結合半径　52
銀　155
クールトア　167
クラーク数　55
グラファイト　72
クラプロート　105, 141, 166, 176, 185, 228
クリプトン　134
クルークス　212
クレーベ　190, 192
グレゴー　105
グレンデニン　181
クローンステッド　118
クロフォード　138
クロム　109
形状記憶効果　106
けい素　90
ゲイリュサック　71
ゲルマニウム　126
原子　11
原子質量単位　40
原子時計　137
原子爆弾　238
原子半径　51
原子番号　11
賢者の石　209
原子量　12, 40
高温超伝導　65
光化学反応　132
格子定数　44
高速増殖炉　232
高炉　114
コールソン　219
黒鉛　72
コスター　195
コバルト　116, 117

コリエル　181

さ行

サイクロトロン　219
サファイア　89
サマリウム　182
Sm-Co 磁石　183
サマルスキ　182
3重結合　27
三重水素　62
3重点　41
酸素　77
GPS　171
シーボーギウム　245
シーボーグ　231, 232, 233, 234, 235, 236, 240, 241
ジェームズ　234
シェーレ　97, 111, 144, 199
磁化率　48
システイン　155
ジスプロシウム　189
磁性ガラス　188
質量磁化率　49
質量数　12, 40
質量分析器　82
自発核分裂　236
周期表　17, 29
15族元素　34
13族元素　33
重水素　62
臭素　132
12族元素　32
自由電子　24
14族元素　33
16族元素　35
主量子数　13
昇華　41
触媒　152
シリコーン　91
シリコン　90
ジルカロイ　141
ジルコニウム　141
磁歪合金　188
人工放射性元素　223

真鍮　123
水銀　210
水素　60
水素吸蔵合金　141
水素爆弾　239
スカンジウム　104
錫　161
ステンレス鋼　110
ストリート・ジュニア　236
ストロマイヤー　157
ストロンチウム　138
制御棒　195
整流器　127
赤リン　94
セグレ　146, 219
セシウム　171
石灰　102
石けん　84
セリウム　176
セレン　130
遷移元素　19, 29, 38
造影剤　172
族　17

た行
ダイオキシン　133
体心立方構造　44
ダイヤモンド　72
タッケ　201
タリウム　212
タングステン　199
炭素　72
炭素14年代測定法　73
タンタル　197
チタン　105
窒素　75
中和　84
超伝導　62
超伝導磁石　92
低温用鋼　119
抵抗率　47
デービー　70, 83, 85, 87, 97, 100, 102, 173
テクネチウム　146

デシケーター　96
鉄　113
鉄系形状記憶合金　92
テナント　202, 204
デマルセイ　184
テルビウム　188
デル・リオ　107
テルル　165
電解コンデンサ　198
電気陰性度　36
典型元素　20, 29
電子親和力　35
電磁鋼版　92
天然放射性元素　223
銅　120
同位体　57
同素体　33, 58, 95
トタン　123
ドブニウム　244
トラバース　134、169
トリウム　226
ドルン　221
トンプソン　235, 236, 239, 240

な行
Nas電池　83
ナトリウム　83
鉛　213
ニオブ　143
2次電池　67
2重結合　27
ニッケル　118
ニッポニウム　147
ニルソン　104
ネオジム　179
ネオジム磁石　179
ネオン　81
熱電対　151
熱伝導率　51
熱容量　50
ネプツニウム　230
燃料電池　61
ノーベリウム　241
ノーベル　76

ノダック　201
ノックス　76

は行

バークリウム　235
ハーン　227
配位数　53
灰重石　200
ハイドロキシアパタイト　94
ハチェット　143
白金　206
白金抵抗温度計　207
発光ダイオード　160
発光分光分析　198
ハッシウム　247
バナジウム　107
バナジウム鋼　108
ハフニウム　195
バラード　132
パラジウム　152
バリウム　172
ハロゲン　35
半減期　73
反磁性　216
半導体　90
光触媒　106
非金属元素　26
ヒシンイェル　176
ビスマス　215
ヒ素　128
ピッチブレンド　229
比熱　50
漂白剤　97
表面処理　110
ファクシミリ　131
ファラデー　173
ファンデルワールス半径　55
フェルミ　233
フェルミウム　239
不確定性原理　64
不活性ガス　37
フッ素　79
沸点　41
フラーレン　72

プラセオジム　178
プラチナ　206
フランシウム　223
ブラント　93, 116
プリーストリー　77
ブリキ　162
プルトニウム　231
プロトアクチニウム　227
プロトン　61
プロメチウム　181
フロン　79
ブロンズ　162
ブンゼン　136, 137, 171
ベクレル　235
ヘベリー　195
ペリー　223
ヘリウム　63
ペリエ　146
ベリリウム　68
ベルグ　261
ベルセリウス　90, 92, 130, 148, 176
ボアボードラン　124, 189
方位量子数　14
ホウ化マグネシウム　71
放射性医薬品　146
放射性同位体　57
放射線　241
ホウ素　70
ボーア　196
ボークラン　109
ボーリウム　246
ポーリング　36
ホルミウム　190
ポロニウム　217
ボンディングワイヤ　208

ま行

マイトネリウム　249
マグネシウム　85
マグネタイト　115
マクミラン　230
松尾鉱山　95
マッケンジー　219
マリニャック　186, 193

マリンスキー　*181*
マンガン　*111*
マンガン乾電池　*112*
密度　*46*
ミトナー　*227*
ミュラー　*165, 166*
面心立方構造　*43*
メンデレーエフ　*22, 240*
メンデレビウム　*240*
モアッサン　*79, 80*
モース硬度　*58*
モサンデール　*174, 177, 188, 191*
モナズ石　*192*
モリブデン　*144,*
モリブデン鋼　*144*

や行
ヤグレーザ　*139*
融点　*38, 40*
ユーロピウム　*184*
ヨウ素　*167*
ヨードチンキ　*168*

ら行
ラザホージウム　*243*
ラジウム　*224*
ラジウム温泉　*224*
ラジオアイソトープ　*57*
ラドン　*221*
ラドン温泉　*222*
ラボアジェ　*77, 87*
ラミー　*212*
ラムゼー　*82, 134, 169*
ランタノイド元素　*21*
ランタン　*174*
リサイクル　*88*
リチウム　*66*
リチウム電池　*66*
リヒター　*159*
硫酸　*95*
量子流体　*65*
リン　*93*
ルクランシェ電池　*112*
ルテチウム　*194*

ルテニウム　*148*
ルビー　*89*
ルビジウム　*136*
レイリー　*99*
劣化ウラン弾　*229*
レドックス　*230*
レニウム　*201*
錬金術　*209*
ローレンシウム　*242*
ローレンス　*242*
ロジウム　*150*
6価クロム　*110*
六方最密構造　*43*

編著者：村上　雅人（むらかみ　まさと）
　　　　芝浦工業大学教授．東京海洋大学客員教授．超電導工学研究所特別研究員．
著　者：（芝浦工業大学村上ゼミ，五十音順）
　　　　阿部　泰之
　　　　尾沢　美紀
　　　　柳川　雅明
　　　　西村　芳彦
　　　　野中　佑記
　　　　林　　勇人
　　　　廣岡　利紀
　　　　福原　　元
　　　　藤原　弘行
　　　　松本　裕司
　　　　矢島　康宏

元素を知る事典
2004 年 11 月 5 日　第 1 刷発行
2006 年 10 月 5 日　第 2 刷発行

発行所　㈱海鳴社　http://www.kaimeisha.com/
　　　　〒101-0065　東京都千代田区西神田 2－4－6
　　　　電話　（03）3234-3643（Fax 共通）　3262-1967（営業）
　　　　E メール：kaimei@d8.dion.ne.jp　振替口座：東京 00190-31709

発行人：辻　信　行
組　版：海　鳴　社
印刷・製本：㈱シナノ

JPCA　日本出版著作権協会
http://www.e-jpca.com/

本書は日本出版著作権協会（JPCA）が委託管理する著作物です．本書の無断複写などは著作権法上での例外を除き禁じられています．複写（コピー）・複製，その他著作物の利用については事前に日本出版著作権協会（電話 03-3812-9424，e-mail:info@e-jpca.com）の許諾を得てください．

出版社コード：1097
ISBN 4-87525-220-X

© 2004 in Japan by Kaimei Sha
落丁・乱丁本はお買い上げの書店でお取替えください

――――― 村上 雅人 著 ―――――

なるほど虚数——理工系数学入門
虚数に的を絞った理工系のための簡潔でみごとな数学入門書．微分方程式，複素関数論，量子力学，フーリエ変換などをわかりやすく説き，大学で必要な数学の道具を纏める．　A5判180頁，1800円

なるほど微積分
数学に興味のある高校生ならばある程度理解できるように微積分の基礎から紹介した．微積分が単なる計算問題ではなく，数学における人類の至宝のひとつである．　A5判296頁，2800円

なるほど線形代数
線形代数とはどういうもので，何の役に立つのか．不親切な論述でもって混乱を招きがちな類書が多いなかで，すっきりと解説する．量子力学との関係までを詳述．　A5判244頁，2200円

なるほどフーリエ解析
フーリエ解析の理工系への応用は広いが，その基礎から応用へつなげる類書は少ない．それを詳述．　A5判248頁，2400円

なるほど複素関数
複素関数が虚構の学問ではなく，理工系の幅広い分野で応用される重要な学問であることが実感できる．　A5判310頁，2800円

なるほど統計学
統計分析の手法とその数学的な意味を同時に学習できる．また、統計処理がどういうものかを身近な例で紹介．　A5判318頁、2800円

なるほど確率論
確率論は現代科学の根幹をなす量子力学や熱力学と密接な関係にある．現代確率論への導入を図った．　　s A5判310頁、2800円

なるほどベクトル解析
ロケットの打ち上げも3次元のベクトルで制御する必要がある．まず2次元ベクトルでベクトル解析がどのようなものかを体験し，次元を拡張する．　A5判318頁、2800円

なるほど回帰分析
回帰分析を学び，その背後にある統計学を学ぶと，コンピュータにデータを入力して得られた結果をそのまま鵜呑みにしてしまうことがいかに危険かを思い知らされる．　A5判240頁、2400円

海鳴社（本体価格）